都市型中小アパレル企業の
過去・現在・未来
——商都大阪の問屋ともの作り——

富澤　修身　著

創　風　社

は し が き

　本書は，「問屋ともの作り」の視点から大阪の中小アパレル企業の過去・現在・未来を論じている。大阪には，紡績企業・合繊企業，総合商社・専門商社，織編業者，糸商・生地問屋，染色加工業者，衣服問屋・衣服製造問屋・衣服製造卸，縫製業者，付属品業者，ミシンメーカー，業界団体，繊維関連マスコミ，大学の家政学部・服飾専門学校等々，繊維に関わるほとんどすべての企業・団体・機関が揃っていた。産業集積という点ではほぼ完璧であった。したがって，産業集積研究としては大阪は絶好の研究対象ではあるが，従来の研究史では時期区分した上での諸主体とその諸機能の作用と反作用の全体像は不明のままである。もちろん，綿紡績業や産地織布業については研究蓄積があり通時的なイメージを得ることもできるが，もう1つの柱であったアパレル（洋服）を中心とした領域では，上記の諸企業・諸機能間の関連性あるいは非関連性については断片的にしか理解できない状況にある。特に生地問屋（織物卸商ともいう）の役割についてはイメージすら難しい。粗くともよき導きの糸があれば，著者なりの全体像を構築できたのであろうが，不思議なことに手助けになるそうした先行研究はなかった。

　他方で，全体像を構成すると思われる各要素に関する調査資料類は地元でもあり身近に豊富にあった。また，戦後直後から業界を生き抜いて来られた方々が80歳代に足を踏み入れてはいたが，代替わりが進みつつも会長職などの現役でおられ，インタビューを行うこともできた。1990年代以降になると，中国縫製が大きく登場するが，1994年の初めての中国上海市訪問以後数度にわたり東華大学（旧中国紡織大学）の楊以雄教授の協力を得て，中国の国営工場・国有企業・民営企業と日系合弁企業への訪問調査を継続的に行っており，その成果も手元にあった。こうした3条件を活かして，大阪の中小アパレル企業の戦後の変遷史と今後を描こうとしたのが，本書である。

　著者は，前著である『模倣と創造のファッション産業史』（ミネルヴァ書房，2013年）で，上海，ソウル，東京，ニューヨークとともに大阪のファッション産業史を論じた。それぞれ異なる特徴を有する世界の大都市のファッション産業史を「模倣と創造」の視点から扱ったが，その中で大阪は，綿系素材型生産

都市として位置付けた。その叙述は諸要素が揃いすぎていたために，かえって他都市に比べ一番難しかったが，広義の繊維産業に関連する様々の要素が集積していたにも拘わらず，なぜこれほどまでに大阪由来の関連産業が縮小してきたのかについて一定程度明らかにした。しかし，さまざまな様相をもつアパレル産業については十分明らかにできなかった。本書は，こうした部分を深掘りするために「問屋ともの作り」の視点から大阪のアパレル産業を集中的に取り上げた。これが本書執筆の第 1 の動機（研究面での動機）であった。

　著者が在職する大阪市立大学には大阪府を始め近隣府県出身の学生が多数学んでいる。ところが，大阪は繊維で発展してきたと説明しても「えっ，知らなかった」という反応がほとんどであった。意外なことに大阪府内出身の学生にしても反応は同じであった。東京で活躍している，誰もが知っている大阪生まれのアパレル企業の話をしても学生の反応はやはり同じである。それゆえ学生がいつでも地域産業について学べる形にして残さなければならないと思った。これが本書執筆の第 2 の動機（教育面での動機）であった。

　ファッションは都市で生まれ育ち広まるという視点に立つと，2010 年代半ばの「爆買い」現象以後の，インバウンド消費者が大阪それもミナミに強い関心を示していることが，何を意味しているのか，ライフスタイル（あるいは体験型消費）を対象とするインバウンド消費とファッション分野との親和性を考えると，今こそ大阪を再定義する時期にあるのではないかと思った。それは，大阪商工会議所の協力をえて，2003 年と 2013 年に同じアンケート票を用いて行った 2 つの調査結果（『大阪の経済・産業・企業・資源に関するアンケート調査報告書』OCU GSB リサーチシリーズ No. 3，2004 年 3 月；『第 2 回　大阪の経済・産業・企業・資源に関するアンケート調査報告書（中間報告）』OCU GSB リサーチシリーズ No. 11，2014 年 3 月）の比較で見られた，大阪の経営者の大阪観の変化にも現れていた。

　大阪の過ごしやすさは格別である。関東出身の著者にとってもまったく違和感を感じさせない。こうした過ごしやすさは，「生きづらさ」がキーワードになっている現代にあって，貴重な生活環境といえる。これがファッションという形式をまとうことで現代に貢献できる要素は多々あろう。大阪に対する期待はここにある。大阪それもミナミに引き寄せられるインバウンド消費者はこうし

た心地よさが普遍性を持っている事に気づかせてくれたのであり，国際交流の意義を感じる。

　大阪が転換期にあるのと同様に，ファッションも転換期にある。1980年代まで続いたハイファッションは1990年代以降リアルクローズとファストファッションに取って替わられた。そしていまファッションも，国連が提唱する「持続可能な開発目標（SDGs）」達成の一翼を担うことが求められている。個性を尊重しつつ，社会の課題にも応じられるビジネスモデルが求められている。こうした視点で，大阪を再評価し分析することが求められている。このように書くと企業人から「そんなに大阪，大阪いうな」との声が聞こえてきそうであるが，宝は案外身近に眠っているというのがこれまでの経験である。

　「地方創生」「地域創生」が政策の重要テーマになっている現在，本書は大阪市立大学に在職する研究者として地元大阪に関わる課題の探求という点で一定の役割を果たせると考えた。これが本書執筆の第3の動機（地域貢献面での動機）であった。

　本書の構成は以下の通りである。第1章では戦前の大阪の問屋の位置づけを営業税額で比較検討し，第2章以降の「問屋ともの作り」の視点からの分析の前提を明らかにした。

　第2章から第4章では，発展の早かった服種順に紳士服，布帛製品，婦人子供服・ニット製品について取り上げた。つまり，第2章では戦前から現代までの紳士既製服の製造卸の変遷史を，第3章では商社，元請けの視点から戦後直後のワンダラーブラウスの変遷史を，第4章では問屋の視点から婦人子供服・ニット企業の変遷史を論じた。

　第5章では第2章から第4章に関わる縫製業の変遷史を取り上げた。

　第6章では今後を見据えて「イノベーション指向」を切り口にして中小アパレル企業の特徴とこれを踏まえた提言をアンケート結果を用いて検討した。

　終章では第6章までの検討結果を踏まえて，創造性とイノベーションの源泉に関わる大阪の原風景を取り上げて論点を提示し，アパレル産業からファッション産業への昇華の意義を主張した。

　本書は，修士論文「現代アメリカ資本主義における南部経済の変化について」（東北大学大学院経済学研究科，1981年3月）の「第Ⅲ節　南部の綿工業の展開」

で始まった著者の繊維産業史研究の到達点である。著者が在籍した34年間国内外の調査研究を自由に行うことができたのも，自由な研究を重んじる大阪市立大学大学院経営学研究科・商学部と一人ひとりの学術活動を互に尊重しあう教授会メンバーの寛容さの賜物である。関係各位に対し改めてお礼を申し上げる。また，中国での現地調査にご協力頂いた楊以雄東華大学（旧中国紡織大学）教授に対し，また大阪の繊維アパレル関連中小企業に対する調査研究でご協力頂いた協同組合関西ファッション連合（その前身組織を含め）とその組合員・事務局の皆様に対し，心よりお礼の言葉を捧げたい。

　最後に，学術書の出版事情がますます厳しくなっている今日，本書の出版に際してもこれまでと同様株式会社創風社の千田顕史社長と高橋亮編集長には大変お世話になった。改めて心より感謝の気持ちを捧げたい。

2018 年 5 月

富 澤 修 身

　付記：本書は，大阪市立大学大学院経営学研究科から，「特色ある研究に対する助成制度」に基づく出版助成を受けた。

目　　次

はしがき……………………………………………………………………3

第1章　戦前期大阪の繊維関連問屋卸商について………………………13
第1節　はじめに……………………………………………………13
第2節　戦前大阪市の産業構成と税収………………………………14
第3節　営業税50円以上納付企業の分類と特徴……………………18
第4節　営業税1万円以上納付企業の分類と特徴……………………20
第5節　代表的な繊維関連問屋卸商…………………………………24
第6節　むすび………………………………………………………36

第2章　大阪の中小羅紗製品・紳士既製服企業史……………………43
第1節　はじめに……………………………………………………43
第2節　戦前の羅紗製品等関連企業と平野屋羅紗店………………45
第3節　1950年代大阪の紳士既製服の流通と生産…………………55
　　　　（第1期）
第4節　1960年代大阪の紳士既製服の流通と生産…………………60
　　　　（第2期その1）
第5節　1960年代から90年代半ばまでのメルボ紳士服………………63
　　　　（第2期その2）
第6節　1990年代以降の新供給ルート………………………………69
　　　　──縫製基地としての中国（第3期）──
第7節　むすび………………………………………………………76

第3章　ワンダラーブラウス…………………………………………83
第1節　はじめに……………………………………………………83
第2節　ブラウスと流行……………………………………………84
第3節　米国側からの発注と日本側の受注生産体制………………85
第4節　ワンダラーブラウスの影響──3つのシフト……………90

第5節　む　す　び……………………………………………………103

第4章　戦後大阪の中小繊維アパレル企業変遷史………………………113
　第1節　は　じ　め　に…………………………………………………113
　第2節　戦後大阪の中小繊維アパレル企業史…………………………114
　第3節　イノベーションの契機と種類と要因…………………………135
　第4節　中小企業経営者の言説…………………………………………143
　第5節　これからのポジショニング……………………………………146
　第6節　む　す　び………………………………………………………147

第5章　戦後におけるアパレル縫製業の変遷………………………………153
　　　　──標準作業と中国移転を念頭に──
　第1節　は　じ　め　に…………………………………………………153
　第2節　戦前の技能形成と下請工場……………………………………157
　第3節　労働力が豊富な時代，戦後直後の町工場……………………159
　第4節　若年労働力不足の時代，1964年当時の下請工場と
　　　　　科学的管理の導入………………………………………………165
　第5節　後発国による追い上げの時代，1970，80年代における
　　　　　下請生産とシステム構築………………………………………174
　第6節　縫製機能の中国移転の時代，1990年代の対応………………179
　第7節　国内再評価と国内復活への企図の時代，
　　　　　2000，10年代の対応……………………………………………189
　第8節　む　す　び………………………………………………………192

第6章　大阪の繊維ファッション業界の構造と
　　　　イノベーション指向度………………………………………………201
　第1節　は　じ　め　に…………………………………………………201
　第2節　回答企業の強みとイノベーション事例………………………204
　第3節　アンケート回収票の集計分析…………………………………205
　第4節　得られた特徴……………………………………………………219
　第5節　構造分析モデルの構築…………………………………………220
　第6節　提　言──イノベーション指向の視点から…………………220

第 7 節　む す び………………………………………………………222

終　章　アパレル産業からファッション産業へ………………………227
　第 1 節　は じ め に………………………………………………………227
　第 2 節　前章までの要約…………………………………………………227
　第 3 節　4 事業分野に共通する 2 つの特徴と課題……………………230
　第 4 節　2 つの課題解決…………………………………………………231
　第 5 節　む す び…………………………………………………………240
　　　　　──アパレル産業からファッション産業へ──

参考文献等一覧………………………………………………………………245

索　　引………………………………………………………………………259

都市型中小アパレル企業の過去・現在・未来

——商都大阪の問屋ともの作り——

第1章　　戦前期大阪の繊維関連問屋卸商について

第1節　は じ め に

　第1章は，1920年代半ばの大阪市の繊維関連問屋卸商について検討する。当時の大阪は，「東洋のマンチェスター」とも言われ工業都市のイメージがある[1]。これはこれで実態を反映した正しいイメージであるが，他方で問屋卸商の大都市という確固たるイメージもある[2]。無論，両者は別個のものではなく，相互依存関係にある[3]。工業都市のイメージは数字で裏付けをしやすいが，問屋卸商のイメージの根拠はいまひとつ明瞭でない[4]。この点を資料で確認することが本章の目的である。

　大阪の紡績業や織布業に関する先行研究は近代経営・在来経営の双方ですでに蓄積がある[5]。また，繊維商社に関わる先行研究も存在する[6]。本章では，繊維関連問屋卸商の視点から検討して，繊維関連問屋卸商都市・大阪[7]のイメージの根拠を示すことにする。

　以上の問題意識を繊維産業史の視点から言い換えると，以下の通りである。1950年代後半以降の輸出自主規制のなかで，クォーターの配分が輸出商社になされたことで，紡績企業と商社との間の力関係が大きく変化した。また，1970年代以降，生産と流通との新たな対立が顕著になってきた。この対立は，以前は国産品の価値の取り合いであったが[8]，国産品と外国産品との対立になってきた。繊維関連産業という点では生産も流通も一括りにできるが，それぞれのベクトルは異なる方向を向いている。このような認識に立てば，生産の議論とは別に，流通の議論をしないと，過去と現在の大阪の状況を理解できないことになる。改めて時代を遡って問屋卸商を検討する所以である。対象時期は，いわゆる大大阪市が形成された1920年代半ばとし，主資料としては大阪市役所産業部編纂（1926）を用いた。表記に際しては，一部の旧字体を新字体に変更した。

　以下，第2節では戦前大阪市の産業構成と税収を手がかりに物品販売業を取り上げることの意義を，第3，4節では営業税額を手がかりに1920年代半ばの大阪市の繊維関係品・業種と繊維関連問屋卸売業の大きさを，第5節では当時

14

の代表的な繊維関連問屋卸商を検討し，第6節では本章で明らかになった点を
まとめる。

第2節　戦前大阪市の産業構成と税収

1　大阪市の産業構成

大阪市役所編纂（1926）を用いて，大阪市の産業構成を検討しよう[9]。

通常，産業構成の分析では，就（従）業者数や付加価値生産額の産業別構成
比率を算出して比較検討するが[10]，本項では当時の特徴を検出するために社数
と払込資本金額でみよう（**表1―1**）。

表1―1から払込資本金額が1億円以上の産業を大きい順に並べると，銀行
業2億0970.3万円，金属鉱業1億7555.9万円，物品販売業1億6241.3万円，
紡織工業1億4929.2万円，瓦斯電気業1億3276.2万円，土地建物賃貸業1億
0648.5万円，問屋・仲買・委託売買及売買仲立業1億0323.3万円，船舶運輸業
1億0033.3万円であった。表1―1の業種の特徴を1社当たりの平均払込資本
金額でみると，2種類に分類できる。瓦斯電気業（1475.1万円），金属鉱業（1097.2
万円），銀行業（998.6万円）では高く，問屋・仲買・委託売買及売買仲立業
（33.2万円），化学工業（32.5万円），金属工業（23.4万円），機械器具工業（22.3
万円），飲食品工業（15.3万円），物品販売業（12.6万円），自動車運輸業（12.4
万円）では低い。紡織工業（83.9万円）もそれほど高いというわけではない。

社数でみると，紡織工業の178を上回っているのは，物品販売業（1291），
問屋・仲買・委託売買及売買仲立業（311），機械器具工業（241），金属工業
（226），化学工業（205）であるが，これらの業種は1社当たりの平均払込資本
金額は上述の通り，紡織工業の83.9万円より少ない。

このように大阪市内には1社当たり大きな払込資本金を有する業種と少額の
払込資本金額を有する業種が並存していた（**図1―1**）。前者では企業数が少な
く，後者では例外もあるが企業数は多かった。

ここでは，資本金総額，社数の双方で，物品販売業と問屋・仲買・委託売買
及売買仲立が顔を出していること，物品販売業の社数の多さに注目しておこう。

第1章　戦前期大阪の繊維関連問屋卸商について　**15**

表1—1　戦前大阪市の会社構成（大正14（1925）年）

	社数 （A）	払込資本金 （B, 千円）	B÷A （千円）
総数	3906	1,946,795	498
農漁業	14	18,450	1,318
鉱業			
総数	37	194,066	5,235
金属鉱業	16	175,559	10,972
石炭鉱業	6	3,275	546
その他の鉱業	15	15,232	1,015
工業			
総数	1,561	572,597	367
紡織工業	178	149,292	839
金属工業	226	52,819	234
金属精錬業	6	15,449	2,575
機械器具工業	241	53,784	223
窯業	52	17,527	337
化学工業	205	66,647	325
飲食品工業	114	17,389	153
瓦斯電気業	9	132,762	14,751
その他の工業	530	66,928	126
商業			
総数	2,118	991,246	468
物品販売業	1,291	162,413	126
倉庫業	12	31,205	2,600
銀行業	21	209,703	9,986
信託業	7	18,650	2,664
保険業	19	19,765	1,040
土地建物賃貸業	115	106,485	926
貿易業	61	60,157	986
問屋，仲買，委託売買及売買仲立業	311	103,233	332
その他の商業	281	279,635	995
運輸業			
総数	176	170,436	968
鉄道軌道運輸業	10	62,920	6,292
船舶運輸業	59	100,333	1,701
自動車運輸業	28	3,466	124
その他の運輸業	79	3,718	47

注）一部の表記を現代表記に変更した。社数は，株式会社，合資会社，合名
　会社の合計。払込資本金は株式会社，合名会社，合資会社の合計。
出所：大阪市役所編纂（1926）6 - 4頁から6 -11頁より作成。

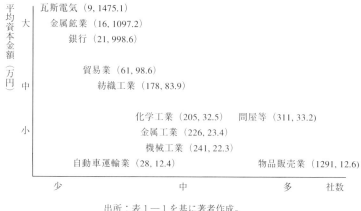

図1—1 大阪市の産業分類(大正14 (1925) 年)

出所:表1—1を基に著者作成。

2 大正14 (1925) 年度の大阪市税調定額

まず,1878年に地方税として出発し,1896年から国税になった営業税の概要をみておこう。営業税は資本金額その他の外形標準により課税され,収支が赤字の企業にも課税された。事業規模の大小を推定する1つの指標として先行研究でも用いられてきた。

1925年度の国の収入をみると,法人税8855.1万円(総収入の7.8%),地租7461.4万円(同6.6%),営業税6579.1万円(同5.8%)であり,3つの税目の間に大きな差はない[11]。さらに国税付加税のうち営業税付加税をみると,府県税収入としての営業税付加税は29百万円(総収入の11.6%),市税収入としての営業税付加税は28百万円(同25.1%),町村税収入としての営業税付加税は13百万円(同5.1%)であった。以上の3つの営業税付加税の合計は70百万円であり,国税としての営業税額を上回っていた。特に市税収入では大きな割合を占めていたし,収入項目中最大であった。営業税と営業税付加税の合計は135百万円で,地租と地租付加税の合計198百万円の約7割を占めていた(鈴木武雄,1962,145〜146頁,付録の18〜19頁)。

次に,大阪市役所編纂(1926)を用いて,市税としての営業税付加税のウエ

第1章　戦前期大阪の繊維関連問屋卸商について　**17**

表1－2
大正14（1925）年度の大阪市税調定額

（単位：万円）

国税附加税	751.91	
地租附加	53.79	
所得税附加	239.54	（14.7％）
営業税附加	452.12	（27.8％）
取引所税附加	6.46	
府税附加税	494.89	
営業税附加	24.44	（1.5％）
雑種税附加	391.10	（24.1％）
家屋税附加	79.28	
合計	1246.80	
特別税	377.50	
歩一税	119.18	
坪数割	20.12	
電柱税	1.85	
都市計画税	236.35	（14.5％）
総計	1624.46	（100％）

出所：大阪市役所編纂（1926）9 -78 頁
　　　及び9 -79 頁。

表1－3
大正14（1925）年の大阪市の業種別営業税

（単位：円）

総額	9,204,906
物品販売	4,459,465
製造業	1,628,233
銀行	1,091,729
問屋	429,375
運送	359,786
請負	292,379
金銭貸付	219,957
保険	138,241
鉄道	134,332
倉庫	100,507
料理店	89,373
仲立	78,733
周旋	38,479
旅人宿	35,809
席貸	32,920
印刷	29,609
信託	10,565
代理	20,227
物品貸付	7,867
出版	5,016
無尽業	1,265
写真	1,039

注）資料によれば，暦年表記であった。
出所：大阪市役所編纂（1926）9 -58 頁から
　　　9 -59 頁。

イトを確認するために大阪市の税収を検討しよう。

　大阪市税調定額の内訳をみると，営業税附加の重要性が分かる。**表1－2**は，
大正 14（1925）年度の大阪市の税収の内訳である。

最大の税目が，国税附加税の1つである営業税附加である。総計1624.46万円のうち，27.8％を占めている。府税附加税の1つである雑種税附加が24.1％，国税附加税の1つである所得税附加が14.7％，都市計画税が14.5％であった。

府税附加税の1つである営業税附加の1.5％を加えると，営業税附加は総計の29.3％と約3割を占めている。いかに営業税が重要な税目であったかが分かる。

大阪市の収入のうち，営業税附加の大きさは理解できたが，大正14（1925）年の営業税の業種別負担額は以下の通りであった。物品販売445.9万円，製造業162.8万円，銀行109.1万円，問屋42.9万円，運送36.0万円であった（表1―3）[12]。ここでも，物品販売が他と比べて突出していることに注目しておこう。

本節のセミマクロ（産業，業種）視点の比較検討を通じて確認できたように，物品販売業が，社数と営業税負担額で突出していることがわかった。次節以降では企業レベルに視点を移して物品販売業の内訳をもう少し掘り下げる[13]。

第3節　営業税50円以上納付企業の分類と特徴

大阪市役所産業部編纂（1926）を用いて大正14（1925）年度の大阪産業経済を概観しよう（当該資料のデータは第2次市域拡張を反映している）。当該資料では，営業税50円以上（大正14（1925）年度税額）を納入する大阪市内の商工業者中1万2150余店を収録している[14]。当時の営業税は，売上金額，資本金額，従業員数などをもとにした外形標準課税であり，「天下の悪税」（八木商店，1972，100頁）とされ，大正15（1926）年税制改正により，営業の純益に課税する営業収益税となった[15]。営業税は地租とともに両税移譲問題の対象税目であった。

表1―4は，掲載企業総数を業種別に集計したものである。総数に占める割合の大きい順に取り上げると以下のようになる。

① 繊維関係品・業種である「織物及織物製品」17.2％,「綿麻糸及同製品」2.4％であり，合計19.6％である。後述のようにこれには，繊維関係の製造企業，流通企業が含まれていることに注意する必要がある。②「飲食料品」は18.1％である。③ 機械類である「金属諸機械器具」7.1％,「運搬機及運送業」4.2％であり，合計11.3％である。④ 取引・金融業である「金融業」3.7％,「取引所取引員」2.5％，「有価証券売買及信託業」0.9％，であり，合計7.1％である。⑤ 装身具雑貨等である「装身具雑貨」5.6％，「化粧品」0.8％，合計6.4％であった。⑥

表1―4　大正14（1925）年度営業税50円以上納付企業数と同1万円以上納付企業数

	掲載企業総数	左記割合a	営業税1万円以上納付企業数	左記割合b
飲食料品	2257	18.1	0	
織物及織物製品	2140	17.2	18	21.2
金属諸機械器具	888	7.1	4	4.7
装身具雑貨	702	5.6	0	
建築及工作材料	627	5.0	1	
金属類及同製品	536	4.3	2	
運搬機及運送業	521	4.2	4	4.7
金融業	457	3.7	15	17.6
薬品，医療衛生用品	397	3.2	4	4.7
請負業	327	2.6	0	
教育，学術品，印刷	311	2.5	0	
取引所取引員	309	2.5	0	
綿麻糸及同製品	302	2.4	22	25.9
紙，紙製品，加工紙	292	2.3	0	
燃料品	241	1.9	0	
家具及式典用品類	233	1.9	0	
硝子製品	211	1.7	0	
香料，染料，顔料，絵具，塗料	162	1.3	0	
宝石貴金属美術工芸品	141	1.1	0	
和洋楽器，娯楽具，運動具類	132	1.1	0	
毛皮，革製品，鳥獣毛，骨，貝殻類	120	1.0	0	
有価証券売買及信託業	114	0.9	1	
化粧品	105	0.8	0	
護謨，セルロイド，防水布	105	0.8	0	
油脂，蝋類	92		0	
度量衡計量器業	91			
木，竹，柳，藤製品	78		0	
荒物	78		0	
陶磁器及坩堝	66		0	
保険業	63	0.5	5	5.9
農具，肥料，種子，花卉	54		2	
貿易業	53		6	7.1
漆，漆器，塗物	46		0	
刷子及同原料	35		0	
製紙原料	31		0	
看板業広告取扱業	29		0	

看板業広告取扱業	29		0	
諸鉱物，鉱業	27		0	
周旋業	22		0	
補遺	22			
倉庫業	14		1	
銃砲及火薬類	12		0	
合計	12,443	100％	85	100％

注）支店も１つの単位として数えているために，掲載企業総数は実数よりも多くなる。
出所：大阪市役所産業部編纂（1926）から抽出した。

建築関係である「建築及工作材料」5.0％であった。⑦「金属類及同製品」は4.3％であった。⑧「薬品，医療衛生用品」は3.2％であった。

以上の主要8分類を整理すると以下の通りである。

予想通り①の大きさである。これは，③④⑦にも関連している。また，衣服ファッションの視点でみれば，⑤にも関係してくる。

③は繊維関係とは別個にも成長し，⑦に波及してくる。

大阪の主要産業の1つの源流として⑧についても注目しておこう。

都市化関連では，膨張する人口の胃袋に供給する②，都市交通を担う③，都市建設を担う⑥にも注目しよう。

以上では営業税50円以上納税する基準で検討したが，次節では同1万円以上納税する大手企業の基準で検討しよう。

第4節　営業税1万円以上納付企業の分類と特徴

まず，大阪市役所産業部編纂（1926）に掲載中の大正14（1925）年度の営業税額1万円以上を納入した企業の業種別分布についてみよう（表1—4）。

①綿麻糸及同製品が25.9％で突出している。これに織物及織物製品の21.2％を加えると47.1％になる。②金融業17.6％，保険業5.9％で両者を合わせると23.5％になる。①と②を合わせると，70.6％になる。③機械類では，金属諸機械器具4.7％，運搬機及運送業4.7％で合計して9.4％である。④貿易業は7.1％であった。⑤薬品・医療衛生用品は4.7％であった。

第1章　戦前期大阪の繊維関連問屋卸商について　**21**

表1—5　大正14（1925）年度営業税1万円以上納付企業数と特化係数

	営業税1万円以上納付企業数	特化係数
綿麻糸及同製品	22	10.8
織物及織物製品	18	1.2
金融業	15	4.8
貿易業	6	17.8
保険業	5	11.8
金属諸機械器具	4	0.6
運搬機及運送業	4	1.1
薬品，医療衛生用品	4	1.5
金属類及同製品	2	0.6
農具，肥料，種子，花卉	2	6.0
倉庫業	1	12.0
建築及工作材料	1	0.2
有価証券売買及信託業	1	1.3

注）特化係数とは，表1—4の中のb÷aの値。
出所：表1—4より作成。

　企業数で目立った，飲食料品と装身具雑貨は0％，建築及工作材料は1社，金属類及同製品は2社のみであった。他方で**表1—5**で特化係数がきわめて高い貿易業（17.8），倉庫業（12.0），綿麻糸及同製品（10.8）に注目すると，とりわけ棉花・綿糸関係が突出していることがわかる[16]。織物及織物製品は，特化係数1.2を見る限り，特徴があるわけではない。

　次に，大阪市役所産業部編纂（1926）に掲載中の，大正14（1925）年度に営業税額1万円以上を納入した企業名を整理しよう（**表1—6**）。これによって上述の業種別分布ではわからない特徴を確認できる。結論的に言えば，流通企業の浮上である。

　① 綿麻糸及同製品では，卸問屋が19，製造が5，小売が2であった（企業は複数の営業種にまたがるため重複カウントあり）。織物及織物製品では，卸問屋が8，製造が4，小売が6であった。明らかに卸問屋の数が多い。織物及織物

表1―6　大正14（1925）年度の営業税1万円以上納付の企業等

（綿麻糸及同製品）22社（日本綿花は2回登場）

江商（株），卸；（株）日本商業会社，卸；日本綿花（株），問卸小売；大阪棉花（株），卸問屋；

東洋棉花（株），加工問屋仲立；（合名）野村糸店，卸；

（株）竹中商店大阪支店，卸問屋；内外綿（株），製；大阪合同紡績（株），製；

福島紡績（株），製；岩田商事（株），卸；（株）豊島商店，卸；（株）田附商店，卸；

伊藤忠商事（株），卸；大東綿業（株），卸；（株）丸永商店，卸；

日本綿花（株）船場支店，卸問屋；東洋紡績（株），製卸；（株）八木商店，卸問屋；

又一（株），卸問屋；（株）岩友商店大阪支店，卸小売仲立；

三井物産（株）大阪支店，問屋；大阪莫大小紡織（株），製。

（織物及織物製品）18社

（株）三越呉服店大阪支店，小；（株）白木屋呉服店，小；（株）大丸呉服店，小；

（株）高島屋呉服店，卸小；（株）十合呉服店，小；（株）松坂屋，小；（株）丸紅商店，卸；

稲西（合名），卸；日本絹織（株），製；（株）山本商店大阪支店，卸；

（株）富永商店，卸；天満紡織（株），製；天満織物（株），製；大阪毛織（株），製；

（株）芝川商店，卸；（株）伊藤萬商店，製卸；（株）山口商店，製卸問屋；

（株）田村駒商店，製卸。

（金属類及同製品）2社

大阪電気分銅（株），製；（合資）住友電線製造所，卸（ママ）。

（金属諸機械器具）4社

三菱商事（株）大阪支店，卸；大阪瓦斯（株），製販；南海鉄道（株），製；

宇治川電気（株），n.a.。

（運搬機及運送業）6社

（株）大阪鉄工所，製；藤永田造船所，製請；汽車製造（株），製；

南海鉄道（株），n.a；岸本汽船（株）；（合名）尼崎汽船部。

（建築及工作材料）1社

大阪窯業（株），製。

（農具，肥料，種子，花卉）3社

大阪アルカリ（株），製；日本窒素肥料（株），製；住友合資会社，卸。

（薬品，医療衛生用品）5社

（株）塩野義商店，卸小；大日本製薬（株），製；近江屋武田長兵衛，卸小；

（株）岩井商店，輸出入；謙信洋行オットコルピン，輸入。

（貿易業）6社

（株）アールデイ，タタ商会大阪支店，貿易；日瑞貿易（株），卸；

瀧定合名会社大阪支店貿易部，輸出入；（合資）高田商会大阪支店，輸入；

（株）安宅商会，輸入問屋；範多龍太郎，輸入仲立卸小。

（有価証券売買及信託業）1社

泉尾土地（株），土地建物。

（金融業）16社

日本信託銀行；大阪貯蓄銀行；大阪野村銀行；大阪農工銀行；加島銀行；

山口銀行；（株）藤田銀行；藤本ビルブローカー銀行；鴻池銀行；近江銀行；

三十四銀行；尾州銀行；摂陽銀行；住友銀行；台湾銀行大阪支店；岸本共同（株）。

（保険業）5社

摂津海上保険（株）；大阪海上火災保険（株）；大同生命保険（株）；共同火災保険（株）；

日本生命保険（株）。

（倉庫業）1社

（株）浪華倉庫。

注）漢字表記は旧字体を新字体に変更した。
　　n.a. は記載がないことを示す。
　　企業名の後ろの文字は業種名の略字。
　　文献中では日本綿花は日本棉花と，また大阪莫大小紡織は大阪莫大小紡績と表記されていた。
出所：大阪市役所産業部編纂（1926）から抽出した。

製品の小売6はすべて百貨店である。

　② 金融・保険業については特別に述べることはない[17]。一目瞭然である。

　③ 機械類では注意が必要である。内容をみると，電気・ガス・鉄道（後に公益事業と呼称される）と造船業である。これらは，都市経済・都市生活・電化と貿易に関わる業種である。

　④ 貿易業では，輸入が目立ち，問屋や卸の記載がある。

　⑤ 薬品，医療衛生用品では，今日まで続いている企業がすでに登場している。2社で卸の記載がある[18]。

　① から ⑤ までより具体的に検討してみると，① で問屋卸商の数が突出して

いることがわかる。

これまで，戦前の繊維産業というと綿紡織企業（製造業）からの分析が主流であったが，予想通り問屋卸商の検討も十分に意味のある研究であることが分かる。そこで，次節では代表的な問屋卸商について検討しよう。

第5節　代表的な繊維関連問屋卸商

幕末・明治前期の経済史研究では，糸商の役割を2つの視点から評価してきた。洋糸（唐糸）引取り販売による資本蓄積が日本の産業革命（機械紡績の設立）に寄与したこと（石井ほか，2000，29～31頁；石井，2003，99，117頁；石井編，2005，5頁），洋糸を在地の綿糸商を経由して在来織物産地に供給することで産地の再生に寄与したことである（高村，1971上，20頁；石井ほか，2000，9，179，182～183，197頁）。本章は，綿紡績業が寡占的産業化しつつも，製品は相変わらず相場の影響を強く受けている時期の大阪の繊維関連問屋卸商を対象にしている[19]。

1898年を分析した石井（2003）は，全国の巨大卸商（大問屋）76軒のうち，41軒（54％）が繊維関係であると論じた。大阪市に限定してみると八木與三郎と岩田惣三郎を，後に大阪市内に支店を設置する和歌山市内の竹中源助も取り上げたが（石井，2003，130～133頁），船場8社という呼称を根拠付ける状況ではない。ちなみに，同書は両大戦間期の船場8社には言及していない。

1　いわゆる船場8社

和歌山市内で誕生した竹中商店とその後継会社に50年間勤務した谷口嘉一郎は，1923年当時を回想して不破，八木，岩田商事，豊島商店，伊藤忠，竹中商店，田附商店，小島糸店の8社で紡績企業の綿糸市販量の7，8割以上を占めたとした（谷口，1960，109～110頁）。ここにはいわゆる船場8社のうち又一と竹村商店が入っていないが，少数の企業によって糸取引が占められていたことが分かる。また，紡績企業と糸商との関係について次のように述べた。「紡績会社と糸商との間は戦前までは，共存共栄の誼みを続けた」（谷口，1960，291頁）。

「綿紡一本時代の紡績会社と糸屋とは，資本関係有る無しにかかわらず，ともに商売は単純であり，会社の販売係と糸屋の仕入係とは毎日顔を見合わせるので，両者は実に親密な間柄であった。／紡績会社から糸屋の方へ晴雨にかかわ

らず，毎日必ず午前と午後の2回ずつ，人力車に乗って得意回りをして来たのである」（谷口，1960，90頁）。つまり相対取引であった。上述の「共存共栄の誼み」も大阪綿糸商同盟会の有力メンバーゆえ，という点を忘れてはならない。

いわゆる船場8社の設立年をみると大阪紡績会社で機械紡績が始まる1883年の前と後に区分できる。前が3社，後が5社である。当然，前の時期の設立では輸入綿糸の引取が主であった。輸入綿糸を扱った大手業者としては前川善助，中村総兵衛，伊藤忠，岩田常，岩田惣がいた（八木商店，1972，33頁）。このうち岩田惣のみが後に船場8社に数えられた。1890年には綿糸の国内生産高が輸入高を超えたから，輸入綿糸は国産機械綿糸に急速に取って代わられた。船場8社のうち，3社がこのような時期に創業した。

当時の状況を理解するために，1891年の大阪市における上位5商品の販売価額をみよう。合計は3401.1万円であり，第1位が繰綿715.7万円，第2位が米穀643.5万円，第3位が木綿太物369.1万円，第4位が舶来品274.3万円，第5位が洋綛糸248.8万円であった。これらの内，第4位の舶来品を繊維関係に限ると，モスリン友禅等65.7万円，金巾37.7万円，毛繻子36.8万円で合計140.2万円で第4位と第5位が入れ替わる。ちなみに第6位は肥料の128.7万円であった。第1位から第5位までの繊維関係を合計すると1473.8万円で販売額合計3401.1万円の43％を占める。いかに繊維関係の取引が大きかったかが分かる。また，繰綿のうち63％は上海・ボンベイ・アメリカからの輸入であった。これと繊維関連舶来品・洋綛糸を合計すると販売額合計の25％が輸入品であった（武部，1982，60～61頁参照）。

船場8社（以下のそれぞれの冒頭の企業名は1920年代の社名）を創業の古い順に見よう（**表1—7**および**表1—8**）。

① 竹村商店について。竹村藤兵衛（1864年京都で創業，金巾綿糸）は，1869年竹村籐兵衛商店大阪支店を開設（1869年）[20]，1918年（株）竹村商店となり，36年の竹村棉業（株）を経て，60年帝人商事（株）と合併した。大正14（1925）年度の営業税は6908円であった[21]。

② 岩田商事について。岩惣商店（1881年創業，岩田惣三郎）は，1918年岩田商事（株）を経て，54年に倒産した。大正14（1925）年度の営業税は2万5756円であった。

③ 丸永商店について。不破商店（1882年創業，不破栄次郎の永楽屋糸店）は，1921年（株）丸永商店になり，43年丸永（株）を経て，54年日綿実業（株）

表1—7　船場8社（大正14（1925）年度）

商号又は氏名	営業品目	営業種別	仕向地	営業税額（単位：円）
竹村商店	綿糸・綿布	輸出・卸	支那・朝鮮・内地	6,908
岩田商事	綿糸・綿布	卸	内地	25,756
丸永商店	綿糸・綿布	卸	内地	59,428
又一	綿糸・綿布，雑綿布	卸・問屋	内地・支那・満鮮・台湾・南洋・印度	18,386
田附商店	綿糸・綿布	卸	支那・満州・朝鮮・内地	42,684
八木商店	綿糸・綿布・加工綿布・絹布	卸・問屋	内地・朝鮮・支那	37,478
竹中商店大阪支店	綿糸	卸・問屋	内地	10,589
豊島商店	綿糸・綿布	卸	内地・朝鮮・支那	32,944

注）竹中商店大阪支店の営業品目は「綿」となっていたが，「綿糸」の誤記と考えられる。同支店が，「絹綿毛糸」分類のなかに置かれているからである。大阪市役所商工課編纂（1922）359頁では，「綿糸，綿布」であった。
出所：大阪市役所産業部編纂（1926）71，72頁。

表1—8　船場8社の創業と後継等（被吸収・倒産年順に並べた）

不破商店（1882年）→（株）丸永商店，丸永（株）→日綿実業（株）に吸収（1954年）
岩惣商店（1881年）→岩田商事（株）→倒産（1954年）
田附糸店（1889年）→（株）田附商店，田附（株）→日綿実業（株）に吸収（1960年）
竹村藤兵衛（1864年）→（株）竹村商店，竹村棉業（株）→帝人商事（株）と合併（1960年）
阿部市商店（1884年）→又一（株）→三菱商事系の金商（株）に吸収（1960年）
竹中商店（1898年）→（株）竹中商店，竹中（株）→住友商事（株）が資本参加（1963年）
豊島糸店（1903年）→（株）豊島商店，豊島（株），大阪豊島（株）→廃業（1981年）
八木商店（1893年）→（株）八木商店，（株）ヤギ→現存

出所：著者作成。

に吸収された。大正14（1925）年度の営業税は5万9428円であった。

④ 又一について。阿部市商店（1884年創業，3代目阿部市太郎，又一阿部商店とも）は，1921年又一（株）となり，60年三菱商事傘下の金商（株）に吸収されて金商又一（株）になった。大正14（1925）年度の営業税は1万8386円であった。

⑤ 田附商店について。田附糸店（1889年創業，田附政次郎[22]）は，1902年田附商店となり，21年（株）田附商店に，43年田附（株）になり，60年日綿実業に吸収された。大正14（1925）年度の営業税は4万2684円であった。田附政次郎の医学・医療への寄付行為は，公益財団法人田附興風会（1925年10月10日認許）に結実している[23]。

⑥ 八木商店について。八木商店（1893年創業[24]，八木與三郎）は，1918年（株）八木商店になり，89年（株）ヤギに社名変更し，現在に至る。現存する唯一の企業である。大正14（1925）年度の営業税は3万7478円であった。

⑦ 竹中商店について。竹中商店（1898年創業[25]，竹中源助が和歌山市内で創業）は，1907年大阪支店を開設し，18年（株）竹中商店[26]，43年には大阪が本店の竹中（株）になり，63年住友商事（株）に吸収された。大正14（1925）年度の営業税は1万0598円であった。1940年私財で育英事業を行う竹中養源会を設立した。同会は，現在も公益財団法人として事業が継承されている。

⑧ 豊島商店について。豊島糸店（1903年創業，豊島久七）は，1918年（株）豊島商店，その後42年愛知県一宮市内の（株）山一商店と合併して豊島（株）になった[27]。51年豊島（株）から大阪豊島（株）が分離し，81年に廃業した。大正14（1925）年度の営業税は3万2944円であった。

糸商の営業税が高くなったのは，紡績企業から糸商へ，そして糸ユーザーへと流れる「縦の取引」（谷口嘉一郎の表現）以外に，仲間取引が活発であったこと[28]によるのであり，この仲間取引は紡績企業の生産高の数倍，数十倍にも及んだという（谷口，1960，26，61頁）。また，綿糸の取引は海外の様々な材料（米棉相場，ボンベイのインド棉相場，ロンドンの銀塊相場，上海の日支為替相場など）の影響を受けたのであり（谷口，1960，27，59頁），大阪三品取引所の綿糸相場は上海市場をリードする東洋の中心相場でもあった（谷口，1960，20頁）。これらの事情は，大阪に国際性を付与したといえる。

糸商由来の船場8社の取扱品多角化を八木商店の例でみると，1908年綿布扱い，19年加工綿布・絹布扱い，27年人絹（レーヨン）糸扱い，37年の日華事

変前後スフ羊毛扱いとなっていた（八木商店，1972）。

2　洋反物商系3社と伊藤忠商事・丸紅商店，瀧定

　唐物屋とも言われた洋反物商系3社を創業順にみよう（**表1—9**）[29]。大正14（1925）年度の営業税額をみても船場8社に引けを取らないことが分かる。

　山口商店（1882年創業）は，1918年（株）山口商店になり，49年（株）山

表1—9　大阪の洋反物商系3社（大正14（1925）年度）

商号又は氏名	営業品目	営業種別	仕向地	営業税額（単位：円）
伊藤萬商店	モスリン友禅洋反物	製卸	内地・支那・満鮮・台湾	33,815
山口商店	モスリン加工品・洋反物生地綿布加工品	製卸・問屋	内地・台湾・満鮮・支那・南洋・米国・樺太	42,565
田村駒商店	モスリン友禅金巾セルネル，更紗，新モスほか	製卸	内地・満州・台湾・支那・印度・南洋	27,882

出所：大阪市役所産業部編纂（1926）111，112頁。

表1—10　伊藤忠商事，丸紅商店，三井物産大阪支店（大正14（1925）年度）

商号又は氏名	営業品目	営業種別	仕向地	営業税額（単位：円）
伊藤忠商事	綿糸，綿布	卸	内地・海外	57,744
丸紅商店	呉服，太物，洋反物，毛織物	卸	内地	36,674
三井物産大阪支店	綿糸，綿布，地金亜鉛，絹布，海外貿易	問屋	内地，海外	41,652

出所：大阪市役所産業部編纂（1926）72，83頁。

第1章　戦前期大阪の繊維関連問屋卸商について　**29**

表1―11　瀧定合名会社（大正14（1925）年度）

商号又は氏名	営業品目	営業種別	仕向地	営業税額（単位：円）
瀧定合名会社大阪支店	綿ネル，綿縮，毛斯絣，天竺，小倉	卸	内地	5,716
瀧定合名会社大阪支店貿易部	綿布，絹布，毛糸，羅紗，雑穀，金属，生地綿布，加工綿布，縞綿布，絹綿交織，雑貨等	輸出入	台湾，朝鮮，支那，南洋	10,838

出所：大阪市役所産業部編纂（1926）109，359頁。

口玄に引き継がれ，業種を変えて現在に至っている。大正14（1925）年度の営業税は4万2565円であった。同店を興した山口玄洞の寄付行為は多方面にわたった[30]。

伊藤萬商店（1883年創業）は[31]，1918年（株）伊藤萬商店になり，その後継会社（43年伊藤萬（株）を経てイトマン（株））は1993年住金物産（株）に吸収された。大正14（1925）年度の営業税は3万3815円であった。

神田屋田村商店（1894年創業）は，1918年（株）田村駒商店，43年田村駒（株）になり，現在に至っている。大正14（1925）年度の営業税は2万7882円であった。

上述の糸商由来の船場8社と比べるといくつかの特徴を指摘できる。品目中にモスリン関係が見られること[32]，営業種別では製造にも関わっていたこと（問屋のメーカー化）[33]，仕向地が多様であることである。

伊藤忠商事・丸紅商店については，**表1―10**にみる通りである。両者の営業税額合計は9万4418円で，洋反物商3社の合計10万4262円に近いが，船場8社の合計23万4173円とはかなり差がある。

1864年創業の呉服問屋（名古屋）を起源に持つ瀧定合名会社の大阪支店が1906年に設置され，08年には当該大阪支店に貿易部が設置された[34]。**表1―11**にみる通り，両者合計の営業税は1万6554円であった。船場8社の竹中商店大阪支店，又一とほぼ並んでいる。企業としては，洋反物商系と同じように製造機能への関わりを含んでいた。

表1—12　3綿（大正14（1925）年度）

商号又は氏名	営業品目	営業種別	仕向地	営業税額（単位：円）
日本綿花	棉花，綿糸，綿布羊毛，生糸，米	卸，問屋	内地，支那，印度，米国，南洋，豪州	91,590
日本綿花船場支店	綿糸，綿布	卸，問屋	内地，支那，印度	10,884
東洋棉花	棉花，綿糸，綿布綿製品	加工，問屋仲立	内地	103,566
江商	棉花，綿糸，綿布生糸	卸	支那，印度，ジャワ米国	87,961

　　注）資料では，日本綿花は日本棉花と記載されていた。
　　出所：大阪市役所産業部編纂（1926）68，72頁。

3　3綿，紡織企業との比較

　3綿である東洋棉花（株），日本綿花（株），江商（株）については**表1—12**に見る通りであるが，各企業の営業税はかなり高額であった。3綿の営業税合計は29万4001円であり，船場8社より多い。

　紡織企業については，**表1—13**に見る通りであるが，紡織企業9社の合計は55万5673円であり，このうち東洋紡績（株）が28万2910円で，全体の51％を占めた。同社に大阪合同紡績，福島紡績が続いたが，残りの6社の営業税では5社が1万円台にとどまった。

4　他業種との比較

　比較のために，いくつかの他業種の営業税をみよう。百貨店の大正14（1925）年度の営業税をみると，（株）三越呉服店大阪支店は6万1354円，（株）大丸呉服店は3万1417円，（株）高島屋呉服店は1万6089円であった。造船業の大阪鉄工所は5万3829円，藤永田造船所は1万7212円であり，住友財閥系でみると住友合資会社4万1376円，住友銀行50万3319円，住友製鋼所2万1296円，住友電線製造所3万4144円であった。銀行15社では住友銀行50万3519円，

第 1 章　戦前期大阪の繊維関連問屋卸商について　**31**

表 1 ― 13　紡績・織布企業の概要（大正 14（1925）年度）

商号又は氏名	営業品目	営業種別	仕向地	営業税額（単位：円）
内外綿	綿糸・綿布	製	内地・支那・印度	17,897
大阪合同紡績	綿糸・綿布	製	大阪	127,137
福島紡績	綿糸・綿布	製	内地・満鮮・支那・南洋・印度	75,341
東洋紡績	綿糸・綿布・絹糸	製卸	内地・支那・印度・朝鮮・南洋	282,910
大阪莫大小紡織	綿糸・莫大小・綿布・クレープ	製	内地・支那・印度・南洋	15,422
日本絹織	絹布・不二絹	製卸	欧米・豪州・印度・アフリカ	16,152
天満紡織	綿布，紡績織布	製	支那・印度・南洋	10,579
天満織物	厚織雲斎綾，木綿	製	内地・印度	26,387
大阪毛織	毛織物	製	内地・朝鮮・支那	11,005

注）資料では，大阪莫大小紡織は大阪莫大小紡績となっていた。
出所：大阪市役所産業部編纂（1926）71，72，90，94，96，103 頁。

三十四銀行 18 万 9874 円，山口銀行 13 万 1206 円，加島銀行 8 万 8918 円，日本信託銀行 8 万 6696 円，近江銀行 6 万 1556 円，大阪野村銀行 5 万 0685 円，鴻池銀行 4 万 7546 円，藤本ビルブローカー銀行 4 万 6588 円，（株）藤田銀行 3 万 9237 円，大阪農工銀行 2 万 9686 円，台湾銀行大阪支店 2 万 4615 円，摂陽銀行 2 万 1099 円，尾州銀行 1 万 1526 円，大阪貯蓄銀行 1 万 1067 円であり，住友銀行が全体の 37％を占めた。保険業 5 社では日本生命保険（株）3 万 3917 円，摂津海上保険（株）1 万 8071 円，大同生命保険（株）1 万 8007 円，共同火災保険（株）1 万 4780 円，大阪海上火災保険（株）1 万 2024 円であった（大阪市役所産業部編纂，1926 より算出）。

営業税額の合計で比較してみると，銀行業 15 社 134 万 3818 円，住友系 4 社 60 万 0287 円（このうち 84％が住友銀行），百貨店 3 社 10 万 8860 円，保険業 5 社 9 万 6799 円，造船 2 社 7 万 1041 円であった。これに対して紡織 9 社 55 万 5673 円，3 綿 29 万 4001 円，船場 8 社 23 万 4173 円，洋反物商 3 社 10 万 4262 円，伊藤忠商事・丸紅商店 2 社 9 万 4418 円であり，これを合計すると 128 万 2527 円であった。銀行 15 社に僅かに及ばないが，住友系 4 社の 2 倍であり，高額であることが分かる。しかも繊維関係の中でも，流通部分の役割の大きさを確認できる。

5 もう 1 つの大阪——戦後大阪のアパレル産業を念頭に

綿紡織業の大阪イメージとは異なるもう 1 つの大阪をみよう。

表 1—14 に見るように，企業数の点では大まかにみて ①「呉服，木綿，太物」（668），②「毛織物類」「ネル，セル類」「毛斯綸，洋反物」からなる毛織関係業種（427）[35]，③「莫大小」（370），④「新古洋服及同生地」「襯衣及裁縫品」からなる洋服関係業種（309）の順で多かった。ここから分かることは，綿紡織業史を追跡するだけでは大阪の繊維産業史研究としては不十分ということである。

営業税 1 万円以上の企業の分布をみると，「絹綿毛糸」が圧倒的であり，内容は綿糸関係であり，製造業より問屋卸商の方が企業数が多い。綿関係には，「綿類」と「呉服，木綿，太物」も関わっており，さらに関係する企業数は多くなる。これに次ぐのが，毛織関係業種で，問屋卸商と製造企業が関わっていた。さらに「呉服百貨」の小売企業であった。他方，③「莫大小」と ④「新古洋服及同生地」「襯衣及裁縫品」の 2 つの群は，企業数が多いにも拘わらず，営業税 1 万円以上の納付企業はみられない[36]。しかも，第 2 次大戦後の和服から洋服への転換，素材のニット化を考えるとこの 2 群にも注意を払う必要がある。以下では，これらの 2 群業種について，製造企業と流通（問屋卸小売）企業の分布と営業税額の大きさでみる企業規模の状況について確認しよう[37]。

企業は複数の機能（例えば，製造と卸売）を兼ねているケースが多いため，「製という語が入っている企業数（M）」「卸という語が入っている企業数（W）」「小という語が入っている企業数（R）」で比較した（表 1—15）。その結果，③「莫大小」では W と M が多く，R は少ない。これにより，大阪市内の莫大小企業が広い地域の市場に供給していると考えられる。④ の「新古洋服及同生地」では，R が多く，W と M は莫大小と比べると少ない。これにより，市内の洋服関

第1章　戦前期大阪の繊維関連問屋卸商について　**33**

表1—14　戦前大阪市内繊維産業細分類別企業数（大正14（1925）年度）

		営業税50円以上	営業税1万円以上
綿、麻糸及同製品	綿類	84	5
	麻苧, 麻製品	35	
	絹綿毛糸	149	18
	組紐, テグス	30	
	糸綿屑	4	
織物及織物製品	呉服百貨	8	6
	呉服, 木綿, 太物	668	7
	染呉服, 染木綿, 加工綿布	60	
	染色, 晒, 艶付, 整理, 洗濯	76	
	金巾	18	
	毛織物類	182	2
	ネル, セル類	59	
	毛斯綸, 洋反物	186	3
	半襟	22	
	袴帯地	24	
	足袋及装束品	64	
	別珍コール天, 朱子	11	
	莫大小	370	
	タオル, 手拭, 手巾	46	
	襯衣及裁縫品	36	
	新古衣服, 和服裁縫	85	
	新古洋服及同生地	224	

出所：大阪市役所産業部編纂（1926）67〜140頁。

連企業は地元依存が強いと考えられる。④ の「襯衣及裁縫品」は莫大小，洋服関連と比べて企業数は少ないが，R がかなり少なく，W がかなり多いことから，莫大小以上に市外需要への依存が強いことが考えられる。「莫大小」と「襯衣及裁縫品」領域での M の相対的高さ（各々41%，39%）にも注目しておこう。

　次に，大正14（1925）年度の営業税額の平均額でみた事業規模を見ておこう。営業税の税率は，業種毎に異なるため，以下では製造専業企業，卸専業企業，小売専業企業のみを検討する。

表1—15 莫大小，洋服関連業種の営業種別企業数（大正14（1925）年度）

	莫大小	新古洋服及生地	襯衣及裁縫品
製造を営む企業数（M）	151（41）	51（23）	14（39）
卸を営む企業数（W）	247（67）	78（35）	30（83）
小売を営む企業数（R）	65（18）	157（70）	8（22）
合　　計	369（100％）	223（100％）	36（100％）

注）例えば，製造を営む企業とは，出所資料の当該企業の営業種別欄に製と
表記されていた企業のこと。営業種別欄に製卸とあれば，製造を営む企業
にも含まれるし，卸を営む企業にも含まれる。このため各企業数の総計は
合計欄の数字と一致しない。
出所：大阪市役所産業部編纂（1926）119 ～ 129，131 ～ 132，134 ～ 140 頁。

　③ の莫大小では，営業税額の平均額の大きい順に卸専業企業 248 円，製造専
業企業 171 円，小売専業企業 92 円であった。
　④ の「新古洋服及同生地」では，営業税額の平均額の大きい順に卸専業企業
223 円，小売専業企業 102 円，製造専業企業 67 円であった。
　④ の「襯衣及裁縫品」では，営業税額の平均額で大きい順に卸専業企業 169
円，小売専業企業 74 円，製造専業企業 60 円であった。蝶矢シャツ製造所（製
卸）は 311 円，キリン屋シャツ（株）（卸）は 1078 円，トミヤ・河井富彌（卸）
は 57 円であった。
　上記の３種では，いずれも卸専業企業の規模が一番大きい。製造専業企業
では莫大小が他の２業種の場合より大きい。他の２業種の製造専業企業の規模
は，営業税額で見る限り，小粒といえよう。
　上記 ② のなかの「毛織物類」も洋服に関わっていた。182 企業中の割合をみ
ると，営業品目中，羅紗製品が首位をしめる企業は 23，羅紗裁縫品が首位を占
める企業は 16，２位以下で洋服・被服・洋服製品・洋服既製品・和洋服加工品・
高級既製品・洋服裁縫・学生服・オーバーコート・トンビのいずれかが記載さ
れている企業は 20 あった。以上の合計は 59 で，全体の 32％であった。これら
59 企業のうち，卸のみの企業が 44，兼営で製造を営む企業が６，小売りのみ
の企業が２企業であった。また，所在地表記が谷町とあった企業は 54 で，全体
の 30％であった。このうち小売りのみの企業はなかった。営業税額をみておく

と，羅紗製品がトップ記載で卸専業企業の平均額は 395 円，羅紗裁縫品がトップ記載で卸専業企業の平均額は 254 円であった。前者の平均額は上述の莫大小，「新古洋服及同生地」「襯衣及裁縫品」の卸専業企業の場合よりも，高額であった。戦後メルボ紳士服（株）となった清水貞吉（卸，羅紗製品の平野屋羅紗店）の営業税は 469 円であった。ちなみに，同社は，大阪市役所産業部編纂（1926）では卸とのみ記載されているが，実際は戦前紳士服を縫製し，百貨店に卸していた。こうしたケースは多いと推測される。

洋服系でもう 1 つ重要な源流が運動服装であった[38]。表 1 ― 4 の「和洋楽器，娯楽具，運動具類」の中の運動具類（大阪市役所産業部編纂，1926，298 頁）に，運動服装を扱う 4 企業が掲載されており，そのうち営業税額で最高が 773 円の美津濃運動用品（株）であった（このほか，同社南支店が 87 円の営業税を納付していた）。米国の戦後のカジュアルウエアの出発が 1920 年代のスポーツウエアであったことを考えると重要な点といえる（富澤，2013，227，232 頁）。同社の営業種別は製卸小売りであり，運動用品，運動具，運動服装，莫大小製品，オーバー，スエターを扱っていた。仕向先は内地，満鮮，南洋，支那，米国，印度であった。

比較のために歴史の長い ①「呉服，木綿，太物」業種も見ておこう（大阪市役所産業部編纂，1926，77 〜 96 頁）。卸専業企業の営業税平均は 744 円であった。これには，1 万円を超える 4 企業（納税額の大きい順に（株）丸紅商店，（株）山本商店大阪支店，（株）富永商店，稲西合名会社）が影響していると考えられるので，これらを除くと平均は 469 円となった。やはり上記の 4 業種の場合と比べると大きい。ちなみに上記 4 企業の営業税合計は卸専業企業総額の 38％を占めており，ガリバー型企業の存在を指摘できる。小売専業企業の営業税平均は，151 円であり，③④ の業種と比べて大きい。① の業種では営業税 1 万円を超える企業は 7 社あったが，うち 4 社は卸売業，2 社は製造専業企業，1 社は製造卸企業であった。また，7 社のうち 6 社までもが木綿と関係していた。

6　ミシン，莫大小機械，紡織染色機械の輸入代替度

大阪市役所産業部編纂（1926）の「金属諸機械器具」の中の「諸機械，器具，付属品，鋳物類」では，ミシン（裁縫機，裁縫器械とも表記）で 5 企業が掲載されていたが，シンガーミシン会社の営業税額 1453 円とシンガ裁縫会社船場支店の営業税額 1085 円が他に抜きんでていた。業種では「製造」とあったのは 1

企業（東洋ミシン商会）のみであり，他は卸，小，ないし販売と表記されていた（213，216頁）。他方，莫大小機械では6企業が掲載されており，「製」表記があったのは4企業，「直輸入」表記が2企業であった（210～211頁）。莫大小の方がミシンより輸入代替が進んでいたと考えられよう[39]。しかし，ミシンにせよ莫大小機械にせよ，背景の縫製関係，製編関係の企業の多さを考えると，その企業数の少なさは否めない。これに対して，「諸機械，器具，付属品，鋳物類」をみると，紡織染色機械が掲載品目中トップに記載されているのは，全企業（446）中，55企業であった。この55企業のうち35に「製」の表記があった。莫大小機械よりも輸入代替が進んでいたといえよう。

<h3>7　仕向地と大陸進出について</h3>

最後に，戦前の大阪の繊維関連問屋卸商の仕向地についてみよう[40]。

梅津（1976）は，繊維専門商社は中国・植民地市場にかなり依存していたと述べた（157，158，203頁）。この点は，1920年代半ばである表1—7，表1—9から表1—12によっても確認できる[41]。ただし，大阪の糸商が支店設置等の形で中国進出をみるのは，1938年初頭以降であった。「綿糸，綿布の取扱は邦人紡績から直接買入れて，これを華商筋へ売捌く仕事」を担った（谷口，1960，255頁）。竹中商店による出張所や支店の設置は1937年青島，39年斉南，40年天津，42年徐州であった。八木商店でもほぼ同じ状況であった（谷口，1960，183，254頁；八木商店編，1972，141～142頁）。また，百貨店でも「日本軍の占領都市での営業を活発化させていく戦略」（石井編，2005，94頁；石原・矢作編，2004，193頁）が採用された。

すでに言及したことではあるが，仕向地の多様性という点では，洋反物商系の問屋卸商の方が綿糸商系の問屋卸商よりも進んでいた。

<h2>第6節　むすび</h2>

戦前の大都市大阪の産業を論じる場合，綿紡織工業が大きな位置を占めてきた。先行研究も多い。他方で，関連する問屋卸商の大きさもイメージ的には指摘されてきたが，1920年代半ばのその大きさを数字で確認する研究は見当たらない。本章では，営業税額の大きさに着目することで，問屋卸商の存在感の大きさを確認した。そして，営業税の重要な課税ベースである取引高の大きさは

仲間取引の大きさに支えられていた。これが営業税の大きさに現れた。当然，問屋卸商は利益の大きさとは無関係な外形標準課税であった営業税に大反対した。当時の業界関係者が，糸取引は株式証券と同じ投機商品であると指摘していたように（谷口，1960，48 頁），こうした相場との深い繋がりが当時の問屋卸商の盛衰と大きく関わっていた。しかし，相場との関係は，ひとり問屋卸商に限ったものではなく，綿紡績会社は棉花相場に深く関わったし，織布企業も糸相場に深く関わった。

　大阪における糸商の役割を考える場合，問屋卸商でもあるし，仲間取引業者でもあった。こうした 2 面性をもつ糸商の特徴は大都市大阪の性格をも特徴付けた。さらに綿糸取引相場の国際性は大阪に同様の性格を与えることにもなった。著者は，以前大阪のアパレル産業の軍需関連性を指摘したが（富澤，2013，146 〜 147 頁），本章によって繊維関連問屋卸商の大きさを確認しつつ，大阪の投機性・相場性（裏を返せば先物によるリスクヘッジ性）[42] と各種関連情報と販路面での国際性（端的には支那依存性）を確認することができたと言えよう。

　本章で明らかになった問屋卸商が，戦後いかなる変遷をたどるかは，大阪繊維産業史を理解するうえで重要な論点の 1 つになる [43]。それには，戦後における総合商社・専門商社の役割，問屋卸商のアパレル部門への進出を想起するだけで十分であろう。

　本章では，数例を示すに留まったが，田附商店，竹中商店，山口商店の経営者が行った病院支援・学校設立・育英事業などの社会貢献事業についても記憶にとどめておきたい [44]。

注

1）阿部（2006）は，「江戸時代以来今日に至るまで製造業が高度な発達を遂げてきたことが大阪経済の大きな特徴であるのは間違いない」（62 頁）とし，「大阪製造業の最盛期であった 1935 年……当時の大阪は何よりも繊維工業の都市であった」（70 頁）とした。

2）「問屋資本は近代——明治大正より昭和初期にかけての大阪の中核になっていた」（宮本又次，1961，448 頁）。「戦前から……昭和 20 年代までは，船場の繊維商社の勢力はまことに巨大で，関西 5 綿・船場 8 社とよばれる一時代を築き全盛をほこった」（八木商店，1972，30 頁）。

3）大阪の諸産業を取り上げた阿部（2006）では，企業の設立，重役兼任，産業の組織

38

力（114頁），人材の育成（272頁）といった4面から論じている。同書は，著者自ら教科書であると述べているが，大阪経済を支えた諸産業を取り上げ，その関連を示したところにユニークさを見ることができる。なお，同書第9章第1節で，大阪の商業を論じている。

4）先行研究としては，船場商人の1つのルーツである近江商人の役割と関わらせた歴史研究が行われてきた。また，大阪のイメージ論からみると武部（1982）が各所で大阪のイメージに言及しており興味深い。紹介すると，「近世において『天下の台所』といわれた全国第一の商都大阪」，「明治20年代以来の『繊維王国大阪』あるいは『東洋のマンチェスター』」，「大正10年ころより重化学工業の発達による『煙の都』に象徴される全国第一の工業都市大阪」，「昭和12年ころを境に相対的な地盤沈下」をみせる大阪である（武部，1982，165頁）。こうした大阪イメージは定着しているが，問題を1つ挙げれば，工業都市大阪時代の問屋卸商像が見えないという点である。

5）例えば，高村直助，阿部武司，谷本雅之の諸研究のなかで結果的に大阪が論じられた。

6）宮本又次（1973）；梅津（1976）；宮本又次ほか編（1976）。

7）19世紀末の資料を分析した宮本又郎・阿部（1995）は，「東京と大阪はともに多数の繊維関係業者を擁していたが，前者では完成品の小売商が多く，後者では木綿・綿関係を中心に卸売業者が多かったというように商業構造上，若干の違いがあったことがわかる」（256頁）と述べた。また，さまざまな文献で船場の問屋に言及されているが，その大きさを他と比較しながら数値的に示したものは，管見の限り見当たらない。

8）高村（1971上下）は，紡績企業との関係の中で流通機構（棉花商・綿糸商）を論じている点で貴重といえる。

9）当該統計書のデータでは1925年4月の第2次市域拡張を反映していない。

10）大阪市役所編纂（1926）で，大阪市の1920年10月1日現在の職業細分類人数を知ることができる（2-26頁から2-50頁）。同日現在の工業人口は52万2770人であった。その内，綿製造2486人，綿糸紡績（原文では織）業2万768人，その他の紡績業714人，織物業5143人，毛織物業766人，莫大小・莫大小品製造1万814人，編物・組物製造572人，染色・捺染・漂白及糸布加工6585人，和服裁縫9375人，洋服裁縫1万2790人，シャツ・手袋・股引・脚絆・足袋類製造4111人であった。同日現在の商業人口は43万6766人であった。その内，織物・被服類販売4万4139人，綿・糸類・編物組物類販売6240人，外国貿易商1万1557人であった（2-26頁，2-27頁，2-33頁，2-34頁，3-38頁，3-43頁）。

11）当該年度の大きな税目をあげると，所得税20.6％，酒税18.7％，関税9.8％であった（鈴木武雄，1962，18，24，25頁）。

12）法律第9号（1923年3月27日）による営業税の税率については，大蔵省編纂（1938）

107 ～ 109 頁を参照。ちなみに卸売と小売である物品販売業の課税標準は売上金額と従業者数であり，問屋業の課税標準は報償金額と従業者数であった。物品販売業の甲税率と乙税率の区分については大蔵省編纂（1938）57 頁を参照。

13）梅津（1976）は，第 2 次大戦前の日本の産業構造と貿易構造から繊維専門商社を次のように位置付けた。「第二次大戦前におけるわが国の産業構造を反映して，生糸輸出専門商社や棉花輸入・綿糸布輸出専門商社が早くから発達した」（6，7 頁）。「繊維専門商社の発展が当時の植民地市場にかなり依存していたことを認めねばならない。……繊維専門商社が繊維工場や商事部門を設置したのも，当時の植民地市場にほとんど限定されていた。……在外資産は，敗戦によってすべて失われてしまった」（157，158 頁）。こうした指摘は繊維商社の位置付けないし特徴付けとしては参考になるが，繊維商社の大きさを具体的に提示しているわけではない。

14）営業税額を用いた企業規模分析は，19 世紀末に関して，高村直助，石井寛治，阿部武司等によって行われてきた。その際，鈴木喜八・関伊太郎編（1898）『日本全国商工人名録』等の人名録や名鑑が用いられた。大阪市の大正 14（1925）年の営業税額別人員をみると，全体で 6 万 1708 人，1 万円以上は 98 人，50 円以上は 1 万3606 人（全体の 22％）であった（大阪市役所編，1926，9 -60 頁及び 9 -61 頁）。ちなみに全国では，大正 14（1925）年度の営業税 50 円以上の税額人員は全体で 13 万9569（全体の 13％）であり，同 1 万円以上の税額人員はわずか 513 であった（大蔵省編纂，1938，171 頁）。

15）国税庁のウェブサイトの平成 17（2005）年度特別展示「営業税の変遷」参照（2013年 10 月 16 日閲覧）。営業税について，宮本又郎・阿部（1995）が以下の通り興味深い指摘を行った。「過去の蓄積資産の多寡の影響がかなり大きく現われる所得税に対し，営業税の場合は現下の経済活動の影響がより強く現われると考えられる。所得税の多寡には資産家の側面が現われるのに対し，営業税の多寡には事業家の側面がより強く現われるといってよかろう」（236 頁）と。

16）大阪市内の重要倉庫入庫高（1925 年）をみると，入庫高全体（9 億 8427 万円）の内，繊維関係が 6 億 4408 万円（全体の 65％），この内，綿・綿糸・綿織物の合計が4 億 6725 万円（同 47％）であった（大阪市役所編纂，1926，7 -38 頁及び 7 -40 頁）。

17）山口銀行，三十四銀行，鴻池銀行は，1933 年に合併して三和銀行になった。

18）田辺五兵衛の営業税は 5060 円で，業種は「製小輸出入問」となっていた（大阪市役所産業部編纂，1926，335 頁）。

19）高村（1971 下）は，1920 年恐慌以降の大都市糸商について以下の通り性格付けた。紡績企業との「力関係の変化によって綿糸商は割高な購入を余儀なくされていった。受動的な立場に追込まれた綿糸問屋は，地方販売の代金取立を厳格化して困難の転嫁を図る一方，三品取引所での投機的利益にもっぱら期待をかけるようになっていっ

た」（262 頁）。また，「巨大紡績資本は，棉花・綿糸商に対する指導権を握って彼らを収奪のたんなる媒介者の地位に追い込」（263 頁）んだ。こうした特徴付けからは，糸商・糸問屋について一層掘り下げようとする研究方向は期待しにくい。本章は，大阪（大都市）という視点を入れることによって改めて大都市糸商について論じようとするものである。

20) 石井ほか（2000）29 頁と帝人フロンティア（株）のウェブサイト（2014 年 4 月 3 日閲覧）上の同社沿革の記述とでは相違がある。

21) 1921 年現在の営業税は，6 万 2678 円であった（大阪市役所商工課編纂，1922，358 頁）。

22) 阿部（2006）153，154 頁。

23) 北野病院のウェブサイトより（2014 年 8 月 7 日閲覧）。

24) 他と比べて開店が少し遅れた八木商店は開店当初「輸入糸の見込み商いはあまりやらず，内地物を主力にブローカー式の商売をやった」（八木商店，1972，19 頁）。1907 年には鐘紡その他の有力紡績会社の特約店になった（八木商店，1972，47 頁）。神戸の商館での取引は，先約であるとともに引取は銀決済であった（八木商店，1972，33 頁）。なお，引取商には価格変動リスクが付きものであり，横浜の引取商の大きな利益と浮沈については白石（1997）80，83 頁参照。

25)「竹中家は両替商製油業を営んでいたが，（明治——引用者注）23 年製油業を廃し綿糸商を始めた」（和歌山県史編さん委員会編，1989，277 頁）という指摘もあったが，本文では（株）スミテック・インターナショナルのウェブサイトの会社概要・沿革に従った（2014 年 7 月 1 日閲覧）。

26) 1918 年頃に株式会社化が流行したのは，以下の事情による。「個人経営の商店ではいかほど帳簿・組織が整備していても，一向に信用されず過当に課税せんとするので，各商店とも急いで法人組織に切替えるということが流行しだした」（谷口，1960，53 頁）。

27) 豊島商店，山一商店，豊島，大阪豊島の関係については，豊島株式会社史編纂委員会編（1975）を参照のこと。

28)「綿糸について紡績企業は先物販売の形でその価格変動リスクを綿糸商に転嫁し，一方綿糸商はそのリスクを仲間取引か投機市場に再転嫁しようとしていたのである」（黄，2000，196 頁）。

29) ほかに生島嘉蔵，平野平兵衛，松本重太郎，吉川久七，伊藤九兵衛がいた（宮本又次，1961，273 〜 274 頁）。

30) 宮本又次（1982）第 7 節を参照。

31) 伊藤萬助については，阿部（2006）154，155 頁。

32)「明治 30 年代後半にはモスリン生地を自給するようになった。……ほぼ明治 40 年

を最後として一部の特殊高級品を除くのほか，洋反物の輸入は完全といってよいほど停止した」（梅渓，1967，245 〜 246 頁）。

33）例えば，伊藤萬商店は，近代的加工問屋を目指して，染色・捺染工程，意匠作成に積極的に関与していた（梅渓，1967，260 〜 261 頁）。山口商店では，「明治時代には，洋反物は輸入品が主流であったから自家加工の比率は小さく，大正 4，5 年頃から内地製品が主流になるにつれて，自家加工の製品が主流を占めるようになった」（『山口玄八十年史』163 頁）。

34）瀧定大阪（株）のウェブサイト（2014 年 5 月 27 日閲覧）。瀧定合名会社（1906 年）は 1940 年（株）瀧定商店，43 年瀧定（株）をへて，企業分割により大阪部門は 2001年瀧定大阪（株）となり，その後組織変更し今日に至っている。

35）ネルでは綿ネルが含まれている。

36）営業税 1 万以上を納めていた大阪莫大小紡織（株）は，莫大小も生産していたが，綿糸生産ゆえに「綿麻糸及同製品」に分類された。同社の設立に関わった嘉門長蔵は，大阪の莫大小業界をリードし，寄付行為により済生会大阪病院を支えた（宮本又次，1961，326 〜 329 頁；間島，1960，68 〜 70 頁）。

37）戦前の大阪府の衣服産業の対全国的位置について，岩本（2014）212 〜 218，222〜 225 頁を参照のこと。

38）樫山純三は，三越の従業員を辞めて，1927 年に樫山商店を備後町に設立したが，運動服装に着手したことが成長への転機となった。戦後，紳士既成服に進出した（日本経済新聞社編，1981，259，263，270 〜 272 頁）。また，埼玉県行田，岡山県児島の縫製業史から類推すると足袋製造も洋服生産の出発点となり得るが，営業品目の足袋では 21 企業が「製」（兼営を含む）と表示されていたのに対し，卸専業は 9 企業にとどまった（大阪市役所産業部編纂，1926，116 〜 118 頁）。

39）米国シンガー社のミシン特許の消滅（1929 年），国産ミシンの開発と販売困難については，岩本（2014）156 頁参照。

40）大阪市教育部共同研究会編（1926）の商業を扱った箇所では，まず外国貿易について説明していた。当時の関心が奈辺にあったかを示唆している。

41）山崎（1987）は，「戦前の日本では，総合商社とともに専門商社が有力商社の一翼を担っていたという事実——を踏まえて，総合商社と並んで専門商社が発展し得た条件をも解明せねばならない」（150 頁）としたが，専門商社で扱ったのは，日本綿花，東洋棉花，江商だけであった。

42）周知のように米取引における投機性・相場性は江戸時代からみられた。

43）「船場は……昭和 20 年 3 月 13・14 日の大空襲をうけて，徹底的にやられた。……しかしまもなく船場地区は復興いちじるしく戦前そのままの店舗が再建されるようになった。24・25 年ごろには市内の主なる問屋街はおおむねその形をととのえた」（宮

本又次，1961，34頁）。

44）宮本又次〔1961〕334頁参照。

第2章　大阪の中小羅紗製品・紳士既製服企業史

第1節　は じ め に

　第2章は，商都大阪の中小アパレル企業史研究の一環として，大阪の中小羅
紗製品・紳士既製服企業史を論じる。1950年代の文献（呉羽紡績株式会社調査
室編，1957，3頁）によれば，当時の日本の主要な既製服生産地は，紳士服と
幼児・子供服に特徴がある大阪，婦人服に特徴がある東京，学校服・制服に特
徴がある岡山県であった。1960年代後半以降，大阪でも婦人既製服生産が急拡
大するが，それまでは紳士既製服生産の方が多かった。それゆえ，本章では大
阪の紳士既製服の流通と生産について論じる。その際，大阪の「流通業ともの
作り」の視点から問屋と百貨店の役割に注目したい。

　本書で問屋を取り上げる理由として，それが大阪経済の特徴であったからだ
けでなく[1]，以下のような問題意識がある。現在，製造企業は企画と販売を重
視して，その程度はさまざまであるが，生産を社外に依存している。小売企業
は仕入販売に加えて企画機能を取り込み，生産では社外機能を活用している。
いずれも，企画は内部化し，生産は外部化している。こうした企業のあり方は，
問屋のうち，一次問屋ないし企画問屋そのものである。需要が多様で生産が少
量かつ頻繁に変化する局面では社内に製造設備を有するリスクは高い。既製服
には，紳士既製服のように問屋業でメーカー機能を内部化する企業群と婦人服
のように企画機能を重視して生産は外部依存する企業群があった。問屋を前近
代的と決めてかかるのではなく[2]，ピオリ＆セーブル（1993）以来の大量生産・
大量販売の見直しとイタリア中小企業への高い評価，そして電子・ICT機器産
業における受託生産企業の拡大，地域賦活の担い手としての自立した中小企業
のネットワークの必要性等を斟酌してみると問屋業について一度再検討してみ
る価値があろう。

　以下で先行研究と本書および本章との位置関係を明らかにしておこう。

　① 日本のアパレル産業について最近のまとまった研究として鍛島（2006）と
木下（2011）がある[3]。鍛島（2006）は，服種（紳士服・婦人服・シャツ・ニット・
コート）の視点と有力アパレル企業の生産・流通の視点から，製造卸を担い手

として1970年前後に日本でアパレル産業が成立したことを明らかにした。限られてはいるが，東京を中心に地域間比較の視点も入っている。今日，日本のアパレル企業が直面している課題を考慮すると，本書のように2000年代初めまでの時期を念頭に置きつつ，中小企業と創造性を育くむ都市の視点からのアパレル産業の分析と評価が必要であろう。

マーケティング史の視点から日本のアパレル産業研究を先導してきた木下明浩氏の木下（2011）は1980年代までを念頭にブランド構築と小売機能の包摂の視点から，やはり有力ないし大手アパレル企業を対象に検討している。また全国展開が要点の1つであった。これに対して本書では中小・中堅アパレル企業と大阪という都市を対象にしている。ファッション現象が都市から産み出されるからであり，アパレル・ファッション産業の研究は都市をベースに行われるべきと考えるからである。

要するに上記の2研究と本書との相違は，対象時期と対象企業規模の相違，都市強調の相違である。日本のアパレル産業の現状を理解しようとすれば，こうした視点こそが求められよう。

② 大阪の紳士既製服産業については，大阪府立商工経済研究所（後の大阪府立産業開発研究所，大阪産業経済リサーチセンター）による中小企業研究の一環としての系統的な調査研究がある[4]。特定時点のアンケート調査を基本とするスポット的調査研究ではあるが，総体としては一連の系統的研究といえる。また，通時的研究には高橋（1970）があるが，1960年代で終わっている。本章はこうした先行研究を参照しつつ，今日までの長期の通時的視点と個別企業のミクロ視点を取り入れて，大きな方向性を描き出そうとしている所に特徴がある。

本章では清水貞吉(1887年生～1961年没)が1918年に創業の平野屋羅紗店(後のメルボ紳士服株式会社，以下メルボ紳士服と略）を経糸に，各期の状況を緯糸にして論じる[5]。第2次大戦後の時期は「安価で豊富な労働力」の所在によって，大きく3期に区分できる。つまり，自家工場の建設期より以前の時期（第1期），自家工場の建設と市場の成長拡大の時期（第2期），中国縫製の台頭と市場の停滞・縮小の時期（第3期）である。

以下，第2節では戦後を理解するためにも戦前の状況を確認する。第3節では衣料統制解除後の1950年代（第1期）の特徴を，第4節では60年代（第2期その1）の特徴を検討する。第5節ではケースとして1960年代から90年代

半ばまでのメルボ紳士服を取り上げ（第2期その2），第6節では新供給ルートである1990年代の中国合弁企業と中国ローカル企業のケースを検討する（第3期）。第7節では本章で明らかにした点をまとめる。

第2節　戦前の羅紗製品等関連企業と平野屋羅紗店

1　戦前大阪の羅紗製品と谷町──大阪市役所産業部編纂（1926）を用いて

表2−1をみると，1920年代半ばには極めて多様な縫製品が製造・卸小売されていたことが分かる。これを企業数の多い順に見ると，洋服184，シャツ（襯）80，足袋75，靴下48，子供服33，肌衣（着）31，羅紗製品29，厚司20であった。ここでの「洋服」分類の中には「羅紗製品」が含まれていると思われるので，本章で扱う「羅紗製品・紳士既製服」は，1920年代半ばにおいて大阪の主要取扱製品の1つであったと言ってよかろう[6]。

以下で大阪市役所産業部編纂(1926)の掲載内容を整理した結果を紹介しよう。対象企業は，営業税50円以上納付の企業である[7]。

（1）毛織物類
「毛織物類」分類をみよう。全体では，182企業のうち55企業（30％）が大阪市東区谷町に所在していた。

細分類では以下の通り。

「羅紗のみあるいは羅紗が首位の企業」は87企業あったが，56企業が卸のみ，9企業が卸小売，別の9企業が仲立ち，5企業が製卸，2企業が小売のみであった。6企業がその他であった[8]。87企業のうち26企業（30％）が谷町所在であった。また，卸のみの56企業のうち16（29％）が谷町所在であった。小売のみの企業は西区と谷町以外の東区に所在していた。

「羅紗製品のみあるいは羅紗製品が首位の企業」は23企業あったが，卸のみが21，製卸が1，卸小売が1であった。23企業のうち17企業（74％）が谷町所在であった。

「羅紗縫製品のみあるいは羅紗縫製品が首位の企業」は16企業あったが，卸のみが14，製卸が1，卸小売が1であった。16企業のうち10企業（63％）が谷町所在であった。

表 2 — 1 大阪市内の服種別企業数（1925 年, 卸, 小売, 製造等を含む）

---

① 制服等

　　制服（1）, 学生服（3）, 学生洋服（3）, 学生制服（1）, 学校制服（1）,

　　小倉服（2）, 官公署制服（1）, 官衙礼服（1）, 法曹制服（1）,

　　青年団制服（1）, 青年団洋服（1）, 軍服（1）, 軍服払下被服品（1）

---

② 袴

　　女袴（1）, 女学生袴（1）, 袴（4）, 学生袴（1）

---

③ 運動服装

　　運動シャツ（2）, 運動服装（7）, 運動服（1）, 運動衣（1）,

　　登山洋服（1）, 登山服（1）

---

④ 作業服

　　鉱山用洋服（1）, 作業服（4）, 事務服（2）, 労働服（1）, 厚司（20）

---

⑤ 料理服装

　　カツポ服（割烹服——富澤）（2）, エプロン（18）, 前掛け（5）,

　　子供用エプロン（1）, スタイ（5）

---

⑥ 背廣（1）

---

⑦ 子供服（33）

---

⑧ 婦人服（3）, ペッチコート（2）

---

⑨ シャツ（襯）（80）, サルマタ（1）, 輸出向シャツ（1）, ワイシャツ（12）,

　　ズボン（6）, 半ズボン（2）

---

⑩ トンビ（17）, マント（9）, オーバー（11）, コート（12）, レーンコート（2）

---

⑪ オーバースエータ（17）, スエター（2）

---

⑫ 肌衣（着）（31）, 莫大小肌衣（1）, 股引（3）, パッチ（5）, ズボン下（1）,

　　ステテコ（2）, パンツ（1）, サルマタ（3）

---

⑬ 足袋（75）, 福助足袋（1）, 靴下（48）

---

⑭ 印（入）袢天（2）, 袢天（2）, 法被（ハッピ）（2）, 祝儀衣裳（1）,

　　芝居衣裳（1）, オペラ衣裳（1）, ステージダンス衣裳（1）

---

⑮ 羅紗製品（29）, 洋服（184）

---

⑯ その他

　　衣類（6）, 衣裳（2）, 衣服（18）, 衣服裁縫（1）, 羅紗既製品（2）,

　　毛織物既製品（1）, 被服（2）, 羅紗裁縫品（18）, 古洋服（3）, 新古衣服（2）,

　　服装品（1）, 裁縫（1）, 裁縫品（3）, 洋服裁縫（1）

注) 服種の後ろの括弧内の数字は企業数。

　　1つの企業が複数の商品を扱っている場合, 重複勘定している。

　　用いた資料は, 営業税 50 円以上納付の企業のみ掲載のため, 零細企業・内職等は除かれている。

出所：大阪市役所産業部編纂（1926）より作成。

第2章　大阪の中小羅紗製品・紳士既製服企業史　　**47**

表2－2　谷町所在の羅紗製品あるいは羅紗製品を首位とする17企業について（1925年）

商店	営業種別	仕向先	営業税
森居幸本店	卸	内地・満州	1487円
福井彌助	卸	大阪	736円
長谷川源商店	卸	内地・海外	586円
森居亀吉	卸	大阪・内地	506円
マルジウ商店	卸	内地	420円
松井治太郎	卸	近畿・南満州	377円
木村谷安之助	卸	内地・朝鮮・台湾	373円
勝根又次郎	卸	内地	346円
田中源商店	卸	内地・朝鮮	338円
小廣米太郎	卸	内地	302円
大浦庄治郎	卸	内地	252円
中井清商店	卸	内地・朝鮮	227円
堀内扇太郎	卸	内地	221円
辰巳昌司	卸	内地	205円
中井本店	卸	内地・満鮮	163円
藤原正資	卸	関西	139円
坪野三次郎	卸小	内地	51円
参考企業（糸屋町所在1企業）			
清水貞吉	卸	内地・満鮮	469円

注）金額は1925年度の営業税額。
　　氏名の漢字表記は旧字体を新字体に変更したケースがある。
出所：大阪市役所産業部編纂（1926）106 ～ 107頁。

　以上から羅紗製品，羅紗縫製品は谷町に集中していたことが分かる。しかも
上記3細分類の谷町所在の53企業は仲立の2企業のほかはすべて卸に関わって
いた[9]。このうち，谷町所在の「羅紗製品のみあるいは羅紗製品が首位の企業」
である17企業をみると**表2－2**のように営業税額も大きく，仕向け地は海外市
場を含め広範囲であった[10]。

表2－3　谷町で卸のみを営む主な23企業のデータ（「新古洋服及同生地」分類より）

営業品目	商店	営業種別	仕向け地	営業税
洋服	近藤市之助	卸	大阪	309円
洋服	三本木甚三郎	卸	大阪	237円
洋服	後藤松次郎	卸	大阪，京都，山陽，内地	217円
洋服	中井しやう	卸	大阪，内地	190円
洋服	畑治郎吉商店	卸	内地	91円
洋服	浅川好亮	卸	山陰，中国，四国，台湾	72円
洋服	大塚貞蔵	卸	内地	61円
洋服	高木満三郎	卸	大阪	59円
洋服，羅紗	田中又三	卸	内地，台湾，満鮮	961円
洋服，麻布，綿布	田中又司	卸	内地	241円
洋服，羅紗	中川豊次郎	卸	大阪，内地	157円
洋服，羅紗	中谷虎司	卸	内地	115円
洋服，羅紗	近藤吉助	卸	内地	76円
洋服，毛織物	藤富竹一郎	卸	大阪，京都	52円
洋服，絨裁縫品	酒井寿四郎	卸	内地，朝鮮	50円
子供服	福西栄次郎	卸	内地，支那，朝鮮	194円
子供服他	本城国太郎	卸	内地，朝鮮，台湾，支那	161円
子供服他	辻阪光太郎	卸	内地，朝鮮	71円
軍払ド古被服	松浦房次郎	卸	内地，樺太，台湾，朝鮮，支那	133円
絨綿布既製品洋服	松下繁松	卸	内地，台湾，支那	104円
洋服，既製品他	清井駒太郎	卸	大阪，内地，満鮮，台湾	178円
作業服，マッチ	本城眞元	卸	内地	91円
小倉織洋服地他	中森権太郎	卸	内地，朝鮮	67円

注）軍払下古被服は陸海軍諸官衙払下古被服の略。
　　マッチは魔法燐寸の略。
　　旧字を新字に変更したケースがある。
出所：大阪市役所産業部編纂（1926）134〜140頁より作成。

（2）新古洋服及同生地

「新古洋服及同生地」分類をみよう。全体では224企業で，そのうち谷町所在企業は43企業（19％）であった。この43企業中，卸が23，卸小が10，製卸が5であった。やはりここでも谷町には卸関連企業が集中していた。谷町で卸のみを営む23企業は**表2－3**のようである。仕向先は海外を含め広範囲である。子供服，子供服他では海外展開が目立っている。

図2—1　昭和初期の毛織物流通機構

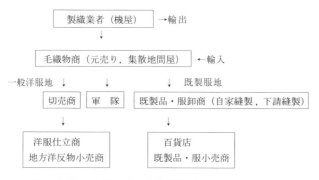

注）資料を参考にしながらもかなり簡略化した。
　　百貨店が切売商，洋服仕立商を兼ねるウエイトが大きくなっている。
出所：高橋（1970）100～104頁より作成。

　洋服のみの企業97中，小売のみの企業は61（63％）であったが，地域分布としては北区（6企業），此花区（7企業），東区（12企業，うち谷町所在はゼロ），西区（14企業），港区（6企業），南区（13企業）に分散していた。他方，洋服のみで卸のみの企業は9であったが，そのうち8企業が谷町所在であった。
　子（小）供服，子（小）供服他の企業で卸を営む企業は9であったが，そのうち6企業が谷町所在であった。

　谷町には卸を営む企業が集中していた。仕向け地は海外を含め広範囲であった。また，大阪に限っても多数の小規模小売店で羅紗製品・洋服が売られていたことが分かる。昭和初期の毛織物の流通機構は図2—1のようである。これには表2—2，表2—3を踏まえると既製服の海外植民地への販売を追記すべきであろう。次項では図2—1にも登場する百貨店での洋服（紳士服）の扱いを見よう。

　　　　2　戦前の百貨店洋服（紳士服）事業と平野屋羅紗店

　日露戦争後，洋服は社交用から日常用へと大きく変化した。1906年に認可さ

れた，大阪市域を対象とする大阪洋服商工同業組合の設立認可申請書に記載された組合員（予定者）の内訳は，洋服販売業 104 名，洋服製造販売業 96 名，洋服縫製業（被服請負業を含む）108 名であった（ここでの名とは組合員数のこと）。1905 年度の洋服販売の部では 9 万 6150 着，120 万 1875 円，洋服製造販売の部では 2 万 4350 着，30 万 4375 円，洋服裁縫の部では 51 万 7000 着，56 万 8700 円であった。これら 3 つの部の販路及び仕向け地では，関西地方が約 45％，関東地方が約 1 割，台湾が約 1 割，韓国・支那・ウラジオストク・海外移民の需要等への輸出が約 35％であった。また，1902 年の職工人員は男工 1350 人，女工 980 人，徒弟 1040 人であったが，1907 年以降職工養成としては親方からの技能伝授[11]に加えて，裁断・縫製に関する教育機関が開設された。大阪では，「洋服裁縫技芸会」「関西洋服裁縫学校」が有名であり，1911 年には米国洋服学校が設立された（大阪洋服商同業組合編，1930，186，278，286，287 頁）。東京では 1906 年にシンガーミシン裁縫女学院が開校し（普通科 3 ヵ月，高等科 3 ヵ月），1 年もたたないうちにシンガー社は神戸にも学校を設立した（ゴードン，2013，29，61，63 頁）。洋服をめぐる状況は大きく変わりつつあったが，他方で百貨店が 1910 年前後から店舗の洋風化で，少し後には店舗の 6 ないし 7 階建ての高層化で先導した。以下に見るように，三越呉服店大阪店が他をリードしていたが，他の百貨店でも洋服販売が行われていた。在阪百貨店の大正 14(1925)年度の営業税額をみると，（株）三越呉服店大阪支店は 6 万 1354 円，（株）大丸呉服店は 3 万 1417 円，（株）高島屋呉服店は 1 万 6089 円であった[12]。三越呉服店の大阪支店が突出していた。

（1）三越呉服店大阪支店の場合

三越全体で見ると 1906 年の洋服部の再開と同時にイギリス人を雇用して紳士服の調製が始まった（富澤，2013，161 頁の表 5 ― 2 参照）。1908 年の西洋風ルネサンス式 3 階建ての新建築によって百貨店化の一歩を記した。1925 年にもイギリス人裁断師を迎え，約 2 年間技術指導を受けている。

　1904 年 12 月 20 日に閉鎖された大阪支店は 07 年 5 月 1 日に再開され，11 年 10 月 1 日木造 2 階建て洋館が開店し，16 年には裁縫工場のために大阪市内の南玉造町で土地を買収した。1917 年 10 月 1 日鉄筋コンクリート地下 1 階，地上 7 階ルネッサンス式建物の新館が開店し，洋服部，食料部，茶部，鰹節部を新設した（株式会社三越，1990，43，48，57，69，70 頁）。

第2章 大阪の中小羅紗製品・紳士既製服企業史 **51**

　第1次大戦中の好況により，「文化住宅」「文化食」「文化服」などの洋装中心生活が始められ，洋服需要が激増した（大阪洋服商同業組合編，1930，191頁）。1918年5月に既製服と生地切売りで創業した平野屋羅紗店は，同年末には大阪支店とトンビで取引を始めている（メルボ紳士服，1970，13，18，年譜の3頁）。清水貞吉は，「当時の有名な百貨店は自店製品を販売しておられた」と当時を述懐した（メルボ紳士服，1970，82頁）。

（2）大丸呉服店の場合
　「1913年5月には木造洋館の新館が落成した。陳列式で洋品，雑貨，化粧品を置き，南側の座売りは呉服，裂地，男子洋服で，1ヵ月10万円年間100万円ほどの売上げであった」（大丸250年史編集委員会編，1967，312頁）。1913年夏の商品値段表では，ホワイトシャツ1円80銭～3円，ネクタイ60銭～3円であった（大丸250年史編集委員会編，1967，284頁）。1918年心斎橋筋店舗が木造洋風化，1922年6階建てビルへの改築と続いた。

（3）高島屋呉服店の場合
　早くも1907年に京都たかしま屋呉服店飯田新七大阪支店が2階建ての洋風店舗化し，1922年10月1日，高島屋呉服店初の近代店舗である堺筋に面した長堀店が開店した。地下1階，地上7階建て，鉄筋コンクリート造りであった。営業部は呉服，洋服，雑貨，美術，日用品，食料品，食堂，外商，装飾，通販，支那の11部門から構成された。売り場構成は，地階が食料品，1階が雑貨・化粧品，2階が実用呉服，3階が高級呉服，4階が雑貨・貴金属・装身具，5階が洋服・家具装飾品，6階が催し場・文具・雑貨・美術品，7階が日用品・大食堂，屋上が演芸場・遊技場であった（髙島屋150年史編纂委員会編，1982，98-99頁）。

（4）十合呉服店の場合
　十合秀太郎が，誂え紳士服の十合洋服店を1906年に大阪市内の坐摩神社南隣に創業した。1910年には十合呉服店の真向かいに店舗を構えた。秀太郎は1915年4月から1918年4月まで大阪洋服商工同業組合長を務めている。1923年に十合洋服店は，（株）十合呉服店に吸収されて，大阪本店内に移り，同店の洋服部となった。営業方針は，高級品主力から大衆化が進められ，イージーオーダー

方式が採用された（高橋，1970，87頁；大阪洋服商同業組合編，1930，364頁；株式会社そごう社長室弘報室編，1969，136，137，186，187頁）。

(5) いとう呉服店（後の松坂屋）の場合

いとう呉服店は1909年に大阪支店を閉鎖していたが，23年に大阪に再進出し，28年には大阪店のルネサンス式新館の第一期工事が竣工した。洋服部の新設は名古屋本店が1914年，東京店が15年であり，大阪店では23年の開店当初から洋服・トンビ類売場が開設された。平野屋羅紗店は，1918年末には名古屋本店とトンビで取引を始めている（高橋，1970，88頁；メルボ紳士服，1970，18，年譜の3頁；60年史編集委員会，1971，41，55，62頁）。

以上のいくつかの例から1910年代半ば頃には百貨店は洋服を取扱商品の中に明確に位置付けていた事が分かる。太田（1981）によれば，これより少し前の1910年頃に羅紗既製服の問屋制家内工業がほぼ確立した（1頁）。

(6) 第1次大戦後及び関東大震災直後の状況

平野屋羅紗店の例を見よう（図2-2）。1920年頃には取引先としては三越，いとう呉服店に玉屋（北九州），山形屋（鹿児島）などが加わり，商品もラシャ地，和装用既製服（トンビ，オーバー，婦人コートなど），背広に拡大していた（メルボ紳士服，1970，20頁）。

1923年9月1日に発生した関東大震災後，洋服が普及し，いとう呉服店の上

図2-2 平野屋羅紗店初期の取引関係

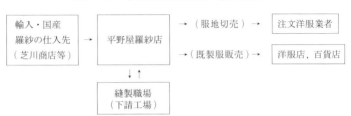

注) 仕入先としては，芝川商店の他に越田商店，辻久，藤井善商店，神戸の商社デラカンプなど。
出所：メルボ紳士服（1970）16～20頁を参照して作図した。

第2章 大阪の中小羅紗製品・紳士既製服企業史 **53**

表2—4 大阪市の工業生産額等（総計と品目別，単位は万円）

	生産額			加工料及修理料
	1930年(a)	1937年(b)	b／a	1937年
総計	75541	208668	2.8	
綿糸	4337	6407	1.5	-
金巾	1830	2614	1.5	-
莫大小「シャツ及ズボン下」	1401	2236	1.6	386
裁縫品	543	2932	5.4	
和服	9	6	0.7	52
洋服及外套類	143	674	4.7	301
襯衣及股引	188	496	2.6	148
足袋	119	257	2.7	8
ハンカチーフ	14	27	1.9	49
其他	70	1472	21.0	143

注）千円を四捨五入した。
　　生産額には，加工料及修理料は含まない。
出所）『第29回（1930年）　大阪市統計書』（大阪市役所，1931年）4 -46，4 -47，
　　　4 -48，4 -68，4 -69，4 -71 頁。
　　　『第36回（1937年）大阪市統計書』（大阪市役所，1939年）4 -262，4 -266，
　　　4 -283 頁。

野店からオーバ・背広などの注文が殺到，東京進出の契機となった。三越本店
からも注文があり，「背広，オーバー，チョッキなんでも送れば売れるといった
時代であった」（メルボ紳士服，1970，21，22 頁）。ほぼこの時期の状況が本章第
2節第1項で紹介した大阪市役所産業部編纂（1926）に反映されているといえ
よう。平野屋羅紗店（表2—2では清水貞吉）の仕向先は「内地・満鮮」であっ
た。

　1920 年代後半には英国ロンドン模倣のモダンボーイの背広姿があり，洋服を
安く着たいとの社会の要求もあった。電気の普及はアイロン・ミシンの能率向
上につながった（大阪洋服商同業組合編，1930，195，197 頁）。

　不況の底であった 1930 年以降，大阪市の経済は拡大した。1930 ～ 37 年の拡
大を示している**表2—4**より，「裁縫品」とその内訳である「洋服及外套類」「其
他」の拡大を見ることができる。1937 年の「和服」と「洋服及外套類」を比べ
ると生産額と加工料及修理料の双方で「洋服及外套類」が大きい。1930 年代の

54

表2－5　大阪市内の業種別物品販売業者数（1938 年 7 月 31 日）

総数	87,912
白米	3,462
蔬菜，果物類	3,209
鮮魚介類	2,101
呉服太物	1,810
羅紗洋服地	322
洋服類	1,862
古着類	639
其他の被服類	595

注）国税営業収益税及府税営業税を納付する個人営業者。

出所：『第 36 回（1937 年）大阪市統計書』（大阪市役所，1939 年）5 –50，5 –53 頁。

　大阪の重工業化によって労働者数は増加し，それに伴いワーキングウエアなどの被服・制服消費も拡大したと考えられる。1937 年の主要事業所別工場状況（ただし，使用職工 5 人以上の工場）の 1 工場平均常時使用職工数をみると，綿糸 835 人，綿織物 364 人，毛織物及毛交織物 135 人に対し，莫大小製品 10 人，縫製業 9 人と縫製業の零細性が窺える（『第 36 回（昭和 12 年）大阪市統計書』4 –21，4 –51 頁）。

　大阪府立商工経済研究所が大阪紳士服工業組合員 180 企業（1968 年現在）向けに行ったアンケート調査の回答企業 61 社の創業年をみると，昭和初期が創業ブームであったことが分かる。回答 61 企業の創業年の内訳は，明治期は 3 社（4.9％），大正期は 5（8.2％），昭和 1 ～ 10 年は 14（23.0％），昭和 11 ～ 20 年は 7（11.5％），昭和 21 ～ 30 年は 18（29.5），昭和 31 ～ 35 年は 7（11.5％），昭和 36 ～ 40 年は 6（9.8％），昭和 41 年以降は 1（1.6％）であった（大阪府立商工経済研究所，1970，50 頁）。戦後直後の 10 年間が 3 割と最も多いが，戦前の昭和の最初の 10 年間は高度成長期の昭和 30 年代とほぼ同じ創業数であることが窺える。

　こうした状況を生活レベルで示している業種別物品販売業者数を表 2 － 5 で見ると，個人営業者数では，「呉服太物」と「洋服類」はほぼ同じ業者数である。「羅紗洋服地」「洋服類」「古着類」「其他の被服類」の合計は 3,418 であり，「白米」

業者数とほぼ同数である。

（7）戦時及び戦後直後の統制期

1937 年頃まで大阪における既製服需要は内需に加え，ことに満州・朝鮮への輸移出も急増した。大阪羅紗および既製服商は 1931 年の満州事変の前後から満鮮視察や見本市に参加していた。1934 年の第 5 回満州見本市（大連・奉天開催）では，洋服・附属品は，他商品を圧倒していた。担い手の中心は大阪商人であり，羅紗商・既製品卸商の大陸進出は満州事変を契機に顕著であった。戦前の谷町の最盛期は 1938，39 年であり [13]，40 年頃より公定価格など統制が強化され，42 年の戦時統制に谷町の既製服業界も吸収されていった（高橋，1970，132，134，135 頁）。

こうした時期に清水貞吉が就任した業界団体の役職をみると既成服工業組合よりも羅紗切売商業組合を代表する立場にあったことが分かる。つまり，清水貞吉は，1932 年切売商の任意組合である西日本羅紗商同盟会の理事長に就任，33 年大阪羅紗卸商業組合，38 年大阪羅紗毛織物卸商業組合，38 年大阪羅紗毛織物商業組合の各理事に就任し，39 年大阪羅紗毛織物切売商業組合の理事を経て，41 年には大阪羅紗毛織物切売商業組合の理事長に就任し，41 年には西部羅紗切売商業組合の理事長に就任した [14]。既製服では 1939 年大阪既成服卸商組合の，40 年大阪既成服工業組合の各理事に就任した（メルボ紳士服，1970，119，127 頁）。

統制は戦後も続き，1951 年になってようやく衣料統制が解除された。

第 3 節　1950 年代大阪の紳士既製服の流通と生産（第 1 期）

1　戦後の再建と 1950 年代半ばの業種別在阪企業について

1947 年に臨時株主総会で既製服中央第六十五代行株式会社を株式会社平野屋に改称し，51 年 2 月末には戦中戦後の衣料統制がなくなり，戦前の姿に再建された。売上高は，1947 年度 732 万円，48 年度 844 万円，49 年度 6162 万円，50 年度 2 億 6920 万円，51 年度 4 億 971 万円，52 年度 5 億 6009 万円，53 年度 6 億 2461 万円であった。創業 35 年を迎えた 1953 年当時について社史は以下の様に記した。「当時の年間売上額は 6 億円で仕入先は芝川商店，豊田産業，丸紅

表 2 ― 6　在阪有力既製服業者の年商別企業数及び年商総計額（1954 年度）

年商	男物既製服業者	婦人・子供服既製服業者	作業衣業者	布帛業者	合計
10億円台	1	1			2
9	1				
8					
7	1				1
6	1			1	2
5	1				1
4	2			3	5
3	4		1	1	6
2	12	1	1	6	20
1	11	3	5	5	24
合計	34	5	7	16	62
年商総計（百万円）	10,631	1,614	1,230	4,392	17,867

注）大阪合同興信所情報（30.9.9）に基く売上高上のランク。年商 1 億円以上の者。
　　以下の 3 つの理由から売上高は 1954 年度のものと推定した。① 原典である大阪合同興信所情報の年月日，② メルボ紳士服（1970, 50 頁）で分かる 1947 年度から 53 年度までの平野屋の年度売上高と出典の売上高が一致する年度がないこと。但し，52 年度の売上高は出典では 5.5 億円，メルボ紳士服（1970）では 5.6 億円であった。③ 本文でも触れたが，樫山は 1953 年頃から拡大したこと。
出所：呉羽紡績株式会社調査室編（1957）50-54 頁の第 15 表　在阪有力既製服業者一覧表より作成。

表 2 ― 7　大阪の紳士服，婦人服，子供服の地位（既製服）

紳士服	従来，大阪は 45％であったが，岐阜の安物に喰われ，その比重は若干低下の気味であるが，大体この割合は維持している。品質も向上し東京に遜色なしとする。
婦人服	大阪の比重は 30％。品質，数量ともに東京が優れている。これは，着用者が東京に多く流行も東京が起源であることによる。
子供服	既製服のみで，注文服はない。販路は東京に限らず，関西以西，中部関東の一部，北海道と広い。従って大阪は 45 ～ 50％を占め品質も東京よりよい。

注）漢字カタカナ文を漢字ひらがな文に変更した。
出所：呉羽紡績株式会社調査室編（1957）13 頁より作成。

飯田,竹馬産業,兼松(現兼松江商),日綿実業などの大手筋の商社が主であり,販売先も松坂屋,玉屋の全店,三越は大阪,神戸,高松,松山の各店,岡山の天満屋百貨店および全国の一流註文洋服商であった」(メルボ紳士服,1970,65〜70,73頁)。

1954年度の業種別状況を表2—6でみよう。男物既製服業者が企業数,売上高合計で他に抜きん出ている。これに次ぐのが布帛業者であり,作業服業者,婦人・子供服業者の順となっている。当時,紳士服・婦人服は注文仕立服中心であったが,企業経営の視点でみると,平野屋のように既製服の製造卸と注文洋服業への服地切売は共存していた。大阪の当時の評価は表2—7の通りである。

2　問屋制生産

谷町の既製服流通経路は図2—3に見るようである。既製服問屋は,生地等を仕入れ,加工業者に縫製を委託し,引き取った既製服は,流通業者や会社工場(大口)を経て,消費者に渡った[15]。

仕入れ先は,表2—8に見るように,大阪の集散地問屋が群を抜いている。表2—9から仕入れ先の企業名はおおよそ知ることができる。伊藤忠,丸紅が

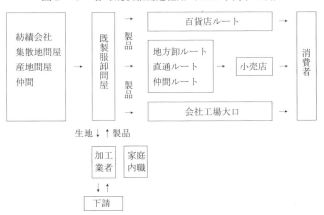

図2—3　谷町既製服流通経路(1950年代半ば頃)

出所:呉羽紡績株式会社調査室編(1957)41頁。表現は変更した。

58

表2—8　大阪の既製服業者の生地仕入先（％，1953 年）

東京の集散地問屋から	1.0%
名古屋の製造業者から	1.7%
産地問屋から	5.2%
京都の産地問屋から	1.1%
大阪の製造業者から	2.1%
集散地問屋から	83.7%
仲間から	3.4%
その他から	0.4%
その他の製造業者から	0.1%
産地問屋から	1.3%
合　計	100%

出所：呉羽紡績株式会社調査室編（1957）42 頁

表2—9　年商1億円以上の在阪有力既製服業者の生地主仕入先（1954 年度）

男物既製服業者	伊藤忠，丸紅，芝川，東棉，豊田，安宅，中村，土井，産地筋，泉州方面ほか
婦人子供服既製服業者	伊藤忠，丸紅，中島弘，芝川，市田ほか
作業衣業者	伊藤忠，丸紅，東棉，又一，蝶理ほか
布帛業者	伊藤忠，丸紅，日綿，呉羽紡，東洋紡，又一，竹村，竹中，興和紡，田村駒，新野村，伊藤万，田附，江商，蝶理

出所：呉羽紡績株式会社調査室編（1957）50 ～ 54 頁。

顔を出している。

　販売先は，表2—10 に見るように，地元の大阪が第1位であり，加えて東京・名古屋を除くその他が多い。戦前に見られた海外市場はない。業態別では，百貨店以外の小売商の割合が大きく，百貨店の割合は小さいが，百貨店への納入

表2―10　大阪の既製服業者の販売先（％，1953年）

大阪		東京		名古屋		その他	
小売商	41.8	小売店	1.6	小売店	1.2	小売商	26.7
仲間	4.5	百貨店	0.7	百貨店	0.7	地方卸	10.5
地方卸	3.5	会社工場（大口）	0.3	地方卸	0.2	百貨店	1.2
百貨店	1.6					会社工場（大口）	0.7
会社工場（大口）	0.9					合計	39.1
集散地問屋	0.6						
消費組合	0.2						
その他	3.1						
合計	56.2						

出所：呉羽紡績株式会社調査室編（1957）44頁。

業者は一流業者とされていた。

　このように仕入れも，生産（縮絨・検反，裁断，縫製そしてこれらを担う労働力）も，販売先の多くも大阪であった。上記の既製服流通経路は大阪の産業集積でもあった。

3　オンワード樫山の紳士既製服事業[16]

　樫山純三は，戦後直後の1946年大阪市北区老松町に被服工場を建設し，再建を始めた。戦前に樫山商店（1927年創業）が営んだ運動服ではなく紳士既製服に注目し，米国の方式を本から学習（米国とのファーストコンタクト）して従来のすべてひとりで仕上げる「丸持ち」[17]ではなく30工程の分業方式を採用した。衣服統制解除の前年である1950年には米国から紳士服の完成度と生産性を高めるための2400ポンドの蒸気プレス機「ホフマンプレス」一式[18]と特殊ミシン10台を導入し，品質を高めるとともに，1953年頃からは下請縫製工場の活用で拡大し，自社は企画と販売に専念した。1950年代末には紳士既製服業界の最大手になった[19]。販路は百貨店向けであった。1958年には本社を実質的に大阪から東京に移すとともに，59年婦人服部を設け婦人服事業に本格進出した。同59年に樫山純三社長は初の欧米視察を行い，ニューヨークの5番街を訪れている（米国とのセカンドコンタクト）。ここでの反応は大阪の他の紳士既製服問

屋とは異なっていた。他の問屋は米国方式を見倣い自家工場の必要性を学習し，後述のように後にそうした方向（大阪府枚方市長尾谷での大阪既製服団地の建設）に動くが，樫山は日本では米国式の大量生産方式の導入は適さないと判断し，資金を縫製設備ではなく企画力の強化に投下した[20]。これが樫山が総合衣料メーカーに成長する要因の1つであったと思われる。

4 （株）大丸の先駆的対応とそれを支えた谷町の企業

1959年秋，大丸は，紳士既製服の自社ブランド「トロージャン」を発売した。従来の紳士既製服の欠点を克服するために，当時在米50年の「洋服のエキスパート」奈古済一を招き研究した成果であった。新しい型紙と縫製工程（アメリカン・システム）を導入し，プレス機で仕上げを行ない，着心地のよい既製服を完成させた（大丸250年史編集委員会編，1967，536頁）。奈古は1958年から約1年間技術指導を行った[21]。大丸・松坂屋の関係ウェブサイトでは「当時最新鋭の約20種類のプレスマシンを導入」としているが，これは後出の（株）勝根又が設置したホフマンプレス機22台のことと推測できる。ちなみに三越は少し遅れ1962年に紳士既製服の自社ブランド「レオドール」を発売，松坂屋も同年メルボ紳士服と共同開発のオリジナルブランド「ドレッセル」を発売した。大丸の米国からの紳士既製服生産技術の導入は先駆的であった。

トロージャンの生産は（株）勝根又，後の大賀（株）が担当した[22]。勝根又商店は1919年創業であり，1925年の営業税額は346円で，谷町に所在する卸で販路は内地であった。1954年度の年売上高は2億85百万円であり，同年度の売上げ高1億円以上の在阪男物既製服業者34企業中第13位であった。ちなみに樫山が第1位，平野屋は第5位であった。大阪既製服団地にも進出し，1968年現在で702人の従業員を抱え，最大であった（大阪府立商工経済研究所，1972，258頁）。メルボ紳士服工業は473人の従業員数で，第3位の規模であった。

第4節 1960年代大阪の紳士既製服の流通と生産（第2期その1）

1 問屋制生産から自家工場生産へ

労働力不足が深刻になり[23]，紳士既製服問屋の上層は1960年代前半から自家工場を建設し始めた（図2-4）[24]。自家工場は1960年代後半以降，大阪府内

図2―4　既製服業界の仕入，販売機構（1962年調査）

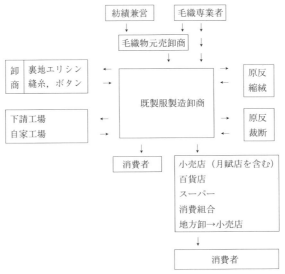

注）内容を変更せず，表記と図表現を変更した。図は名古屋地区の調査に基づいて作られたが，参照資料の「まえがき」（5〜7頁）を読むと，当時の日本の毛織物の流通構造のうちの既製服ルートを表していると理解してもよいことが分かる。
出所：大阪府立商工経済研究所（1964）41頁。

から府外へと展開した。下請縫製工場も同様の動きを見せた。その延長線上で後述の通り1990年代から中国縫製が始まる。こうしたメーカー機能の取り込みの過程は，設備の近代化，大阪市内から市外への移転である大阪既製服団地の建設[25]，米国からの既製服技術の導入，問屋系列化の過程でもあった。その結果，大阪の紳士既製服の質は高く，東京市場でも高級な既製服は大阪製品といわれ，人気を集めていた[26]。販路としては，布帛製品とは異なり輸出は少なく内需中心であった[27]。

以下で技術導入と系列化について補足しておこう。

2　米国からの既製服技術の導入

「海外技術導入各社一覧表」（大阪府立商工経済研究所，1972，161頁；日本繊

維協議会編, 1969, 238頁) によれば, 22 の国別提携先のうち, 米国が14, フランスが3, イタリアが2, ドイツ, イギリス, 他1国が各1であり, 米国からの技術導入が突出していた。紳士服の伝統を有するイギリスは1件のみであった。指向がイギリスのイージーオーダー技術ではなく米国の既製服技術にあったことは明らかである。この 22 のケースで最も早かったのが, 1959 年の東洋レーヨンと既述の大丸のケースであった[28]。

3　1960年代半ば以降の商社による系列化

紳士服では, 伊藤忠商事と光洋被服・メルボ紳士服, 三井物産とエフワン, 三菱商事と大賀, 丸紅飯田と丸善衣料の系列関係に加えて, 1971 年には北川慶 (株) が住友商事 (株) の系列に加わり, 大手総合商社の系列関係が出そろった (『大阪経済年鑑』1972 年版, 545 頁)。商社は人手不足によって縫製工場を確保できなくなっており, 生地の販路が不安定化することを避けるために, 生地の売り先である紳士既製服企業の系列化に進んだ。また, 商社自ら拡大しつつあった紳士既製服事業に進出しつつあったが, 同事業の特性により, 既存の製造卸企業や縫製企業に頼ることとなった。他方, 紳士既製服企業にとっては商社の資金力に頼ることで事業の拡張がより自由になった (大阪府立商工経済研究所, 1972, 169, 191頁)。

表2―11　主要4紳士服組合 (昭和43年)

組合名	会社数	年間総販売高	返品率	販売先構成 (%)						
				一般小売店	百貨店	月賦店	量販店	仲間卸	輸出	直売店
東京紳	104	463.4	17.5	45.9	23.5	20.7	5.2	4.17	0.003	0.5
大阪紳	156	913.0	22.5	43.7	30.0	10.4	1.4	3.6	9.2	1.7
岐阜紳	102	338.7	13.3	24.8	2.9	3.9	6.6	61.8		
名古屋紳	61	212.4	21.0	69.8	6.2	5.7	6.0	12.3		
合計	474	2074.7	19.5	45.1	20.9	10.7	3.6	15.0	3.9	0.8

注) 年間総販売高は億円単位。合計は4組合の他新潟既, 石川既, 京都既を含めた合計。
出所:日本繊維協議会編 (1969) 240～241頁より作成。

4　大阪の紳士既製服業界の特徴と主要組合の特徴

1960年代の大阪の紳士既製服業界の特徴は，大阪府立商工経済研究所（1970）によって以下のように6点に整理されている（39頁）。① 最大の産地，② スーツ（背広上下服）の割合が高くファッション性も高い，③ 規模の大きな企業が多い，④ 自家工場所有が一番高い，⑤ 高級品の生産割合が高い，⑥ 大規模企業の百貨店向け販売割合が高い，である。1968年には大阪の背広生産額は，全国の53.3％を占めた（大阪府立商工経済研究所，1970，73頁）。

1968年時点での主要4産地組合の販路上の特徴を見ておこう（表2―11）。大阪は，最大の産地であること，百貨店の比率が高く量販店の比率が低い。輸出も他と比べると高い。東京は，月賦店の割合が高いこと，百貨店の比率も大阪ほどではないが，高い。戦後の生産地である岐阜の特徴は百貨店・月賦店の割合が低く，仲間卸の割合が高い。名古屋は一般小売店の割合が高く，大阪・東京と比べると百貨店の割合が低い。

第5節　1960年代から90年代半ばまでのメルボ紳士服（第2期その2）

紳士既製服問屋の動向については，上述した通りであるが，それらの特徴を体現した企業，生産革新主導型企業であるメルボ紳士服を取り上げて，1990年代半ばまでの時期をみよう[29]。1960年代の大阪の紳士既製服産業の変化を扱った大阪府立商工経済研究所（1970, 106頁）（1972, 156, 161, 162, 165, 167, 170, 175, 191頁）ではメルボ紳士服が幾度も紹介されていた。同社は当該研究が注目する企業であったことが窺える。

1　学習過程

メルボ紳士服では，1918年の平野屋羅紗店創業から1964年まで縫製の一部とプレス仕上げを除き生産をすべて下請けで賄ってきたが[30]，1964年以降5自家工場を建設し（表2―12），自家生産体制を作りあげた[31]。準備は周到であり，1960年にはステレオ研究室を設置して型紙と縫製の研究を始め，1962年9月から1年間ニューヨーク市マンハッタンにある州立のFIT（ファッション・インスティテュート・オブ・テクノロジー）に関係者（後に取締役就任）を派

表2—12　工場建設年表

1962年3月	メーカー部門をすべて「平野屋メルボ工業株式会社」に移した
1964年10月	枚方市に「平野屋メルボ工業株式会社」の直営工場を建設し操業開始
1965年4月	佐賀県神埼郡三田川町で九州工場が竣工
1968年2月	静岡工場竣工
1969年3月	滋賀県坂田郡近江町に滋賀工場を建設し，操業開始
1972年3月	広島県東広島市高屋町に広島工場を建設し，操業開始

出所：メルボ紳士服（1970）；メルボ紳士服株式会社のウエブサイト（2016年11月3日閲覧）より。

図2—5　RMOSにおける物と情報の流れ

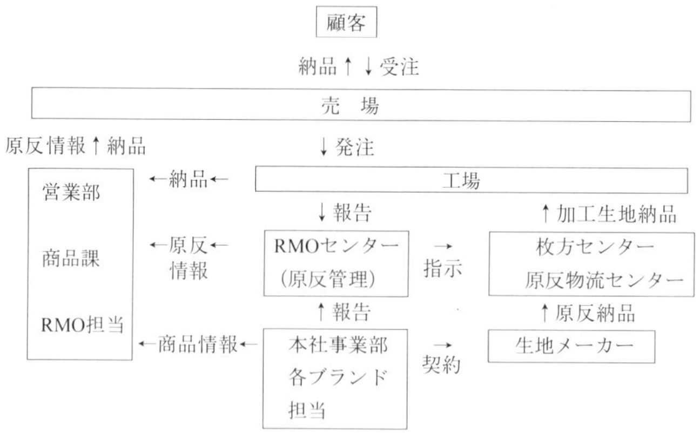

注）図2—5には顧客からの受注により始動するプロセスと本社事業部各ブランド担当から始動する企画計画のプロセスが描かれている。
出所：インタビューデータをもとに著者作成。

遣して紳士既製服について学習させた。

　同社は自家生産によって，過去の経緯に縛られることなく，2つの新しい試みを導入できた。1つが1962年に始まったIBM社のパンチカードシステム導入，1966年のIBM360／20でのOCR使用による経営システム化であり，マー

ケティング情報システム，経営情報システムを経て[32]，1982年以降メルボ・マーチャンダイジング・インフォメーション・システム（MMIS）が全社システムとして企画・販売・調達・生産管理を担った（図2−5）。もう1つが工場工程管理システムで，進捗管理や出来高管理に関わるIE手法の学習であった。後者に関わって，科学的管理・平準化・時間研究などの米国の既製服製造技術を導入した。しかし，この過程で米国人技術者（ポール・グラフ[33]）とズレが出てきた。米国からの導入技術は，既製服の技術であった。これに対してメルボ紳士服は，1950年代後半初め頃からイージーオーダー（以下EOと略）を手がけており，1964年に枚方市内の大阪既製服団地に大阪工場が竣工する頃には，約20％がEOの仕事であった。当然，既製服（レディーメイド，以下RMと略）とEOとの関係が問題になり，メルボ紳士服は2ラインにすると効率が悪いので，RMとEOを同一ラインで行うよう米国人技術者に検討させたが，拒否された（既製服技術者の限界）。結局，同社は，鉄道で同一軌道上を特急列車と普通列車が走行し，特急列車の接近時には普通列車が側線に待避していることをヒントに，RM（白のバスケットに4，5着分の材料・素材を入れた）とEO（赤のバスケットに1着分の材料・素材を入れた）を同一ラインで混流生産した（第1の創意工夫）[34]。作業者はEOバスケットがくると作業変更しなければならないが，効率上2ラインつくる余裕がないため不可避であった。これは，アメリカ型のRMとイギリス型のEOのハイブリッドと言えた。

「創業以来一貫して百貨店に力を注いで今日に至っている」（メルボ紳士服，1970，200頁）。1970年の取引先は20百貨店46店舗であり，三越10店舗，松坂屋と玉屋が各5店舗，山形屋と天満屋が各4店舗，そごう・ちまきや・一畑が各2店舗，その他各1店舗となっている。地域は全国に及び中国と九州が各10店舗，関東が9店舗，京阪地区が8店舗，東北と四国が各3店舗，東海が2店舗，北海道1店舗となっていた（メルボ紳士服，1970，203〜206頁）。

2　課題発生と対応

　1970年代半ばが大きな曲がり角になる。その直前にインフレのなかで高価なものが売れた。百貨店，専門店が売り場面積を拡大し，これに乗って増産したが，結局1975年頃から不況になり既製品の返品在庫の山ができた。当時は既製服は作り溜めし売れ残りは返品された。この返品「在庫につぶされるかもしれない」という危機意識があった（1978年）。

その結果，1978年にメルボアポロ計画が始まった[35]。在庫につぶされないように生産期間（当時，裁断から検品までRMで15～20日，EOで6～7日を要した）を短縮して在庫を減らすべく，同社は生産日数の短縮という目標を達成するために2年に1日短縮して，10年で5日短縮しようとした。結果的に在庫は3分の1まで減り，生産日数が6日から2日まで短縮した（1990年代半ば時点では，素材が変わり3日を要した）。この短縮過程で，ミシンの回転数を毎分6,000回転から3,000ないし4,000回転まで落とし，アタッチメントを用いて作業者を機械に手を添える動作から解放し，機械が自動加工している間，別の作業に従事できるようにした。この作業の統合化，作業者にとっては多能工化と1976年に始まった素材の自動搬送によって日数の短縮が実現した。

その際，以前のようにEOを1点流し，RMを数点流しのままでは納期管理が難しくなるので，RMもEOもすべて1点流し生産に変更した（第2の創意工夫）。この切り替えに2年要した（1981年）。オンライン工程管理用にIBM8100が導入された。1点流しをするとパターン（型紙）作成が大変だが，これをクリアするコンピュータソフトであるMAPS（メルボ・オートマチック・プロッティング・システム）が日本IBMとの協力によって1977年にすでに完成していた。これはEOの型取りの必要から求められていた[36]。普通は，CADを使ってグレーディング（パターンの拡大縮小）をするが，MAPSは方程式であり数値を入力するとパターンが出てくる。これが，メルボ紳士服工業（株）の本部（デザイン課）にあり，ここで型紙が作られて，各工場に渡された。1990年代半ば現在，MAPSは各工場のCADに入っていた。

RMも2日で1点流しをするから，EOとは異なるが一定の補正をしても良かろうということになった。ここで1981年RMOS（レディーメイド・オーダー・システム）によるRMの注文化（オーダー化），すなわちRMとEOの中間の服が生まれた[37]。RMの価格水準でEOの良さを取り入れた紳士服である（第3の創意工夫）。

これが，ブランドライセンス戦略展開に結びついた。1982年ジバンシー，83年ギーブズ＆ホークス，86年トラサルディーを導入し，RMOS上で展開し，EOでは84年にニナリッチ・オムクチュール，ルウォモ・ヴォーグ，90年ドーメル・オブ・ロンドンを発売した。これらは，日本人の体型に合わないので，ブランド導入には細工のできるシステムが必要であった。

以上の結果，工場では，EOプラスRMOSプラスRMの混流生産が行われた。

ここで重要なことは初秋から受注が増え出すEO，RMOSとこれらの受注が少なくなる時期でのRM生産が組み合わされて年間を通して生産の平準化が可能になったということである。つまり，受注生産と見込生産とのミックスの重要性である。もう1つの生産の平準化手法としては，工場レベルでは準備から製品発送まで5日でできたが，顧客との関係では受注から納品まで2週間取ることによって，生産着手日に幅をもたせて既存の生産能力で対応した。繁忙期（3月半ばから6月半ば，9月半ばから12月）にはすべて受注品生産になるが，これ以外の時期は既製品（備蓄生産品）を投入してフル稼働を維持していた。年間では受注品（EO，RMOS）75％，既製品25％であった（1990年代半ばの国内の直営工場では）。

1983年に日本経済新聞社から滋賀工場が全国先端事業所100選のうちファクトリー・オートメーション部門50工場の1つとして表彰された。表彰の対象は，情報化というとCAD・CAMを連想しがちだが，そうではなく，工場全体がコンピュータ（IBM8100）によってシステム管理されている点が評価された。

アパレル産業では，CADはパターンのグレーディングで，CAMは自動裁断であるが，これらを導入したのは1984年になってからであった（滋賀工場）。この時点からCAD・CAMがそれまでのシステム上で稼働し（柄物は依然手裁断である），これにより1990年代半ば現在の姿が完成した。

3　到達点と新たな課題

1人1日当たり同一服では3〜5着できるが，1点流しでは1着であった。にもかかわらず，メルボ紳士服工業が1点流しをできたのは，中高級紳士服を生産していたことによる。小売価格（1996年7月現在）をみるとよく売れる自社ブランドのメルボ・シンプソンは8〜13万円，ジバンシーは10〜23万円，トラサルディーは8.5〜15万円であり，EOのボリュームゾーンが9万円前後であった。高コストを価格に転嫁できるメカニズムを有する企業だからできた。それでもフル稼働が必須であった。ロードサイド店で売られる紳士用スーツは，一時期1万円台の後半であった。1990年代半ば現在，2万円台後半から3万円台の製品になっていたがこれでは1点流しは難しいのである。

生産時間短縮の過程で作業の統合が行われ，同時に多能工化が行われたことは，上述の通りだが，1990年代半ば時点では一層の多能工化・ローテーションはしていなかった。理由は，作業者が一度覚えた作業から新たに最初から覚え

直す作業に替わりたがらないからであった。新人は2週間の訓練でラインに就けたが（但し，補助者付き），戦力になるには3ヵ月かかった。リリーフ要員を上着で4人，ズボンで2人配置しており，この場合1人で10～15工程を担当できるが，専業者より能率は低い。ちなみに，上着で65工程（検査を含む），ズボンで20工程あった。

JANコードでEDIを標準化して，パイプラインを太く短くするクイック・レスポンス・システム（QRS）については，メルボ紳士服にとって主力である受注生産を前提にする限りあまりメリットがなかった[38]。さらに，製品は中高級品であり量はでないし，短納期化はすでに1981年から実施していた。手で計算すれば済んだし，バーコードは製品に付いていたが，まだ読み取り機を入れ利用するところまでは行っていなかった。原反調達面では，原反を切らさないことが大前提で，2週間体制は原反確保を前提とした短納期化になっていた[39]。滋賀工場では原反備蓄は1300反（フル稼働で約150日分）で，多い物でもシーズンで100反ほどであった。反物ができるまで3ヵ月かかるという状況の中で，RMOS，EOでよく売れる反物をQRSの対象にしようかという段階であった。同社にとって直面する新しい課題は取引問題にあるのではなく[40]，もっと根本的であって，丈夫な縫製を基本にした「鎧作り」とは異なる，従来にないもの作りをどうするか，着心地よく，美しい服作りを工場生産上でどう実現するか，であり，このことは，縫製だけでなく素材面でもいえ，これまで評価されてきたメイド・イン・ジャパンが評価されなくなっており，競争相手としては低コスト国アパレルよりも先進国アパレル（イタリア，米国）の方が恐ろしいという認識であった。これはQRSの改善テーマには入らず，その対応のための仕掛けが[41]，意外にも上海進出（次節参照）であった。

4　メルボ紳士服の独自性と課題

メルボ紳士服の独自性は，日本的条件下での生産システムの進化にあった。米国より紳士既製服技術を導入しながらも，混流生産を工夫したり，RMとEOの1点流しを実現した。その上で既製服の注文服化を意味するRMOSを生み出した。この過程は多能工の養成過程でもあった。米国発の技術を日本的に改良したのであった。課題は，こうした独自性が自社ブランドの構築に結びつけられなかったことである。フランス，イタリア，イギリスの高級ブランドの導入に留まってしまった。優れた生産システムが優れた自社ブランド開発に結び付

かなかったのである。

　もっと重要な点は紳士既製服市場が拡大し，しかも中高級品が売れるという大前提が満たされ続けるのかという点であった。1990年代以降の需要がそれ以前の趨勢線上にあるのか否かという点であったが，実際には低価格戦略を掲げる新興プレーヤーの登場によってこの大前提が崩れたのであった。

第6節　1990年代以降の新供給ルート
―― 縫製基地としての中国（第3期）――

　日本の紳士既製服企業には，戦後2回の転機があった。1つはすでに述べた自家工場の建設によって生産機能を内部化したことであった。もう1つは1990年代以降の中国縫製と価格破壊の動きであった。これは家計消費支出の低下と同時進行であり，それまでの市場の拡大期とはまったく異なる環境のなかで生じた。具体的には，「青山商事とAOKIの大手2社のスーツ単価は90年代初頭のピーク時には約4万円」であり，その後紳士服チェーンは中国生産を利用して，90〜00年代に単価が急激に下がり，「百貨店などのシェアを奪う形で成長を遂げてきた」。00年代初頭には紳士服チェーン大手各社が1万円台後半と2万円台後半の「ツープライス業態」を立ち上げた（秦，2014，30頁）。

　本節では競争環境の激変である紳士既製服の価格低下を招来した中国生産についてみよう。第6節第1項では大阪以外の企業と中国のローカル企業について，毛紡績から一貫生産を行った企業と日本の紳士服専門店チェーンのロードサイド店にOEM供給していた中国ローカル企業を取り上げる。第6節第2項では大阪の企業について，需要側である百貨店の早期対応の例と供給側である大阪の中高級紳士服を展開してきた企業を取り上げる。

　当時国内生産にこだわっていた花菱縫製株式会社（本社所在地は埼玉県）によれば，「既製服では，ほとんどのところが高品質・低価格製品を『生産の中国対応』で実現しています。市場に出ている5万円以下のボリュームゾーンのほとんどは中国製でという状況です」。また，「3から4万円の商品ゾーンでEO／PO対応を行おうとすると，中国に持って行かざるを得ないのが実情です。……その結果，多くの日本のアパレル企業が既製服とEO服を何らかの形で中国生産するようになってきた……オンワード樫山，グッドヒル，メルボ，佐田，大賀，ダイドーリミテッド等々，多くの企業が中国の生産工場を活用しています」

(中小企業総合事業団繊維ファッション情報センター，2003，104頁)。このうち，ダイドーとメルボのケースを以下で紹介する。なお，上記の引用文を含む，花菱縫製に対する事例調査は 2002 年 11 月から 03 年 1 月の間に行われた(中小企業総合事業団繊維ファッション情報センター，2003，86 頁)。

1 大阪以外の企業と中国のローカル企業

(1) 上海同豊毛紡織時装有限公司

1993 年 12 月の会社設立で，工場は上海市松江県(後の松江区)に建設された

表 2—13 上海同豊毛紡織時装有限公司の概要

所在地	上海市松江区
資本金	3000 万米ドル
総投資額	4950 万米ドル
出資	株式会社ダイドーリミテッド　89.81% 伊藤忠商事　6.67% 上海市松江区開発投資公司　3.52%
設立日	1993 年 12 月 31 日(1996 年 5 月 8 日正式開業)
合弁期間	50 年，土地使用権も同じ
生産設備	紡績　リング精紡機　14 台(7424 錘)，NSC 式コーマー 機織　ズルサァー　54 台 染色　染色設備　1 セット(CCM，自動秤量試染機などを含む) 　　　トップ染め，糸染め，反染のいずれも可能 整理　整理設備　1 セット(コンチクラビング，コンビソフト， 　　　ターボマット等を含む) 縫製　ミシン 220 台，プレス 38 台，CAD 設備　1 セット
生産品	毛織物　生産量　1998 年　90 万 m，2001 年　180 万 m(予定) 　　　　品質　　90 番，80 番，72 番，60 番 　　　　原毛クオリティ　17.5〜20.5 ミクロン 紳士服・婦人服(以下，紳士服換算) 　　　　生産量　1998 年 63,500 着，2001 年 12 万着(予定) 　　　　品質　　紳士服は毛芯仕立て
人員	1996 年 5 月 450 名，1999 年 5 月 710 名，数年後約 1000 名(予定)
特徴	紡績，染色，機織，縫製の各工程をもつ一貫生産の会社で， 世界一級品を目指す

出所：会社資料。2000 年 9 月 26 日訪問時に入手。

表 2―14　岡山県アパレル工業組合青年部会上海研修報告書より

上海同豊毛紡織時装有限公司参観の感想

（A さん）
・新しい設備と教育，技術指導とレイアウト，工程管理など日本でもなかなか見られない工場だった。
・作業も丁寧で技術の高さが窺える。

（B さん）
・建物，機械設備すべて新鋭のものが装備されている。紳士スーツの仕立ても素晴らしい設備のもと，きちんと手をかけて作られている。素晴らしいできばえのスーツがあがっている。こんな工場で作ることができたらと思うが，かなり加工賃は高いものと思われる。

（C さん）
・品質管理は当然で，社員教育，簡単な日本語教育も他の工場とは比べものにならないほどできた素晴らしい工場。

（D さん）
・紡績から縫製までの一貫工場。最新のマシーンと教育の充実。工程管理のすばらしさ，完璧に今の日本では難しい気がした。

上海高雅服装有限公司参観の感想

（B さん）
・紳士スーツを縫製している工場。大阪の辰野のオーダーで大丸百貨店向け商品が中心。同豊毛紡織の工場と比べ，仕上げ場にあった商品のできばえ，また縫製工程中の状態，すべての面で，一段も二段も差がある感じがする。

出所：2000 年 9 月 24 日〜 27 日に実施した岡山県アパレル工業組合青年部会上海研修報告書より。

（表 2―13）[42]。合弁だが，（株）ダイドーリミテッドの出資比率は 89.81％であった。正式開業は 1996 年 5 月で，毛紡織・染色整理，縫製の設備を有する完全一貫工場であった。その期待と意気込みは以下の董事長（日本人）の挨拶文に窺える。「株式会社ダイドーリミテッドは 120 年の歴史を有し，その 1 世紀を超える歳月の中で蓄積された毛織物と縫製に関する技術の全てを，上海市松江

区工業区に建設した日中合弁・上海同豊毛紡織時装有限公司に移植しました」。

インタビュー時には，日本から20人派遣されていた。コートと背広を作っていたが，ほとんどが背広であった。背広の生産ラインは高水準で（表2—14も参照）[43]，中国政府の期待も大きく，1997年3月には，上海市内の外資企業16,000余りの企業の中から，中国経済に貢献する企業として52の重点企業の1つに選ばれた。筆者と一緒に訪問した日本人のユニフォーム企業の関係者の，衣服を「こんな工場で作ることができたらと思うが，かなり加工賃は高いと思われる」との指摘が印象的であった。

(2) 寧波雅戈爾英成制服有限公司

2000年に建設された輸出向紳士服生産工場を参観した[44]。ミシン縫製工は中卒が多く，平均年齢26歳，賃金は月1500元であった。これは2005年12月の月平均レートで換算すると月約2万2000円であった。徹底的な作業の分業化を行い，本縫ミシンはJUKI製で，中間プレスを入れ，最終プレスラインにはドイツ製・イタリア製プレスが20台ほど並んでいた。稼働率は100％以上であった。総経理[45]によれば，OEM生産の限界（薄い利幅）と自社ブランドの必要性を認識しており，価格競争から品質競争への転換が必要であった。スーツを年70万着輸出しており，欧米向け56万着，日本向け6万着であった。日本向けは20万着は欲しいとの事であった。日本向けはほとんどが1つの生地で200着という小ロットで全数検査であり，米国向けは1つの生地で10万着という大ロットでサンプル検査であった。日本向けにはロードサイドの紳士服専門店チェーン向けの若者対象スーツを生産し，ビニール包装し当該チェーンの日本国内の物流センターに向けてハンガー出荷していた。日本での小売価格（上代）は1万9000円～6万8000円の商品で，メインは2万8000円～4万8000円であった。

2　大阪関係の企業

(1) 上海高雅服装有限公司

上海市松江県（後の松江区）の上海高雅服装有限公司についてみよう[46]。

1991年の設立で，92年8月に操業を開始した。当初の資本金は150万米ドルであり，出資比率は上海第二毛紡織廠40％，松江県10％，大阪市内に本社がある辰野（株）40％，（株）大丸10％であった。日本での売値は3万円から4万円の背広を作っていた。製品は辰野経由で大丸に行き，百貨店ルートを想定し

た動きとしては早期の対応と言える。設備は辰野が持ち込み、素材・副資材は第二毛紡製もあったが、ほとんどが辰野経由で日本から持ち込まれた。当初素材の 70％を第二毛紡製とする予定であったが、要求水準に合わず、日本製あるいは発注者が提供するように変更した。

当初は月 4000 着の生産であったが、インタビュー時には月 1 万着を生産していた。自社ブランドはなく、90％が日本向けで、辰野から受注していた。広告はしないが、評価は高く、中国国内からも注文が入っていた。最初 26 人の研修生を日本へ 8 ヵ月派遣した。その後は段階的に日本へ研修に行っている。インタビュー時には従業員は 300 人で、正規は 270 人、生産増の関係でパートが 30 人であった。熟練者が多く、辰野から 2 人の日本人技術者が来て指導していた。

手取りは月 1000 元で、これは 2000 年 9 月の月平均レート換算で月約 1 万 2900 円であった。現場のリーダーで賃金の高い人は 1700 元であった。地元の従業員が中心で、他所からは少なく、従業員の安定性、生産性はよかった。賃金は出来高制で、基本給（30％）プラス出来高プラス勤続年数の 3 つの部分からなり、基本給は最低賃金をみたし、出来高は縫製枚数により、他に特別の工程で技能が高いときには手当が付いた。きちんと仕事をやっていないとまず罰金となった。

労働時間は週 40 時間で、繁閑があるし、停電もあるので、同社は年平均で 40 時間を守った。昼食は会社負担であり、失業・年金・医療保険は支給額の 38％で会社の持ち出しとなり、定年は女性 50 歳、男性 60 歳であり、退職金はなかった。

（2）上海明而達服装有限公司

メルボ紳士服は、1975 年に香港に縫製会社（49％出資）を設立した後、海外進出はなかったが、96 年の上海進出を 95 年 11 月に公表した。これは低価格狙いではなく、人を安く確保できるので、日本で研修して一定の技能を習得させ、工場生産で手作りの良さを持ったもの、感性的なもの、味わいのあるものを、人手をふんだんに使って生産するという新しい試みであった[47]。ターゲットは、中国の高級品市場であった。

1996 年 12 月 19 日に上海市内の工場で行ったインタビューの内容は以下の通りである。当該工場はフランスの服地商[48]、香港系の投資会社、メルボ紳士服、中国国有企業の 4 者合弁であり、メルボ紳士服の出資比率は 30％であった。メ

ルボ紳士服は生産管理を担当し，日本人駐在員は工場長1人，上衣・保全担当とズボン・裁断担当のマネジャー2人の計3人であった。従業員は183人（現場は160人）で，1996年4月18日に開所した。

　工場のレイアウト，設備の搬入・据付，従業員の教育訓練はメルボが担当した。縫製に必要なゲージ，アタッチメントも日本から持ち込んだ。これまでメルボ紳士服工業に蓄積されてきた技術ノウハウ・補助器具などが日本から移転された。インタビュー時には中国国内向け注文は生産の半分であり，キャパを埋めるために日本向けのローコスト品を生産していた。生産は未完成ながら1点流しで行われており，仕上げプレスに加えて，中間プレスとゲージにより品質の作り込みが試みられていた。中国国内での受注対応は既述のRMOS[49]でなされていた。

　作業者は上からの命令はよく聞くが，自分から考えるのは苦手であり，多少厳しく指導する必要があった。これをしないとすぐに楽な自己流に戻ってしまい，製品の襟，袖，肩が崩れた。オペレーターを直接指導監督するリーダー9人は半年間日本で研修を受けていた。リーダー同士，同じラインのオペレーター同士では人間関係の悪化を恐れて注意し合うことはなかった。10日間で新人は裁断と縫製をまずまずできるようになり，あとはリーダーの下で習熟することになったが，3ヵ月間は見習い期間（月賃金は本雇いの1000元の半分）で，能力の劣るものは中国人オペレーターから解雇して欲しいとの声が出た。自分の能率に悪影響がでるのを恐れてのことであった。効率追求よりも良質なものを作る方がよく，これは人の効率よりも布の節約の方が安くつくからであった。インタビュー時には品質の現状は特に脇のドレープ性の点で未だしという状況であった。

　人手をたっぷり使って中国内販向け高級紳士服のみを作ろうと計画したが，一度建設された設備を稼働させるために当初予定していなかった日本向けのローコスト品を生産していた。このローコスト品が回り回って親企業の日本向け高価格製品戦略にマイナスの影響を及ぼしたことは見やすい道理と言えよう。

　以上の3事例をみると，日本が蓄積してきた生産と管理の到達点を惜しみなく移転し，立ち上げ時の設備の据え付けから人材の研修と育成に至るまで日本企業は関与した。残りのもう1つの例では，総経理はアパレル関連の研究で信州大学で博士（工学）号を取得しており，日本語堪能，日本のアパレル市場を

悉知している。日本で蓄積された知識・技術・ノウハウと中国の低廉労働力，さらに欧米の先端設備が融合する場こそが，中国の生産現場であったと言えよう。

3 消費不況と業態変化による厳しい構造調整とその後

　第6節第1項で紹介した上海同豊毛紡織時装の親会社であるダイドーリミテッドは，2004年に（株）オンワード樫山と資本業務提携を結び，2007年には同社の持分法適用会社になった。第6節第2項で紹介した上海明而達服装の親会社であるメルボ紳士服は2001年11月13日に民事再生法適用を申請した。メルボ紳士服の場合は，「……ピーク時の91年8月期には174億円の年商を計上していた。しかし，消費不振と海外製品との競合などで近年は減収基調を余儀なくされ，94年8月期以降は大幅赤字を散発，今年本社不動産を売却するなどリストラを進めてきたが，商況は回復せず，今回の事態に至った」(『日本繊維新聞』2001年11月14日付)。両者のケースから中国縫製が万能薬ではなかったことが窺えよう。

　他方，中国縫製ではないが，本章でも登場した三幸衣料，後のトレンザ（株）も2003年8月26日民事再生法適用を申請した。トレンザの場合は，「百貨店で展開する海外提携ブランドが多く，高級スーツメーカー路線を推進したが，メンズの商品変化やSPA化する流通変革の対応に遅れた。……ピーク時の年商は159億円（91年7月期）だったが，以後100億円を割り，02年7月期は，47億7800万円に。……オリジナル比率が小さく，重衣料中心からトータル展開に乗り出したが，スーツ重点は変わらず，流通諸業態の地盤沈下やまん延した紳士服の不況と混乱に大きく影響された」(『日本繊維新聞』2003年8月27日付)。また，EOスーツで日本国内縫製を続けてきた旧・花菱縫製を継承した（株）第一繊維は2014年3月12日東京地裁により特別清算の決定を受けた。

　上記の4社はダイドーリミテッドは無論のこと，メルボ紳士服，トレンザ，新・花菱縫製はいずれも再出発して今日も事業を持続している[50]。すぐれた生産システムが厳しい構造調整を経ても維持され，時代に適した人と地球環境に優しいビジネスモデルの構築を期待したい。

第7節　むすび

　大阪は「商いの都（商都）」と言われてきた。この商いは背後にもの作りを育てていた。従って大阪は単なる流通都市でも単なる生産都市でもなかった。こうした都市像を「問屋ともの作り」という視点で具体的に理解するために本章では，羅紗製品・紳士既製服に焦点を絞って検討した。合わせて紳士服生産に大きく関わった百貨店も取り上げた。1960年代半ばから70年代半ばの期間に大阪の既製服生産は紳士服から婦人服へと重心が移動した。それゆえこの重心移動以前の時期を代表する業種として紳士既製服を位置付けることができる。

　百貨店は，三越や大丸に見たように自ら欧米から技術を導入することで生産と製品の高水準を獲得してきた。他方で，紳士既製服問屋は直接のもの作りは下請縫製業に依存しつつ，事業を拡大してきた（第1期）。戦後の第1の転機として1960年代前半には自家工場を建設して量産要求に応え，メーカーに転換していった。自家工場はまず大阪府内に設置され，府外へと拡大した（第2期）。その後自家工場は1990年代には合弁方式で中国に設置されるに至る（第3期）。一連の立地移動は，「安価で豊富な労働力」をどこで調達するかに依存していた。中国縫製の活用に至って，最大の課題に直面することになった。課題である価格破壊に追随すれば従来のビジネスモデルを否定することになるし，対応できなければ競争敗者の運命が待っていた。高コスト・高価格路線を前提とする百貨店と紳士服メーカーへの打撃は大きかった。調整は，2000年代に入って企業の大再編──企業再生であれ経営統合であれ──という厳しい内容で行われることになった。

　大阪の産業集積論としては本章は何を示唆しているのであろうか。基本的な問題は，繊維関連の生産と流通に携わる企業が多数かつ多様に集積していたにも拘わらず，アパレル分野では世界的な企業を産み出すことができていない，なぜかということである。これに関連して本章から言えることは限られるが，米国からの紳士既製服技術の導入にみられたように学習ないし模倣導入に熱心であり，生産システム上の創意工夫も見られたが，高付加価値戦略を採る場合には欧米のブランドに頼り，大阪のライフスタイルを踏まえたオリジナリティ追求の観点は指向されることはなかった[51]。なぜこうした行動がなされたのか。それは主要な納入先であった百貨店が欧米高級ブランド指向であったからであ

表2—15 需要の変化と戦略の変化

・洋装新需要の誕生（誂えと既製服）	→洋装導入適応戦略
・洋服需要の量的拡大（百貨店・零細店）	→近代化戦略（大量生産戦略）
・洋服需要の多様化（百貨店vs量販店）	→製品差別化戦略
・洋服需要の低迷縮小化（百貨店vs製造小売業型のロードサイド専門店チェーン）	→グローバルサプライチェーン戦略
・地球環境配慮型需要の創造	→サステナビリティ戦略
・洋服需要のカスタム化	→情報システム装備型カスタム化戦略

出所：著者作成。

り，大阪の紳士既製服メーカーに求めたのは品質であって，独自のブランドではなかったからであった。1980年代までは欧米の技術・ブランドを借用することで市場の拡大に伴って百貨店と二人三脚で紳士既製服企業も成長できた。しかし，1990年代以降は市場が縮小し始め，価格体系が大きく下方へとシフトするやビジネスモデルの転換ができない重装備の企業群の淘汰が始まった。

大きな流れで評価すると以下の通りである。組織は戦略に従い，戦略は既知ないし未知の需要に従うとすれば，需要の変化と戦略の変化との関係は表2—15の通りであり，これに適合した組織が求められている。メルボ紳士服がたどり着いたRMOSは時代が求めるカスタム化戦略に適合した生産システムと言えるが，充たされるべき必須条件は時代が許容する価格帯上でこの生産システムを動かしうる，コスト構造の実現である。これこそが，2000年代初めの厳しい構造調整の意義であったといえる。

注

1）本書第1章を参照。
2）問屋制家内工業も時代が変わればその性格も変わるし，今では問屋制大工業とでも言うべき生産システムも出現している。
3）岩本（2013）が衣服産業史の研究動向を整理したが，「断片的に留まったままであり」「研究蓄積は乏しく」とした（110頁）。

4) 代表例としては，高度経済成長期の大阪の紳士既製服産業の構造変化を扱った大阪府立商工経済研究所（1970）（1972）がある。筆者は太田進一氏で，双方あわせて271頁に及ぶ大部で貴重な調査研究である。

5) メルボ紳士服の沿革は次の通り。1918年平野屋羅紗店が創業，35年（株）平野屋羅紗店設立，42年戦時統制により既製服中央第六十五代行（株）となり，47年（株）平野屋と改称，67年メルボ紳士服（株）に改称，2001年11月民事再生手続開始申し立て，02年5月民事再生手続の認可決定，05年6月民事再生手続の終結決定（メルボグループのウェブサイトを2016年12月11日閲覧）。

6) 「『大阪地区』は，……発展の歴史的基盤が軍官需に基づく軍服や役人の制服の供給のために足袋屋，仕立屋，旗幟屋などが兼業から専業に進んで来たものである。事実，大阪に既製服が起った第一歩が，西南戦役後，軍服の民間払下げの加工から始まったとされている。……日露戦役に大阪陸軍被服支廠から軍需の註文を受けたことによって今日の大阪既製服の地位を築いたものである」（呉羽紡績株式会社調査室編，1957，3頁，但しカタカナ表現をひらがな表現に変えた）。また，東京と大阪の比較は以下の通り。「東京の洋服屋は紳士服を中心とし，ラシャを素材とする注文仕立が主流となったが，大阪では制服から出発して，のちには，既製服がさかんとなり，中心地となった」（中込，1982，37頁）。大阪の素材としては，「制服が中心であるから，服地はラシャにかぎらず，厚地の綿織物も多い」（中込，1982，36頁）とされた。「東京の洋服屋の主流は1ツ物師」となり，「大阪の洋服屋の中心は数物師」であった（中込，1982，36頁）。

7) 営業税50円以上納付の企業の規模は不明であるが，大阪市の大正14（1925）年の営業税額別人員をみると，全体で6万1708人，50円以上は1万3606人（全体の22%）であった（本書第1章の注14）。

8) 「卸問」「問」「直輸出入卸」「代理」「輸出入問屋製」「卸仲立」が各1企業であった。

9) 谷町に所在した55企業のうち，53企業は本文の通りであるが，残りの2企業も「絨が首位」の卸企業であった。

10) 谷町の既製服製造卸の登場には2つの契機があった。1つは，大口発注者と縫製職人との間を仲立ちする裁縫請負師（数物師）が現れたこと，もう1つは，払下げ軍服（古服）を扱っていた業者（分捕屋）が日露戦争後古服が売れなくなり，その過半が新服の生産（ただし外部委託）に関わるようになったことである（高橋，1970，19，45頁）。

11) 徒弟制度については東京の例を本書第5章で紹介するが，柴田（1992）57，58，137，559，560頁を参照。

12) 本書第1章第5節第4項参照。

13) 東京銀座の高級注文服店である米田洋服店の最盛期は1936，37年であった（柴田，

1992, 393 頁)。
14) 東京羅紗切売商業組合及び東部羅紗切売商業組合の理事長には銀座の高級注文服店の米田屋商店の柴田武治が就任した(柴田,1992,374,416頁)。同系列である柴田絨店が1903年に,日光羅紗店が27年に開設された(柴田,1992,37,190,556頁)。
15) 下請工場の具体例は菅原・槻木(1973)で紹介されている。本書第5章でもみるように,5年で背広一式が縫え,一人前の職人と見なされた(19,20,80頁)。紳士既製服産業の下請制の昭和30年代,40年代,50年代の変貌については,太田(1981)がある。
16) 本項は,日本経済新聞社編(1981)所収の「私の履歴書 樫山純三」(227~309頁)を参照した。
17)「丸仕上げ」とも言われた。
18) 日本では当時8ポンドの手アイロンが用いられていた。ホフマンプレス一式の内訳台数であるが,1959年にメルボプレスがホフマン製プレス機を導入した際は,1セット14台であった(「最新機械で仕上げプレス」『繊研新聞』1959年9月2日付2面)。
19) 在阪男物既製服業者では,1954年度にはすでに首位であった(呉羽紡績株式会社調査室編,1957,50頁)。
20) メルボ紳士服(1970)87頁;日本経済新聞社編(1981)279頁。
21) 奈古は,1960年のローマ・オリンピック日本選手団のユニフォーム・デザインを担当した。
22) 後年の資料によれば,勝根又のほかに丸善衣料,浅川文,越前屋,三幸衣料が縫製を担当した(日本繊維協議会編,1969,238頁)。
23) 1969年の大阪府の職種別労働力不足率(労働力不足数÷在職技能労働者数)をみると,ミシン縫製工が46%と最も高かった(大阪府立商工経済研究所,1972,135頁)。
24) 当時,紳士既製服業界が抱えていた課題については「通商産業省告示第215号既製服製造業の改善事項要旨」に見ることができる。自家工場の建設指向に対して,昭和50年代にブレーキが掛かったことは太田(1981)が示唆している。
25) 大阪府枚方市内にある大阪紳士服団地は1964年のスタート時に43工場を数えた(http://www.fiveone-m.com/company.html/ 2016年12月6日閲覧)。
26)『大阪経済年鑑』昭和43年版,532頁。
27) 輸出用のズボンや上衣は紳士既製服業界ではなく,輸出縫製品業者が生産していた(大阪府立商工経済研究所,1972,231頁)。
28) 但し,この「海外技術導入各社一覧表」には1957年の三幸衣料と米国ハンプシャー社との技術提携が掲載されていなかった(大阪府立商工経済研究所,1972,165頁)。
29) 1995年9月27日,10月13日,11月29日にインタビューを実施。槻木(1985)では,当事者によってメルボ紳士服の「メルボアポロ計画」,MMIS,インダストリ

アル・エンジニアリング（IE）の導入が紹介されている。1994年8月現在のメルボ紳士服は，資本金5.4億円，営業収入125.8億円（1994年8月期），従業員484人であった。

30) 1959年にホフマンプレス機13台が据え付けられて（株）メルボプレスが設立され，61年にはミシン縫製部を設けて，ズボンの直営加工部門が加わった（メルボ紳士服，1970，序，88，89頁）。1959年の大阪の紳士既製服業界にみるホフマンプレス機の導入台数は，大阪スポンジャー45，三光（三幸が正しい：富澤補注）衣料27，勝根又22，樫山20，平野屋17，森居新9，光洋被服9，藤原本店9，ニシキ8であった（鍛島，2006，132頁，注1；「紳士服もオートメ化　プレス機新増設しきり　在阪既製服メーカー」『繊研新聞』1959年9月2日付2面）。尚，メルボプレスは1962年平野屋メルボ工業株式会社に改称し，67年メルボ紳士服工業株式会社に改称した。

31) 会社としては，メルボ紳士服工業株式会社が担当した。当初，大阪府枚方市内の既製服団地に最大手の外注先に，次いで第2位の外注先に進出するよう要請したが，採算面から断られたためにやむなく自家製造に切り替えた。

32) 菅原・槇木（1973）第6章参照。

33) ポール・グラフはシカゴ市内の既製服メーカーであるクーペン・ハイマー社の技師長を務め，同社退職後エンジニアリング会社を設立していた（メルボ紳士服，1970，119～120頁）。メルボ紳士服は1964年4月に同氏を招いた。グラフは，大阪工場，九州工場，静岡工場，滋賀工場のすべての立ち上げに関わった。

34) この混流生産こそ直営工場の成否のカギであった（槇木，1993，192頁）。

35) 同計画は，「自動車産業で確立をみたJITシステムの関西版」とされた「ストックレス生産」から学習した（槇木，1993，194～195頁）。

36) MAPSにより，グレーディングは30日から1.5日へ大幅に短縮され，養成に約10年を要したグレーダーの確保問題も解決した（槇木，1985，180頁）。MAPSは実用化には至らなかったが，原型は1969年には開発されていた（槇木，1985，165頁）。

37) RMOS（レディーメイド・オーダー・システム）の場合，情報とモノの流れは，以下の通りである。顧客から受注すると売場で発注伝票に記入し，工場と営業部商品課にFAX送信する。工場は，発注伝票に従って生産し，できあがった商品は営業部商品課に送り，商品課から各売場に当該商品が送られ，顧客に引き渡される。この間，約2週間である。

38) 受注は，メインである百貨店頭のほか専門店，自店舗で行った。

39) 原反の流れは以下の通り。シーズン前に，本社事業部の各ブランド担当者と生地メーカーとの間で原反契約が結ばれ，これに基づき，生地メーカーから枚方センターに原反が納入される。RMOセンター（本社商品管理部に設置されており，工場と売場の

中間にあって原反在庫を管理し，オーバーセールを防止する。週に一度，全ブランド・全品番の在庫状況を商品課に連絡する）の指示により枚方センターからスポンジャーに原反検査と縮絨を依頼し，検反・縮絨後，工場へ原反が発送される。

40）生産の 25％を占める既製服では，この点は依然重要である。
41）1997 年 8 月から始まった「品質革命」では，取扱ブランドは維持した上で，米国方式である中間プレスに替えて，バキュームによる位置決めと手作業によるアイロンかけにより，生産性アップと生地特性を生かした品質・感性の作り込みが行われた（メルボ紳士服工業で 1997 年 11 月 26 日インタビュー）。
42）2000 年 9 月 26 日会社訪問しインタビューをした。2016 年 9 月に同工場は閉鎖された。米国向け OEM 生産をタイの工場に奪われたことが閉鎖の原因とされた（『日本経済新聞』2016 年 11 月 3 日付）。
43）中国上海市内にある東華大学の楊以雄教授によれば，後出の「上海高雅服装有限公司は自社ブランドを有していない。工賃仕事だ。アパレル企業ではなく，縫製工場に留まっている。この点では，ダイドー（同豊毛紡織時装有限公司のこと——引用者）とて同じ」とのことである。
44）2005 年 12 月 28 日訪問し，総経理にインタビューした。
45）総経理は，"Fundamental Studies on Evaluation and Design of Apparel" で 2001 年 3 月 20 日，日本の信州大学より博士（工学）を授与されている。
46）2000 年 9 月 26 日に訪問し人事部長（中国人）にインタビューした。
47）「味わいのあるものを作る」という発想は，槻木（1993）204 頁ですでに示唆されていた。
48）この紳士服地商が中国国内に有していた固定客によって，当該合弁企業の中国国内での高級品市場向け生産が可能になった。
49）ITS（Individual Tayloring System）とも言われた。
50）状況は異なるが，もう 1 社を紹介しよう。大阪発の紳士服企業であった北川慶（株），後のアリエス（株）は，2001 年 4 月にシャツメーカーの蝶矢（株）の傘下となり，2015 年の CHOYA 解散の前年に，尾上繊維（株）の子会社として縫製機能を存続させている（アリエス株式会社のウエブサイトを 2017 年 5 月 29 日閲覧）。
「地域発／企業発　守れ日本の縫製技術」『朝日新聞』2013 年 7 月 30 日付も参照のこと。
51）ここがパリ追従の後，アメリカンオリジナル，ニューヨークオリジナルを実現したニューヨークとの決定的な違いであった。

第3章 ワンダラーブラウス

第1節 はじめに

「ワンダラーブラウス」は誰でも一度は耳にしたことがあろう。ワンダラーブラウスは戦後最初の日米貿易摩擦を引き起こし、その原因として日本の低賃金が強調された[1]。しかし、ワンダラーブラウスの影響は日米貿易摩擦だけではなかったし、それを可能にした要因は低賃金（とそれを可能にした下請生産システム）だけではなかった。この点を論じることが本章の目的である。同時に「安かろう悪かろう」とされた戦後直後の日本製品（メイド・イン・ジャパン）のイメージはどこまで米国の消費者発のものであったのか。消費者があれほど急速に受け入れたのは、「安かろう悪かろう」ではなく急拡大期のユニクロ製品のように「安い割に質もよい」との評価があってのことではなかったのか[2]。この点にも言及したい。

ワンダラーブラウス問題に言及されることは多いが、真正面に据えて掘り下げた研究は少ない。その点で今から見ても大阪府立商工経済研究所（1956）は貴重であり、ワンダラーブラウスをめぐる取引構造・流通構造・コスト構造が明らかにされている。その成果は、大阪府立商工経済研究所編（1957a）、中小企業庁（1958）や山崎（1981）、上田（1992a）、モヒウディン（1996）[3]にも引き継がれている。本章は、この先行研究を踏まえつつ、「カネボウブラウス」を手がかりに視野を広げてワンダラーブラウスが生まれた背景・条件とその影響を明らかにする[4]。米国側ではメーカー、百貨店、その代理人であるバイヤーが、日本側では大手商社、大手紡績会社、織布産地、問屋、副資材産地、中小零細の縫製企業、家庭の内職が関わったが、日本側の中心は大阪であった[5]。それゆえ、著者の研究テーマである大阪の中小アパレル企業史の一齣――ネットワーク型生産におけるハブ機能――を形成するテーマでもある。

以下、第2節では米国の婦人既製服業界におけるブラウスの役割と戦後の米国内の消費の状況を論じる。第3節では米国人バイヤーと日本の商社、紡績企業、元請け、縫製企業との関係とワンダラーブラウスのコスト構成を論じる。第4節ではワンダラーブラウスの影響である3つのシフトについて論じる。第5

では本章で明らかにした点をまとめる。

第2節　ブラウスと流行

1　米国婦人既製服生産とブラウス

　ニューヨーク市内マンハッタンの婦人向け既製服生産におけるブラウスには，特別な意義があった。ブラウスは最初の米国スタイルとされるギブソンガール・スタイルの重要な構成アイテムであり，しかも既製服生産を牽引してきた服種である[6]。労働者は国際婦人服労働組合（ILGWU）に組織されていた。それゆえニューヨークにとっては象徴的な衣服であった。しかし，1950年代から縫製部門で「ランナウエイショップ（逃避工場）」が低賃金を求めてマンハッタン島から米国南部へ顕著に移動し始めており[7]，国際婦人服労働組合は雇用の流出に直面し敏感になっていた。

2　1950年代の米国衣服の流行

　1950年代は，カジュアルさ，セパレーツ，スポーツウエアに集約された。「1950年代はかなりドレッシーな時期であったように回顧されるように思われるとは言え……実際にはカジュアルさが増加し家族指向の活動の重要性を反映する時期であった」（Milbank, 1989, p.170）。「郊外生活はスポーツウエアの新型を生み出した。これは，テニス，水泳，ゴルフのような活発で特定のスポーツのためよりも中庭でくつろぐためにデザインされた」（Milbank, 1989, p.179）。また，「女性たちは多様な必要をみたすセパレーツを必要としていた」（Milbank, 1989, p.172）。このセパレーツの1つがブラウスであった。
　米国では1954年以降，綿製のスポーツシャツ，ブラウス等縫製品が急速に流行した。当時中クラスの小売店頭では，3ドルと1ドルのブラウスが売られていた。1ドル物は，日本製ギンガム生地[8]を用いて米国南部で縫製されていた。製品としては「ひどいもの」であったという（山田，1981）。ここから言えることは，1つはワンダラーブラウスは日本の発明ではなかったということである。もう1つはすでに米国で売られていたワンダラーブラウスよりも高い評価を得られなければ売れないということ，「安かろう悪かろう」では売れないということである。

第3節　米国側からの発注と日本側の受注生産体制

1　米国側からの発注と日本側の受注——鐘淵紡績（株）の場合

　鐘淵紡績にとって1953年春のニューヨーク・トーメン[9]からの2000ダースの引き合いが始まりであった。「カネボウ・ブラウス」が先頭を切った（**表3—1**）。鐘淵紡績は，トーメンの向こう側にいた米国の輸入業者と結局小売価格3ドルの半額の，さらに1割引きで契約した。

　1954年秋にリーガル社[10]から発注があった（1954年12月～55年4月積みで1万ダース）。資料の文脈から判断すると小売価格3ドルの半額で契約された。鐘淵紡績の1954年9月から1955年5月の輸出量は約13万ダースで，主として

表3—1　カネボウブラウス

・1953年「カネボウブラウス」の企画量産が緒に就く。
① 1953年春ニューヨークの東洋棉花からブラウス2000ダースの引き合い。輸入業者とFOB1ドル50セント（小売3ドル）で折り合えず，引き合いを打ち切ったが，数ヵ月後10％値引きで契約。
② 1954年秋リーガル社のバイヤーが来日。小売1ドルの商品を要求してきたが，1ドル50セントのカウンターオファーで，54年12月～55年4月積みで1万ダースで契約。ニューヨーク・トーメンを通した。

・ニューヨーク・トーメンがマーレン社を唯一の売り先に決めた。
③ マーレン社の社長らが来日し，1955年2月から5月までに4万5000ダース（貝ボタン仕様）を契約。
④ 1955年6月マーレンの社長来日。1956年春夏向けに50万ダース以上発注したいとオファー。FOB50セント（小売値1ドル）が条件。この条件の下，55年8月から12月で40万ダースなら生産可能と判断。

・1956年の大統領選挙前に大問題に。1955年11月対米輸出規制が決まり，56年1月実施。
⑤ 1956年1月からは船積み数量は激減，規制を逃れて香港へ。

出所：山田（1981）より作成。一部数字を修正。山田啓吾は執筆当時はイトーヨーカ堂の専務で，1950年代半ば当時は鐘淵紡績の染色課長であった。

リーガル社向けであった。

以後トーメンの唯一の対米輸出窓口となったマーレン社からの発注は，小売価格1ドルの半額の50セントで契約された。鐘淵紡績の1955年2月から1956年3月の輸出量は約50万ダースで，主としてマーレン社向けであった。

1955年当時の対米ブラウス，シャツの総輸出量の大半がマーレン，リーガル，ミスパット，イリー・ウォーカーなど米国の縫製業者からの注文で，専門的バイヤーからの注文量は10％内外と推定された[11]。

デスラーほか (1980) も「進取的なアメリカ人輸入業者たち」「アメリカの輸入業者の力」を強調した (11頁)[12]。発注者はいくつかの見本を持参したり，デザイン見本半ダースを型入れした型紙を提供した[13]。つまり米国側からの積極的な働きかけが，対米ブラウス輸出の契機であった。ここには新興国が先進国企業の生産を受託するOEM生産の先駆けを見ることができる。中小企業庁 (1958) によれば，「昭和27年以前には，専らアメリカの輸入業者が注文を出していたのであるが，昭和28年頃からアメリカの縫製業者のうち比較的大規模なもの……が直接日本の輸出業者に注文を出し，自分の会社のチョップをいれさせて，これをアメリカ国内に売り出すという方式をとり，ここに非常なブラウスブームを現出するにいたった」(131頁)[14]。ここに言うチョップとは商標のことである。同様な指摘は以下の通り。「紡績の系列にあるもの，商社の系列にあるものを問わず殆どの場合ブランドは米国側から指定されたものを，輸出縫製品メーカーがつけ，日本のブランドで輸出されるものは量的に限られている」[15]状況であった。別の調査でも，デザインはほとんど需要先から指定されていた事が確認された (中小企業庁, 1958, 65頁)。

2 仲介者（＝商社）の役割——東洋棉花の場合

商社である東洋棉花は以下のように評価した。「米国市場に対する進出についても特記すべきものがあった。例えば同国において昭和29年以降急速に流行化した綿製スポーツシャツ，同ブラウス等縫製品については製品はもちろん，その生地に使用される綿織物（ギンガム）の輸出について当社は業界の首位を占めた」(東棉四十年史編纂委員会編, 1960, 222頁)。中小企業庁 (1958) によれば，1955年のワンダラーブラウスの輸出の約50％を東洋棉花・鐘淵紡績の系列が占めて，突出していた (133頁)。

3　日本側の受注条件

受注を可能にした前提条件は以下の通りであった。

まず，ブラウス製品について。後述のように元請けの1社となったイトキン（株）の前身企業である糸金商店は1950年よりブラウスの取り扱いを始めた。1952年にはブラウスが爆発的売れ行きを示し[16]，54年に糸金商店は卸価格2,300円の本絹デシンブラウスを販売していた。また，東京ブラウス（株）の前身企業である戸賀崎繁男商店は1952，53年頃からブラウス中心に服種を絞り（中込，1975，171頁），52年にはシルク・ブラウス「東京ブラウス」ブランドを発売した[17]。つまり，ブラウスは対米輸出の開始前に国内向けに生産され普及しつつあったのである[18]。また，ほぼ同じ時期に布帛製品であるワイシャツ（いわゆる紡績シャツ）が販売され始めた[19]。

次に，生地・副資材・縫製機能について（図3―1）。生地・副資材としてはブラウス用綿生地（40番手ポプリン，晒し・染色，サンフォライズ（防縮）加工，

図3―1　ワンダラーブラウス（単位：金額は1枚当たり）

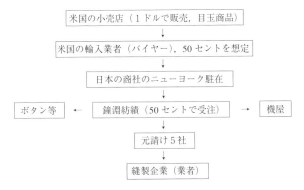

注）図中の矢印は発注の方向を示す。納品はこの逆方向となる。
　　日本の商社のニューヨーク駐在とは，ニューヨーク・トーメンのこと。
　　元請け5社とは大建被服，又一洋行，清水工業，イトキン，蝶矢シャツのこと。
　　生産及びコストに関する商談は米国のバイヤーが鐘淵紡績と直接行う。
出所：山田（1981）。

表3—2 当時の鐘淵紡績の綿業部門の状況

1950年7月	紡績設備復元目標41万5000錘を完了
1952年4月	連続精錬漂白機が稼働
1952年10月	サンフォライズ機が稼働
1953年4月	エバーグレーズ仕上機が稼働
1953年11月	連続染色機が稼働
1956年	スクリーンプリント機が稼働

注）加工設備は大阪市内の淀川工場に設置。
出所：鐘紡株式会社社史編纂室（1988）597, 1061頁。

表3—2参照），貝ボタン[20]（和歌山県田辺[21]，原料はサザエの貝殻），縫い糸，セロファン袋，箱，ラベルの調達が必要であった。くわえて縫製能力の確保も必要であった[22]。カネボウブラウスの縫製元請け5社はすべて大阪の企業であった[23]。

さらに，マッチング機能について。米国の需要と日本の供給力を結びつける日本の紡績企業と商社のそれぞれのニューヨーク駐在の存在も重要であった。

最後に，インセンティブについて。紡績企業が安価な二次製品輸出に乗り出せた当初の要因として原綿インセンティブ制度である輸出リンク制の加工度報償割当（1953年7月〜55年6月，平均12.5％，後に9.5％）を挙げることができる[24]。

4 ワンダラーブラウスのコスト構成

米国で小売価格1ドルを実現するには納入価格は半額の50セントが目処となり，鐘淵紡績のケースである表3—3によれば，為替レート1ドル＝360円で，1ダース当たり5.55ドル（2000円），従って1枚当たりは46.3セント（167円）となり，これにより米国での小売価格1ドルが実現した（鐘紡株式会社社史編纂室，1988，614〜615頁）。当時，鐘淵紡績の染色課長として直接関わっていた山田啓吾によれば，「内地向けに換算すれば，当時，輸出・内地は二重価格であったから，300円以上のもの，すなわち国内でも中級品で，ワンダラーブラウスと安物扱いされる程のものでは」なかった。参考のために別のケースであ

表3―3　ブラウス1ダース当たりのコスト

生地代（13ヤード）	1,080円
縫製賃（副資材梱包入り）	580円
縫製メーカー諸掛かり	100円
鐘紡利益	120円
トーメン利益諸掛かり	120円
合計	2,000円

注）2000円÷12枚＝166.7円。166.7円÷360円＝46.3セント。
出所：山田（1981）。

表3―4　1ドル・ブラウスのモデル的輸出価格構成（単位：1ダース）

原反代	1100円	元請業者の総原価	1590円（左側小計）
外注加工費	300円	元請業者の総利益	82円
附属品費	75円	輸出商社の総利益	84円
工場経費	65円		
労務費	50円	輸出価格（合計）	1756円（4.88ドル）

注）中小企業庁が1957年度実施の輸出縫製品総合診断事業による。
　　1756円÷12枚＝146.3円。146.3円÷360円＝40.6セント。
出所：中小企業庁（1958）139頁。この部分は，日本輸出縫製品工業
　　　協同組合連合会・日本輸出縫製品工業組合（1976）163頁に所収。

る表3―4を載せておいた。
　ちなみに，表3―5でコスト格差の寄与要因をみると，1ダース当たりの格差総額12.10ドルのうち，小売マージン格差が6.2ドル，卸売マージン格差が2.85ドルで合わせて9.05ドル（75％）であり，これに対して労賃格差は4.00ドル（33％）であった。労賃格差だけではコスト格差を説明できないのである。なお，コスト格差の要素を説明する際にしばしば大阪府立商工経済研究所（1956）28頁の第16表が用いられるが，同表から計算で得られる小売マージン（8.3％）

表3—5 ギンガム・ブラウスの生産諸掛比較表(1ダース, ドル)

	米国品a	日本品b	a-b
生地代	4.05	3.45	0.60
労賃	5.00	1.00	4.00
その他	0.15	0.50	-0.35
製造コスト計	9.20	4.95	
諸経費	0.30	1.50	-1.2
仕入価格	9.50	6.45	
卸粗利	3.70	0.85	2.85
卸売価格	13.20	7.30	
小売粗利	10.50	4.30	6.2
小売価格	23.70	11.60	12.10

出所:峰山(1955)16頁(原典は繊維製品輸出組合資料)。但し, 卸粗利と小売粗利は引用者が計算して追記した

の低さを考えると[25] 1枚当たりの小売価格 1.20 ドルは低すぎると言わなければならない。よって, 本章では用いなかった。

第4節 ワンダラーブラウスの影響——3つのシフト

対米綿製品輸出自主規制以後の約 20 年間の大きな動きを表3—6で確認しよう。1つは輸出から輸入への大転換であり, もう1つは大阪から地方への縫製移動と内需転換である。こうした大きな動向を念頭において以下ではワンダラーブラウスの影響について3点検討しよう。

1 貿易摩擦と香港シフト

日本からの対米綿ブラウス輸出は, 1953 年 5318 ダース, 54 年 17 万 1196 ダース, 55 年 400 万 380 ダースと驚異的な伸びを見せた。55 年のこの数量は, 米国の総生産量の4分の1以上に相当した[26]。この輸出急増は早くも 1955 年5月に米国内で対日輸入制限運動を誘発した[27]。運動の担い手として労働組合が重要な役割を果たした。1956 年まで続くこの動きの中で, 1956 年 1 月から対米輸出

表3－6　『大阪経済年鑑』にみる布帛製品関連記載事項

事　項	記載年版
(貿易関連：輸出から輸入へ)	
米国の輸入制限運動	1957，1971
対米綿製品輸出自主規制	1958，1959
内需転換	1957，1962，1969，1973，1975
輸出品種多様化・拡大	1960，1961，1969，1976
輸出品が高単価・重衣料に	1971，1977
輸出ニット製品	1972，1976
輸出好調	1961，1967，1970
外需転換	1963
競争国香港，競争相手香港	1963，1964
米国で途上国品と競争激化	1968，1972
韓国から輸入開始	1968
内需でも途上国が追い上げ	1968，1972
米国で繊維輸出自主規制要請の動き	1971
途上国に特恵供与，輸入活発	1972
輸入で香港より台湾が大	1972
韓国，台湾，中国から輸入増	1973
輸出減・大幅減	1973，1974，1975
輸入急増・拡大	1974，1975
輸入の影響（値崩れ）	1976
(生産関連、地域間分業：大阪から地方へ)	
紡績会社等が内需向け二次製品部門に進出	1960
求人難・人手不足	1961，1970
賃金上昇	1961
内需向けで原糸メーカー、商社による系列化	1964
製造卸の自家工場建設	1964，1965，1969
地方進出	1965，1966
地方工場建設	1965，1969
大阪は内需向け、外需向けは地方で	1966，1969，1976
地方の下請利用	1969
輸出縫製業の構造改善事業	1971

注）表中では，左側の「事項」が記載されていた版年は西暦表記にした。
　　記載年版数と記載内容年とは一致しない。多くの場合，記載年版数の1ないし
　　2年前の年の内容を記述している。
出所：『大阪経済年鑑』の昭和32年版から昭和52年版を基に作成。

表3―7　綿製品輸出をめぐる日本側の対策

1954年8月公信直後	輸出組合は品質・技術の向上，高級品輸出に努力と申合せ
1955年2月25日	通産省繊維局による品質向上措置
7月	輸出組合は品質向上措置に関わる規約制定
8月	官民合同の繊維品輸出会議米国市場問題特別委員会設置，9月5日渡米，10月10日帰国で米国調査
11月	早急に自主的数量規制を実施すべきとの政府方針
12月15日	ブラウス等を輸出承認品目に追加
12月21日	米国市場問題特別委員会が規制措置発表（ブラウスは年輸出250万ダースへ）
1956年6月16日	政府業界はブラウス年度輸出150万ダースに制限へ
9月27日	米国政府の示唆で，自主的輸出調整措置を一段と強化することとし，輸出会議北米市場特別委員会が米国政府に通告
1957年1月1日	対米綿製品輸出自主規制措置を実施
1957年1月16日	日米合意後，対米綿製品輸出調整措置及び要領発表，1957年から5年間の措置。

注）輸出組合は日本繊維製品輸出組合の略。
出所：中小企業庁（1958）105～119頁；日本輸出縫製品工業協同組合連合会・日本輸出縫製品工業組合（1976）117～118頁；『朝日新聞』1955年11月23日，12月22日付。

自主規制[28]が実施され，同月から輸出数量が激減した。57年からは綿製品全般を対象とする輸出規制が向こう5年間を念頭に始動した。

以上の一連の流れの出発点では，日本繊維製品輸出組合及び政府は対象商品の素材・規格・染色堅牢度・価格を引き上げて，廉価品や粗悪品[29]を排除することで間接的に輸出数量の削減を図ろうとした（表3―7）。製品の受注は増加していたし，米国の消費者が日本製1ドルブラウスを受け入れる中で[30]，輸出制限をしたい日本側が打ち出した第1の策こそ「廉価品・粗悪品」対策であった[31]。しかし，よく言われる「安かろう悪かろう」は事態の本質を示すものではなかった。日本製綿製品の輸入規制を求める米国内の激しい動きは，「安かろう悪かろう」では説明できないものであり，それゆえ日本側の対応としては，結局この品質規制ではなく，急速に数量規制に変わり，日米両国政府の交渉も

踏まえた，57年に始まる綿製品輸出自主規制に帰結していくことになる[32]。そして，ワンダラーブラウスは，1950年代半ばに貿易取引を通じて早期に中小企業に品質の重要性——当時の日本全体の課題であった——を認識させ不良品克服行動を促したのであった。大阪府立商工経済研究所（1956）も「日本品の品質は最近急速に改善され米国婦人の間で再認識されるようになった」（22～23頁）とした。

一方，数量規制を逃れてワンダラーブラウスの生産は香港へ移動した[33]。鐘淵紡績のケースでは1957年には香港製ブラウスが完全に日本製に取って代わった（鐘紡株式会社社史編纂室，1988，616頁；山田，1981）。他方で，元請けであった後出のB1社の関係縫製工場は1958年には100％内地向けに切り替えた。これに対して香港の変化は以下の通りである。

香港は1955年から先進国向け輸出型工業化を開始した[34]。原材料を輸入し地場製品を輸出する加工貿易であり，受注生産されたテキスタイル・縫製品が中心であった。小企業を含まない衣類の登録雇用者数は1955年から1960年の間に5千人から5万1千人と10倍に増加した。その結果，1960年代半ば前後には東南アジア最大の縫製品生産輸出基地となった。最大の縫製品輸出先は米国であった。米国向け縫製品には日本産の原反が多数用いられた[35]。米国では1962年3月から香港製の綿製品に対する輸入規制が始まったが，香港は最大のクォータを有していた上に，規制の対象ではない非綿製品にシフトすることで拡大を続けた（小林編，1970，6，7，42，48，58，67頁）。1962年の米国綿製品輸入規制は米国南部のアパレルの一斉値上げを生み，これに対抗するためにバイヤーは多量の対米クォータを有していた香港縫製に向かい，素材は日本の播州先染織物産地から調達し，縫製品は米国やEECに輸出された[36]。

2　輸出縫製業の成長と内需シフト

（1）縫製機能

まず，縫製機能についてみよう。以前より内需向け企業が各地に分散立地していたが，対米輸出向けブラウスの登場によって，大阪は2つの顔を持った。1つは大阪自体の突出を意味する大阪の大規模性である。大阪の輸出向けブラウス縫製工場数及び工員数はともに全国の24％であった（大阪府立商工経済研究所，1956，9～10頁）。もう1つは大阪の商社や元請企業が各地の縫製企業を組織するネットワーク性である。ここでは大阪はハブ機能を担うことになる。

大阪の有力元請業者約30社は1955年の全国生産高の50%を占め,約300社の下請企業を傘下に置いた(中小企業庁,1958,134頁)。

中込(1975)によれば,輸出縫製業の発達が「本格的に始まったのは,戦後の昭和30年前後に1ドルブラウスブーム以来である。このブームによって,それまでほとんど縫製業がなかった四国沿岸に輸出縫製業がさかんになり,それまでに縫製業はあったが,微々たるものであった北陸地方や北関東でも輸出縫製がさかんになっている」(384頁)状況であった。ただし,この記述からは各地の輸出縫製業と米国市場を繋ぐ主体は分からない。北陸地方のうち金沢地区については中小企業庁(1958,136～137頁)にまとまった記述がある。それによれば,大阪の元請業者からの発注が大きく関わっていた。愛媛県では,「戦後は,県内では(昭和——引用者補足)28,9年ころから1ドルブラウスをはじめとして輸出品の生産が増加し,順調に出荷額を伸ばした。南予布帛工業所では32年には内地向け製造販売を廃止し,輸出縫製品の専業となった」(愛媛県史編さん委員会,1985,294頁)。同社の場合には,大阪の商社からの発注に依っていた[37]。

その結果,大阪でも地方でも元請け[38]を核に域内に小零細業者や家庭内職を取り込む地域内下請生産システム(狭域下請生産システム)が形成された。他方,大阪と各地との間では受発注面での地域間ネットワークシステム(広域下請生産システム)が形成された。両下請システムは系列化でもあった[39]。

結果として,上記の2点で大阪の位置づけは大きかった。ワンダラーブラウスへの対応によって,「国内の縫製メーカーも量産と合理化,マーキングの方法を覚え,ボタン業界や付属品メーカーも基礎固めができて,縫製業の新しい

表3—8 輸縫連傘下組合員の仕向先別内訳(1962年2月調査)

	輸出専業	輸・内兼業	内地専業	計
全国	197 (31.5)	306 (49.0)	122 (19.5)	625 (100)
大阪地区	5 (4.7)	69 (64.5)	33 (30.8)	107 (100)

出所:日本輸出縫製品工業協同組合連合会・日本輸出縫製品工業組合(1976)214頁より作成。

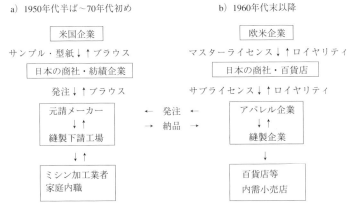

図3−2 2つの取引ルート

出所：大阪府立商工経済研究所（1956）等を参考に著者作成。

時代を迎えることの一助にもなったことと言える」（鐘紡株式会社社史編纂室，1988，616頁）[40]。内需向け製品への技術転用は，輸・内兼業の縫製業者[41]が多かったことから推定できる（表3−8）。大阪では内需シフトがいち早く進み，外需部分は地方の縫製産地に委ねられることになる。大阪府の布帛製品生産に占める輸出の割合は，1959年の25%から64年の5%に低下した（『大阪経済年鑑 昭和41年版』512頁）。

1960年代初めには香港製品の脅威が迫り[42]，60年代後半には韓国・台湾製品とも競合しながらも服種や素材を変えて拡大した日本の輸出縫製業は，ついに70年代初め以降輸出の減少期に入ったが[43]，縫製機能は有するが商品開発力・内需販路を持たない縫製企業は，同時期の内需拡大の縫製面の受け皿として，縫製機能を持たないアパレル企業の設立と発展に大きな役割を果たすことになる[44]。輸出向け縫製が内需拡大に先立っていたという絶妙なタイミングは重要となった（図3−2）。

（2）大阪の元請け企業

東洋棉花・鐘淵紡績の「カネボウブラウス」に関わった2類型の大阪の元請

け企業のうち系列外の企業について見よう。以下で紹介する3社はワンダラーブラウスとの関わりは瞬間的ではあったが[45]，3社が参加することで輸出向け「カネボウブラウス」の大量生産が実現した。他方で3社のこうした形でのアメリカン・カジュアルとのファースト・コンタクトはその後の洋装の急速なカジュアル化・既製服化と安さを求める量販店との取引開始を想起するとその重要性は十分理解できるし[46]，1960年前後には欧米の現地視察が行われ（セカンド・コンタクト），1960年代後半になると今度は技術提携の形で米国からノウハウやブランドが国内にライセンス導入されることになる（サード・コンタクト）。大づかみに言えば，以下のOEM型企業は主にOEMビジネスモデルを学び，ブランド開発型企業は主に商品展開を学んだと言えよう。前者ではその後米国との繋がりはみられないが，後者ではその後も米国との繋がりが窺える。

OEM型企業——B1社の場合

以下で図3—1の元請けの1社であったB1社のその後の展開について紹介し

図3—3　B社の主な沿革

```
1941年衣服縫製工場—53年B2社→73年自社工場→中国生産（98年上海市
                        ↓                    →2012年山東省）
                        ↓←大手ニットメーカーの製品
1921年B1社…………1948年B1社→集散地問屋，地方問屋（後に弱体化），
                        ↓    大規模量販店へ販売
    輸出向けワンダラーブラウス
                        ↓
    1958年国内向けへ100％転換

        1968年B3社→地方の量販店へ販売
                        ↓
            地方の量販店が不振に
                        ↓
        2001年B3社がB1社へ吸収される

    2009年B1社とB2社が合併してB社に→新販路開拓へ
```

出所：2014年9月17日にB社代表取締役にインタビュー。

よう。同社は戦後ワンダラーブラウスに関係し現在までアパレル事業を継続している（図3−3）。

1921年に雑貨商・輸出商のB1が創業した。1941年には縫製工場を設立し，53年に当該工場がB2（株）となる。1948年に卸商である（株）B1が復活した。

戦前雑貨商として輸出に従事，子供服商でもあった。戦後，大阪市内の阿倍野にあったB2工場でワンダラーブラウスを生産し輸出と国内販売も行った（この体制は競争力を失った1958年まで続いた[47]）。自社製品と大手のニット製品を地方問屋へ販売し，1968年B3社を介して地方の量販店へ販売した。1973年にはB2社の自社工場を高知県に設立した。1980年代初めの製品構成を見ると，B1社では子供服関係が52％，婦人ブラウス・セーターが26％，B2社ではカットソーが29％，ブラウスが27％，B3社では子供服が56％，婦人ブラウスセーターが33％であった。ブラウスが支柱の1つであることがわかる。B2社は自社工場と京阪神の専属協力工場で生産していた。1998年には中国生産に着手し(国内工場を削減)，99年顧客企業への企画提案機能（ODM）を強化し，新興SPA業態の新規顧客開拓を行った。2009年のB1社とB2社の統合でB社となって，製造卸機能（OEM機能）を強化した。

もの作り，スピード力（短納期）が強みであり，デザイナー・パタンナーを抱えている。時代時代に応じて，商品を変えたり，取引先を変えたりしてきた。地方問屋がうまくいかなくなった時，量販店が傾いた時に変化してきた。その中でOEM機能は一貫している。

ブランド開発型企業──イトキン，蝶矢シャツの場合

1950年大阪市内の船場に現金（前売り）問屋である（株）糸金商店が設立された[48]。50年よりブラウスの取り扱いを開始し，仕入れ販売するとともに，51年3月には輸入ナイロン生地によるナイロンブラウスの取り扱いを始め，51年4月に大垣工場を立ち上げ生産を開始した。52年洋裁学校よりデザイナーを採用し，52年に東洋レーヨン，蝶理と提携して開発したナイロンブラウス「イトキンブラウス」が全国的にヒットした[49]。55年4月糸金商事（株）に改組，55年7月にはイトキンブランドを登録した。ほぼこの頃ワンダラーブラウスの縫製を受託したことになる。56年1月には店舗前売りを廃止し，同年には自家生産のウエイトが高まり，58年1月イトキン（株）に社名変更した。1958年3月百貨店との取引を開始した。60年3月量販店との取引を開始し，イトキンブラ

ウスを量販店に投入した[50]。同年10月社長の欧米事情視察が行われた。1964年には中国からスワトーブラウスを輸入し、65年には専門店・百貨店向けにハイセンスなブラウスを開発するための企業を設立した。同年米国企業との技術提携も始まる。

蝶矢シャツの場合は以下の通りである[51]。

同社の前身企業は、1886年の創業であり、トミヤ河井（株）[52]とならぶ老舗シャツメーカーである。戦後直後の蝶矢シャツをみると以下の点を確認できる。

1つは、戦後直後の統制期における輸出関連事業である。その際、幾度も東洋棉花との関連をみることができた。また、1948、49年に輸出指定工場であった松戸工場では1949年にタフタと羽二重を用いた婦人向けブラウスを生産していた。

もう1つは、スポーツウエアの一種であるスポーツシャツの生産である。蝶矢シャツ八十八年史刊行委員会編（1974）によれば、スポーツシャツは当時の米国の流行を取り込んだものであり、1953年から59年まで生産品種として重要な位置付けを与えられていた。ただし、日本全体では、スポーツシャツの対米輸出は確認できるが、蝶矢シャツが輸出にどのように関わっていたかは不明である。蝶矢シャツ八十八年史刊行委員会編（1974）で1954年度・55年度の生産品種に「スポーツウェア——紳士用、婦人用」という記述は確認できた。

1955年に鐘淵紡績の対米輸出用ブラウスを受託加工したが、国内の販売競争激化という蝶矢側の事情と大量の受注を抱えた鐘淵紡績・東洋棉花側の事情という双方の事情が合致した結果成立したと思われる。東洋棉花が扱ったのは「カネボウブラウス」であったが、これに先立って蝶矢シャツは東洋紡績（株）の防縮加工した綿ブロードを国内向けの「ダイヤシャツ」にも仕上げ市販していた。

基本的に国内市場向けのシャツ事業を展開してきた蝶矢シャツにとって、1950年代半ばから同後半の時期は米国の流行を取り入れ、米国に輸出されるブラウス縫製加工も一時期手がけたのであり、その後も社長の欧米視察（1963年）やパーマネントプレスの導入（1966年）に見られるように米国市場の影響を窺い知ることができる。1966年8月には傘下企業と米国企業との間で技術援助協定が結ばれた。こうした一連の流れのなかにワンダラーブラウスを位置付けてみると、その生産に直接参加したことの意義は大きいと言える。

3　世界シフト

　ワンダラーブラウスは米国だけでなく，国内でもまったく異なる反発を生み出した。以下では森英恵とミキハウスを取り上げよう。前者は世界的なデザイナーの誕生であり，後者は既製服ブランドの開発例である。OEM生産から脱却するための条件について教えるところがある。

（1）デザイナー森英恵が受けたショックと発奮

　1961年の夏にニューヨークを訪れ，ワンダラーブラウスに遭遇した35歳の森英恵の反応は以下の様であった[53]。「デパートに行くと地階では安いもの，だんだん上の階に行くにつれて良質，最上階にはディオールやジバンシィなどパリの一流ブランドの洋服，またニューヨークの有名なデザイナーのものが並んでいるのです。／その地階で日本製の"1＄ブラウス"を売っていた。とてもショックでした。おそらく，日本の安いメーカーに作らせて，輸入していたんでしょう。メイド・イン・ジャパンという安物。『日本はこんなものじゃない。伝統があり，良質のものを作る国なんだ』。それを洋服で表現しなければと思ったのです」（森，2015，96頁）。

　別の文献によればこのデパートはニューヨーク市内マンハッタンの5番街にあるサックス・フィフス・アベニューであった。「サックス・フィフス・アベニューというデパートに連れて行かれて驚いた。日本の製品が地下室で売られていたこと。すごくチープな質のもので，これは本当にショックだった」（森，1993，88頁）。

　ショックは発憤を生み出した。「デパートの地下に並べられた日本製の粗末な『1＄ブラウス』をみたときのみじめな気分を思い出す。／そんな情けない扱いに発憤したのが，ニューヨーク進出を思い立った大きなきっかけであった」（森，1994）。

　そして，自身のデザイナーとしてのアイデンティティを求めて日本国内で素材を探し求め[54]，また米国人が求める"フィット"感に応えるためスタジオ・スタッフをロサンゼルスに派遣してパターン（型紙）作成技能を吸収させた。

　森は，1965年にニューヨークで初めての海外コレクションを発表し，1977年にはパリ・オートクチュール組合に属する唯一の東洋人としてパリオートクチュール・コレクションを発表した[55]。

表3—9　森英恵のケース

（ニューヨークでの偶然の体験）
・百貨店内を観察，ワンダラーブラウスとの遭遇，反発と発奮
・観劇したオペラの蝶々夫人像に驚く
（強い意志）
・外国人デザイナーと同じ土俵で仕事をしようと決意
・米国進出はやめた方がいいとの周囲の忠告を振り切る強い意志
・背中を押して決断を促したよき理解者の存在
（アドバイスを受け入れる資質）
・ニューヨークのリビング雑誌編集長から，「ニューヨークで仕事をするなら，パリ風のものではなく，……日本人であることを前面に押し出してやるべき」とのアドバイスを受けた。
（アイデンティティを支える素材の探索と発見）
・生地産地で生地発見，想定外の使用へ
・染色産地に加工依頼
（米国からの学習）
・米国の型紙製作技術を修得
（時代背景とニューヨークで発表）
・米国ではヨーロッパの傾向が強く，シックな黒が多かった
・ニューヨークは新しさと才能，面白さを評価
・1965年1月ニューヨークでコレクション発表，評価される

出所：森（1993）（1994）（2015）；萩原編（1996）より著者作成。

　以上の内容を整理すると表3—9のようになる。デザイナーの才能と意志だけでなく，さまざまな偶然や条件が重なった結果と言えよう。

（2）浪速ドレスとミキハウス——ブランドで世界シフト
　1945年生まれの木村皓一は，1968年父親が経営していた大阪市内の「浪速ドレス」——高知県と和歌山県に縫製工場を有していた——に就職した。同社は，総合商社から受注したいわゆる輸出向け「ワンダラーブラウス」[56]を生産していた。木村は低付加価値のワンダラーブラウスの将来に見切りをつけ，1971年4月に同社を退職し，同年9月26歳で大阪府八尾市内でベビー子供服の製造卸として三起産業を創業した。後の三起商行（株）である。当時は綿製品のみな

表3—10 対米ブラウス輸出（単位 千ダース）

	1965年	1966年	1970年
①日本から世界へ	2,770	3,009	1,477
②日本から米国へ	2,227	2,438	1,125
③日本から米国へ	386.3		720.7
④香港から米国へ	75.5		1209.3
⑤台湾から米国へ	51.4		390.3
⑥韓国から米国へ	17.4		325.5

注）①②は布帛縫製品，③～⑥は化合繊縫製品。
出所：日本輸出縫製品工業協同組合連合会・日本輸出縫製品工業組合（1976）389, 639, 641頁より作成。

らず化合繊製品をも含む日米繊維問題が激化，他方で香港・台湾・韓国との競争も激化していた（表3—10）。また，1970年代はフランス・パリ以外の世界の大都市でファッション産業が台頭する時期であり，同社の誕生もこうした世界の動きの一齣といえようし，大阪府立商工経済研究所（1977）が指摘した製品の高級化とファッション化の流れに沿うものであった（145頁）。

商店街の地域一番店に絞って子供服を卸売りし[57]，高品質とスピード納品で競争優位に立った。1978年ラフォーレ原宿に出店し，79年 New York Times 紙で紹介された。1980年 JAL・全日空機内誌・新幹線グリーン車内で広告戦略を展開し，83年テレビドラマにスポンサー広告を出した。1987年パリに出店し，1992年本社ビルを建設した。大規模小売店舗法廃止で売り先を地域一番店から百貨店へシフトした[58]。2010年上海万博日本産業館に出展し，13年には英国のハロッズ百貨店に出店，モスクワにも出店した。2014，15年にはインバウンド需要で指名買い（いわゆる"爆買"）が注目された[59]。

創業に際し，縫製スキルを有する内職作業者の確保には苦労しなかった[60]。綿100％で高品質の商品，トータルコーディネート提案[61]，一貫したハイエンド狙いが特徴である。日本製である（自社工場は持たず）高品質のもの作りのために，高品質の生地を使い，1枚ずつ検品した。広告でイメージ作りを行い，ブランディングを重視し売り場を精選した。ブランドを展開するために，黒川紀章設計の本社ビルを建てた。本社がプレハブでは海外の取引先は信用してくれないからである。2010年開催の上海万博日本産業館出展はかなりの効果があ

表3—11　ミキハウスのケース

（決別の決断）
・低付加価値のワンダラーブラウスを見切る判断
（新領域と決意）
・大阪の問屋街を観察して子供既製服に絞る，創業者の妻の経験
・大阪の子供服問屋の便利屋（下請）にはならないとの決意
（時代背景）
・1970年代の時代動向（ライフスタイル，トータルコーディネート）
（商品，差別化，関連集積）
・トータルコーディネート（取引先にとってメリット）
・良質な素材を確保できた
・品質実現のため熟練労働者を周辺で確保できた
・自社品質を設定し，全品検査を実施
（価格）
・高付加価値戦略
（販路開拓と販路）
・販路開拓に工夫（商品ではなく経営哲学を説明）
・地域一番店に販路を限定（取引先にとってもメリット）
・後に地域一番店から百貨店へ販路転換（苦渋で冷静な決断）
・海外でも一流店舗内に限定（一貫したポリシー）
（物流）
・短納期への偶然の気づき（取引先にとってもメリット）
（プロモーション，ブランディング）
・広告・社屋に高額投資の判断
・無理を貫く信念

出所：著者作成。

り，2014，15年のインバウンド需要で発揮された。売上げを上げずに，付加価値を上げる戦略をとっている。
　以上の内容を整理すると表3—11のようになる。経営者の強い意志と判断力，そして時代の条件と地域資源の活用の結果と言えよう。

第5節　む す び

　ワンダラーブラウスは，戦後の日米貿易摩擦の出発点として取り上げられてきた。これ自体は誤りではないが，本章ではワンダラーブラウス現象を生み出した米国側の条件，日本側の条件を明らかにした上で，その影響を3つのシフトという視点でまとめた。つまり，① 直後の縫製拠点としての香港の登場を考えると，このビジネスモデルは，戦後の米国企業に主導された米国向け OEM 輸出主導型工業化の原点であったと言ってよいであろう。紡績企業ないし商社による輸出中小企業の系列化，多様な産地の輸出中小企業がこれを支えた。これは，すでに 1920 年代のニューヨーク・マンハッタンで見られた「ジョッバーシステム」の国際版でもあった。② 輸出が不振になると内需シフトが，輸出が好調になると輸出シフトが見られたが，1970 年代に入ると内需転換が明確になり，急拡大しつつあったが生産機能を持たない国内のアパレル製造卸企業を縫製面で支えた。③ 反面教師としての役割も担った。森英恵の反応（ショックと発奮）のように 1 人の日本人デザイナーの世界への飛躍に繋がり，ミキハウスブランドのように世界に向けて高付加価値を指向する経営者をも生み出した。

　本章によれば，戦後直後のメイド・イン・ジャパンの代表であったワンダラーブラウスの「安かろう悪かろう」イメージの強さと影響力は一度疑ってかかった方が良さそうである。輸出中小企業が担った輸出品で当初，「安かろう悪かろう」の風評が立ったことは事実であったが，これはそれ故の深刻な輸出減ではなく，輸出の急増と並行していたことからも分かるように，米国の市場と消費者そして日本の生産者は「良貨が悪貨を駆逐する」方向に動いていた。だからこそ米国の競合企業・団体・労働組合は日本製品の輸入制限に奔走したのであった。

　大阪の中小アパレル企業史論としては，本章は何を含意しているのであろうか。綿ブラウス（布帛製品）という大阪にとって分かりやすい品種であることにより，輸出中小企業の役割とそれを組織した商社・綿紡績企業と問屋的傾向をもつ元請けの役割を再確認し，一方では米国に対してはいち早く流行の大衆品を安価に供給し，他方では全国に縫製企業を誕生させそれらを輸出向けのサプライチェーンに組織し，地方・農村の工業化の第一歩となったことを指摘できよう[62]。この生産システムは，1970 年代初めに大きく転換するまで，対米綿

表3―12　発展の3フェーズ

第1フェーズ （模倣段階）	輸出OEM方式でカジュアルウエアを模倣学習
第2フェーズ （応用段階）	カジュアルウエアを内需へ応用（ナショナルブランド方式）
第3フェーズ （世界化段階）	①内なる世界化（ブランドライセンス獲得方式） ②世界進出（オリジナルブランド発信方式）

出所：著者作成。

製品輸出制限下にあっても維持された。その後は，拡大する旺盛なアパレル内需を縫製面で下支えすることになる。大阪に作用してきた輸出系のベクトルと内需系のベクトルの棲み分けと合流を窺うことができる。また，商社史論としては，口銭ビジネスが行き詰まった1990年代に新たに中国でOEMビジネスモデルが展開されたが，これは発注者こそ米国の輸入業者から日本国内のアパレル企業に変化しているものの，商社のビジネスモデルとしては，原型としてのワンダラーブラウス・モデルの応用であった。

　ワンダラーブラウスは，米国の発注者側からの型紙供与と技能品質確認による日本側の学習と模倣吸収の第一歩であり[63]，大衆品における品質の重要性を悟らせ，中小縫製企業を生み出し，これらを輸出向けに動員組織する原動力になったのであり，その中心に大阪が位置し，大阪の全国的ネットワーク型ものの作りを始動した。この生産システムは，素材や服種が変わっても応用可能なプロトタイプとなった。この意図せざる結果としての模倣学習は，内需向け製品での応用へと進み，さらには提携という意図的な模倣学習ないしそれとは全く正反対の，数は限られたがオリジナルブランドの世界発信に至った（**表3―12**）。この各フェーズの展開は，アジアにおける経済発展のプロセスの先取りでもあった。

注

1）大阪府立商工経済研究所（1956）27 頁；大阪府立商工経済研究所編（1957）53 頁；モヒウディン（1996a）41 頁。低賃金の強調自体は間違いではないが，著者（富澤）は低賃金を活かす条件がどのように整備されていたかを明らかにする方がより重要と考えている。
2）粗悪品問題は大阪府立商工経済研究所編（1957）でもメインの課題として位置付けられたが，「安かろう悪かろう」であれば，米国の消費者は初買いはともかくリピート買いには至らず，脅威にはならなかったであろう。しかし，現実には脅威を生み出した。「安かろう悪かろう」では説明できない。
3）手書き印刷の大阪府立商工経済研究所（1956）と同（1957a）は同一論文ではあるが，後者では表記の修正等がなされている。モヒウディン（1996ab）は，種々の点に目配りしているが，アパレルメーカーと縫製業者の混同ほか難点も抱えている。
4）「ワンダラー・ブラウス物語」（鐘紡株式会社社史編纂室，1988，611〜616 頁）は山田（1981）の抜粋であるが，記述の並び替え，数字の訂正・誤写が見られる。本章では後者を主に用い，前者を参考にした。ワンダラーブラウス研究では大阪府立商工経済研究所（1956）と日本輸出縫製品工業協同組合連合会・日本輸出縫製品工業組合（1976）が基礎資料とされてきたが，本章では中小企業庁（1958）と『大阪経済年鑑 昭和 25 年版〜昭和 52 年版』も用いて検討した。中小企業庁（1958）は 1957 年実施の全国調査を踏まえた分析をしている。なお，大阪府立商工経済研究所（1956）は『大阪経済年鑑 昭和 32 年版』を多数引用しているが，引用内容に誤りはないもののどうしたことか引用頁数はすべて間違っている。
5）各地の検査所別の綿製ブラウスの検査高（数量）では，大阪府は全国の 51％（昭和 30 年度）を占めた（大阪府立商工経済研究所，1956，10〜11 頁）。
6）富澤（2013）224〜225 頁。
7）富澤（2013）232 頁；尾上（1954）218, 221 頁；Haberland, 2015, pp. 21, 24, 158。以下も参照のこと。「遠方の都市からの移植工場は，ジョージア州北部に流入し続けた。はじめにニューイングランドからの繊維工場やニューヨークからのシャツ工場のような衣服工場がきたが……これらはともに安い労働力にひかれてきたのである」（ジェイコブズ，1986，112 頁）。
8）1952 年からの播州織物の対米輸出は織機の広幅化（46 インチ）をもたらし，これを起点として各工程の設備も変化した（1994 年 5 月 18 日村上政禧氏へのインタビューより）。
9）ニューヨーク東棉社は 1951 年 10 月 15 日に開設された（東棉四十年史編纂委員会

編, 1960, 209頁)。カネボウニューヨーク社 (KANEBO NEW YORK INC) は 1952年 11 月に設立された (鐘紡株式会社社史編纂室, 1988, 603, 1061頁)。

10) 同社のバイヤーは上述の商品を百貨店頭でみて「これは売れる」と思ってアプローチしてきた。

11) 大阪府立商工経済研究所 (1956) 24頁。同 23 頁の記述から判断すると，ここでの縫製業者とはブラウスメーカーのことである。ちなみに，峰山 (1955) では縫製業者ではなく大手ブラウスメーカー，有力ブラウスメーカーとなっており，有力ブラウスメーカーの輸入量は全体の 80% とした (17, 19頁)。ここで縫製業者かブラウスメーカーかに拘るのは以下の 2 つの理由による。1 つは米国における「ジョッバー・サブマニュファクチャラー」制度 (富澤, 2013, 228頁) に関係してくるからであり，もう 1 つは日本のアパレル産業を論じる場合メーカーはいわゆる製造卸業者であって縫製専業者ではないという点に関わってくるからである。

12) 原語は aggressive American importers と with their encouragement である (Destler et al., 1979, p. 29)。

13) 山田 (1981)。なお，型紙の重要性は後述のように森英恵が型紙作成能力を吸収するためにスタッフを米国ロサンゼルスに派遣したことからも窺える。

14) 大阪府立商工経済研究所 (1956) 22 頁と同じ記述。引用文中の輸入業者とは専門的バイヤーのことである。

15) 大阪府立商工経済研究所 (1956) 25頁。

16) 1952 年にはナイロン・ブラウスが流行している (熊井戸編, 1975, 279頁)。

17) http://www.fbsociety.com/nenpyo/1952.html#fashion (2016 年 6 月 14 日閲覧)。

18) 1957 年の調査によれば，ブラウスを生産する企業 147 のうち，1951 年以前にブラウス生産を開始した企業は 14% であった (中小企業庁, 1958, 28頁)。戦前の状況は以下の通り。上野松坂屋は，1929 年 9 月 12 日から 9 日間職業婦人洋装陳列会 (東京市小学校女教員修養会主催) を開催し，女教員の標準洋装の 1 つとして白富士絹ブラウスを取り上げた (『アサヒグラフ』1929 年 9 月 18 日号，4 頁；難波, 2008)。1935年に東京市は黒サージのスーツとブラウスを女教員の標準服に決めた (「近代日本の身装文化 参考ノート No. 523 職業婦人」http://shinsou.minpaku.ac.jp/note/contents.html?id=523, 2016 年 6 月 5 日閲覧)。ちなみに，大阪市役所産業部編纂 (1926) ではブラウスや布帛製品という品種分類は見当たらなかった。

19) 布帛製品については，以下の 2 つ指摘を紹介しよう。「ワイシャツは合繊メーカー，綿紡などの原糸メーカーがもっとも力をそそいだ衣料品であり，衣服製造業への進出の突破口であり，足がかりとなった製品である」(中込, 1975, 224頁)。「綿紡績は十大紡はみなこれ (1 ドル・ブラウスの輸出のこと：引用者) に関係している」と言われた (中小企業庁, 1958, 133頁)。

20) 1枚のブラウスには7ないし8個のボタンをつけた。(株)アイリスの創業者は，「戦後は，消費の中心が東京になってきたのに釦メーカーの数は圧倒的に関西に多く，関東地区には少なかったのです」（大隅，2007，223頁）と述懐した。
21) 1955年頃の田辺地方のボタン工場は80有余で，従業員は4000人，そのほかに内職がいた。貝ボタンの生産は1957年頃から急減した（武知，1979，16頁）。
22) 当時は不況により縫製能力が供給過剰であり，内需から外需への転換が可能であった。例えば広島県輸出縫製品工業協同組合によると，「輸出縫製業は昭和30年，1ドルブラウスブームが到来して大口注文が殺到したため，内需品メーカーが輸出向け縫製品を手掛けたのが始まりです。／以来，対米向け輸出は順調に推移して参りましたが，昭和60年のG5（先進5ヵ国蔵相会議）を機にドル高是正がおこなわれ，円高に歯止めがきかなくなり，対米向けの商談は一気に減少してしまいました」（備後地域地場産業振興センターのウェブサイト http://www.bingojibasan.jp/14/50/ を2016年8月4日閲覧）。
23) 蝶矢シャツ八十八年史刊行委員会編（1974）では年表の1955年の箇所に鐘紡からのワンダラーブラウスの受注の記載があったが，『イトキン20年のあゆみ』では記載は無かった。
24) 田和編（1962）235～240頁。
25) 米国の小売商のグロスマージンは40～45％とされた（中小企業庁，1958，138頁）。
26) 富澤（2013）233頁。
27) 日本製の安価な男子用スポーツシャツ輸入に対しては，1954年8月に米国の関係団体が輸入阻止に向けて動き出した（中小企業庁，1958，105頁）。日本側の輸出縫製業界の組織としては，1956年5月大阪で日本輸出縫製品工業協同組合連合会（略称，輸縫連）が設立された。
28) ブラウス輸出では1956年1～3月積で110万ダース，4～12月積で140万ダース，合計250万ダースに規制されることとなった。
29) 「『メイド・イン・ジャパン』は安かろう悪かろうの代名詞，との風評」については，「不評買うメイド・イン・ジャパン」『朝日新聞』1954年10月20日付を参照。1953年4月から1954年3月までの日本からの輸出品に対するクレーム（損害賠償）請求の件数は820件で，品質不良が452件，着荷不足が234件であった。また，品目別では農水産物222件，機械200件，雑貨166件，繊維107件であった。「トラブルの起こるのは大部分中小メーカーであり，中小の商社である。商社の数からいえばこんな悪質なものはほんの一部に過ぎないわけだが，外国商社には，この少数の悪例が日本の商社ほど無責任なものはない，との考え方を植え付けてしまっている」（「苦情で求償増す一方　28年度中に820件」『朝日新聞』1954年10月20日付）。「ドルブラウスブーム時に一部で粗製濫造のそしりを受けた日本製品」（日本輸出縫製品工業組

合編，1965，35頁）との記述は，粗製濫造がいつ行われたのかを教えている。
30)「一般消費者も良質で安価な日本品に好意を寄せていることは，昨年末以来デイリー・ニューズ・レコード紙が屡々指摘している……。それにもまして重大なことは，米国内における日本品に対する一般与論が，今日われわれ日本人が例えば1ドル・ブラウス問題についてさわぎたてているのに反して，殆ど沈黙ないしは冷静に近いという事実である」（峰山，1955，18頁）。
31) 1955年2月25日付30繊局第177号によって，生地ではコマーシャルカラーの染料は用いず，ウォッシャブルカラー以上の染料を用いることと防縮加工を行うことが，縫製品質では輸出ワイシャツ類の検査標準案A級以上が求められた（中小企業庁，1958，105～106頁）。富沢木実（1995）は，「1ドル・ブラウス」には「『安かろう悪かろう』の意味があったため，輸縫連が中心となって，生地・染色・縫製などについて輸出適格品の基準を決め品質の向上を図った。これはその後の縫製品の品質を高める1つのきっかけとなった」（575頁）としたが，輸縫連ではなく日本繊維製品輸出組合が正しい。先染め織物産地でのクレーム対応については，大田（2007）78，79，87頁参照。
32) 中小企業庁（1958）104～122頁参照。これまでの研究では，数量規制については言及されてきたが，それ以前の対策としての品質規制については取り上げられてこなかった。例えば，モウヒディン（1996a, b）や高瀬（2006）をみよ。
33) 東洋棉花の香港支店は1955年4月5日に開設された（東棉四十年史編纂委員会，1960，209頁）。
34)「1950年代の半ば前後から，大規模なアパレル産業が発達した。香港にアメリカから各種の衣料品の大量生産技術が移植されたのが，その直接的な発展契機であった。アパレル・メーカーやミシン・メーカーが生産技術を移転し，大手の量販店やその代理店たるバイヤーがOEM方式の大量買い付けを開始したのである」（大東，1997，241頁）。
35) 日本製ワンダラーブラウスの素材・副資材はすべて日本製であった。ここに大きな相違を見ることができる。
36) 1994年5月18日村上政禧氏へのインタビューより。
37) 四国ソーイング（株）会長の言を愛媛県生涯学習センターのウェブサイトのデータベース『愛媛の記憶』より（http://www.i-manabi.jp/system/regionals/regionals/ecode:1/2/view/354 を2016年9月9日閲覧）。中・四国の状況は「第93表 受註先の種類（甲表企業のみ）」からも窺える（中小企業庁，1958，81頁）。それによれば，受註先の72.7%が「商社又は問屋」であった。
38)「大阪のみならず各地の元請業者は，多かれ少なかれ，この問屋的傾向をもっている」（中小企業庁，1958，135頁）。

39）ほぼ同じ頃北陸地方では，合繊メーカーによる織布・染色加工企業の系列化により，プロダクションチーム（PT）が形成されつつあった。

40）原資料（山田，1981）では，「一助にもなったともいえないことはない」と控え目な表現をしている。

41）中小企業庁（1958）21頁の第2表も参照。1957年の調査では，輸出向けよりも内地向けの方が採算がよいとの結果であった（中小企業庁，1958，48頁）。

42）中小企業庁（1958）は，早くも1950年代後半には「わが輸出縫製品に新たな強敵（香港）が現れた」（1頁）とした。

43）先染織物を対米輸出してきた播州織物産地も同様であった（大田，2007，114頁）。

44）愛媛県では昭和「46年以降はたび重なる円の切り上げにより輸出縫製業は大きな打撃を受け，現在は輸出縫製業者の大半は内需へ転換を図っている」（愛媛県史編さん委員会，1985，294頁）。

45）3社以外の清水工業（株）と大建被服（株）は鐘淵紡績の縫製系列とされた。大建被服は，1939年中沢布帛工業（株）として大阪市内に設立され，49年大建被服に改称，70年には（株）ダイケンセンイに改称，90年伊藤忠モードパル（株）に改称し，本店を東京に移して今日に至っている。OEM事業を伊藤忠商事のファッションアパレル部門とのパートナーシップにより推進している（http://www.itcmpal.co.jp/2016年4月27日閲覧）。

46）元請けだけでなく地方の縫製業者が輸出ブラウスの縫製を介して米国のカジュアル文化・既製服文化に直接接触した意義は大きい。

47）東洋棉花との関係は以下の通り，もう一度見られる。B1社の代表取締役は，1975年大学卒業後の6年間（株）トーメン（東洋棉花の改称後の社名）で米国小売業向けアパレル輸出や国内大手婦人アパレル企業向け商品供給に従事した。

48）以下は，『イトキン20年のあゆみ』；木下（2011）177，180〜184頁を参照。両文献ではともにワンダーブラウスの受託生産には言及していない。

49）素材側から見ると，「ナイロンフィラメント織物は，昭和28年に市場に出始めたが，主流をなすタフタ，シャーともに，当初のうち縫製面に問題が多く需要は伸び悩んだ。……衣料用ナイロン織物は……29年ごろからカッターシャツ，ブラウス，スカーフなどの需要が伸び」た（東レ（株）社史編纂委員会，1977，76頁）。東レの1954年度のナイロン・フィラメントの「織物の用途は，ワイシャツ，ジャンパー，レインコート，裏地，婦人用ドレス生地，ブラウス，和装品，足袋，洋傘からその他の工業用途まで広がり，編物の用途は，婦人用ストッキング，婦人用肌着，ブラウス，スカーフ，手袋およびフルファッション靴下などであった」（日本経営史研究所編，1997，287頁）。ナイロンは織物も編物もブラウス素材として用いられていた。糸金商店は当時先駆的役割を果たしていたと言えよう。

50）大阪発の（株）サンエーインターナショナルの前身企業である三永（株）も 1960 年代初めブラウス生産から既製服生産事業に参入した（『SANEI INTERNATIONAL, 1949 〜 2003』12 頁）。

51）蝶矢シャツは，1951 年に（株）蝶矢シャツ製造所として再建され，57 年（株）蝶矢シャツに改称された。

52）同社社長は輸縫連設立に積極的に関わり，常任相談役となった（日本輸出縫製品工業組合編，1965，32 頁）。

53）1961 年の対米輸出布帛ブラウス FOB 平均単価は，1 ダース 5.33 ドル（1 枚 44.4 セント）であった（日本輸出縫製品工業協同組合連合会・日本輸出縫製品工業組合，1976，642 頁）。

54）滋賀県長浜市の鬼しぼ縮緬を京都で友禅柄風に染めてもらった（森，2015，98 頁）。

55）http://www.hanae-mori.com/about/history.html（2016 年 6 月 5 日閲覧）。

56）1970 年の対米輸出布帛ブラウス FOB 平均単価は，1 ダース 10.11 ドル（1 枚 84.3 セント）であった（日本輸出縫製品工業協同組合連合会・日本輸出縫製品工業組合，1976，643 頁）。1965 年から数年間の「ドルブラウス」（アクリル糸使いのシェル模様のニットブラウス）については（株）トリーカのウェブサイト内の「トリーカ昔物語 第 20 話」で紹介されている（http:www.torica-inc.co.jp/story-post/ を 2016 年 8 月 20 日閲覧）。

57）大阪市内にあった子供服企業と取引しても便利屋として使われるだけであるので，取引しなかった。また，量販店と取引するには生産数量が少なく合わなかった。

58）同社は地域一番店から百貨店への売り先の転換では苦労した。当時急拡大していたショッピングセンターでは価格帯が合わなかった。

59）「熱風インバウンド インタビュー 三起商行社長木村皓一氏」『日本経済新聞』近畿経済 B，2015 年 10 月 22 日付。

60）一般に縫製工の源泉は幅広かった。一例を紹介しよう。1937 年生まれの大阪在住の女性は，戦後の混乱と貧困で小学校 3 年までしか学校に行けなかった。漢字が書けないので，手に職を付けるためにミシン工場で働いた。おかげでミシンのことは何でもできるという（「夜間中学で新たな人生 不登校 外国人も」『NHK 総合 かんさい熱視線』2014 年 10 月 24 日放送）。

61）それまでは服種毎に別々の企業・店舗が扱っていた。三起商行の提案は『アンアン』や『ノンノ』が提案するトータルコーディネートや新しいライフスタイルと親和的であった。

62）1950 年代半ばの大阪の内需向け既製服産業を検討した呉羽紡績（株）調査室編（1957）では縫製加工のこれほどまでのダイナミックな展開は示されなかったし，そこには布帛製品の輸出を担う商社の入り込む余地も描かれなかった。

63）モヒウディン（1996b）によれば「OEM方式により日本のアパレルメーカーは米国の最新のデザインと技術を日本で導入できた」（44頁）。

第4章　戦後大阪の中小繊維アパレル企業変遷史

第1節　は じ め に

　大阪の繊維産業は長い歴史をもつ。明治期以降に限っても，種々の業種，種々の規模の企業により構成されてきた。各経済主体の行動ベクトルは多方向を向いており，解きほぐし，整理する必要がある。分かっているようで分かっていないのが現状である。その1つとして，中小企業の果たした役割は大きいにもかかわらず，不明な点も多い[1]。第4章では，この点を繰り返されてきたビジネスイノベーション（事業変遷史）の視点から分析するものである[2]。本章の第2の特徴は，問屋[3]と一括りにされてきた企業群に注目している点である。呉服太物・服地ないし生地問屋の変遷史と言ってもよい。背景には，特に大阪の場合，工業統計だけみても生産の仕組みの一部をカバーするだけであるとの著者の認識がある。本章の第3の特徴は，長寿企業へのインタビュー調査に基づいていることである。競合企業が次々と消えていく厳しい状況下で永続性（ゴーイングコンサーン性）を維持してきた長寿企業の経験はそれだけで価値がある。

　著者は，「大阪の再生をファッションの視点から考える──大阪の繊維・ファッション業界　構造と変遷」のテーマで，2014年9月から15年1月にかけて協同組合関西ファッション連合の組合員企業に対しインタビュー調査とアンケート調査を行った。アンケート調査の結果については，第6章で明らかにするが，その中心は構造の分析である。本章ではインタビュー調査の結果を踏まえて変遷史（＝事業環境変化への対応史）と変遷を促した諸要因を明らかにする。言い換えれば，厳しい競争環境の中を生き抜いてきた企業に見る長寿の秘訣を明らかにする。

　以下，第2節ではインタビュー調査の結果を基にして中小企業の事業変遷史とそこに見られる共通点を論じる。第3節では第2節での検討を踏まえて，戦後期のイノベーションの契機・種類・要因を整理し，第4節では中小企業のイノベーションで大きな役割を果たす経営者の言説を取り上げ，第5節ではこれからのポジショニングについて3視点から現状を評価し，第6節では本章で明らかになった内容をまとめる。

第2節　戦後大阪の中小繊維アパレル企業史
――変遷の事例と共通点――

1　協同組合関西ファッション連合に合流した3つの流れ

本章を性格付けることになる調査対象企業の系譜を見ておこう。2007年4月1日協同組合関西ファッション連合が設立され，表4－1に見るように3つの流れが合流した[4]。1882年設立の莫大小同業仲間[5]の流れ，1884年設立の大阪呉服商組合の流れ，1923年設立の大阪子供服卸商組合の流れである。つまり，メリヤス（ニット）と織物の問屋卸商の流れであり，婦人子供服の卸商・メーカー

表4－1　関西ファッション連合に合流した3つの流れ（各組織の設立年等）

①第1の流れ		
	1882年9月	大阪4区の莫大小同業仲間
	1901年2月	大阪莫大小タオル同業組合
	1947年10月	莫大小卸商協会
	1950年9月	大阪メリヤス卸商組合
	1962年4月	大阪メリヤス卸商業組合
	1973年5月	大阪ニット卸商業組合に名称変更
②第2の流れ		
	1884年2月	大阪呉服商組合
	1905年8月	大阪織物同業組合
	1965年4月	大阪織物卸商業組合
③第3の流れ		
	1921年1月	大阪子供服卸商組合（発起人会設立）
	1923年1月	大阪子供服卸商組合
	1951年8月	協同組合大阪婦人子供服同業会
	1959年10月	大阪婦人子供服乳児服工業組合
	1999年4月	大阪アパレル協同組合

出所：関西ファッション連合の資料より作成。一部修正加筆，表記変更をした。

表4—2　取扱品目別組合員企業数（2014年6月12日作成）

レディース	257	(44)
インナー	73	(13)
テキスタイル	59	(10)
子供ベビー	36	(6)
和装	36	(6)
その他	29	(5)
メンズ	25	(4)
リビング	19	(3)
雑貨	13	(2)
スポーツ	11	(2)
ユニフォーム	6	(1)
商社	5	(1)
レッグニット	4	(1)
計	583	(100)

出所：関西ファッション連合提供。

表4—3　組合員の規模別分布（2015年3月5日現在）

年売上げ額規模	組合員企業	
規模クラス1　「～1億円」	77	(13)
規模クラス2　「1～5億円」	182	(31)
規模クラス3　「5～10億円」	99	(17)
規模クラス4　「10～50億円」	141	(24)
規模クラス5　「50～100億円」	28	(5)
規模クラス6　「100～300億円」	31	(5)
規模クラス7　「300億円～」	23	(4)
合計	581	(100)

出所：関西ファッション連合提供。

の流れである。大阪のアパレル産業を牽引してきた紳士服業界は合流しなかった[6]。

　現在の組合員企業の性格は，以下の通りである。取扱製品種類では，圧倒的に婦人服が多い（**表4—2**）。売上高では，小規模企業の数が多い（**表4—3**）。

表4—4 創業時期別企業数の分布（2015年2月13日現在）

	組合員企業
1期「～1940年」	83 （16）
2期「1941～45年」	5 （1）
3期「1946～55年」	80 （15）
4期「1956～60年」	19 （3）
5期「1961～70年」	42 （8）
6期「1971～80年」	67 （12）
7期「1981～90年」	66 （13）
8期「1991年～」	158 （30）
合計	520 （100）

出所：関西ファッション連合提供。ただし，創業年が判明している企業のみ。

表4—5 インタビュー企業の分類（横軸：創業時期，縦軸：出自分野）

	～1940	1941～45	1945～55	1956～60	1960～70	1971～80	1981～90	1991～
呉服問屋	2							
莫大小	2							
服飾副資材	2							
服地・生地問屋			2	1	1			
雑貨小間物			1					
衣料品店			1					
衣服輸入商					1			
異業種								1
綿織物卸商	1							
毛織物染色整理	1							
雑貨商・輸出	1							
衣服生産	1					1		

出所：著者作成。

設立年代では，高度経済成長期以前の企業が多いが，いわゆる「失われた20年」の時期である1990年代初め以降に設立された企業も多い（表4—4）。

2 中小繊維アパレル企業の変遷史

インタビューした企業は多様であるが，創業面では2つに分けられる（表4—

表4－6　事業展開の2類型とその細分化

型と初発業種	企業	変化の内容
a) 業種変遷展開型		
呉服問屋発	A社	呉服，服地，衣服，中国
雑貨商・輸出商発	B	輸出，生産，卸，量販向け，中国
副資材	C	裏地，表地，衣服，手芸，生地輸出
小間物商発	D	小間物，靴下，水着，サーフィン向，ゴルフ向
古着寝具小売店発	E	小売，卸，ブランド導入，自社生産，SPA，M&A
服地問屋発	F	生地，洋服，量販，百貨店，自社ブランド，SPA
同上	G	生地，洋服，問屋，百貨店，SPA，海外
同上	H	生地，中国，衣服，自社ブランド，SPA，M&A
輸入衣料品卸商発	I	輸入卸，製造卸，SPA
非衣料品OEM発	J	非衣料，非衣料通販，衣料通販，ブランド政策
b) 同一業種内変遷型		
呉服問屋発	K	和装生地，寝装寝具生地，カジュアル生地，原宿，ニット生地，SPA向け，海外
綿織物問屋	L	綿織物，中国，特殊加工
毛織物業	M	中国進出，大リストラ，強みに特化
作業服	N	直販，海外生産，製品高度化，ネット対応
メリヤス肌着	O	地方問屋，量販，工場建設，インド・中国，量販
副資材	P	ワンストップショップ，香港・中国
服地コンバータ	Q	生地，キャラクター，コラボ，海外，新事業
ベビー子供服	R	地域一番店，広告，百貨店，海外展開，指名買い

　注）変化の内容の欄には，左から右へ経年順にキーワードのみを記載した。
　　　本文で理解を補って頂きたい。
　　　K社は呉服問屋発ではあるが，戦後一貫して服地問屋であったので，
　　　同一業種内変遷型に入れた。
　　出所：著者作成。

5）。1つは創業時期からの分類である。戦前創業の企業，戦後直後創業の企業，1950年代後半から70年代初めに創業の企業，90年代末創業の企業である。もう1つは出自分野からの分類である。呉服問屋，莫大小企業，服飾副資材企業，服地問屋・生地問屋，雑貨小間物商，衣料品店，ニット製婦人服輸入卸商，異業種企業等々である。2社のみが当初からアパレル事業を営んでいた。

　変遷面では，表4－6のように，業種変遷展開型と同一業種内変遷型に分類

できる。

 以下で見るように，各企業は事業環境のその時々の変化に適応して，企業経営を持続させてきた。その1つひとつが企業にとってはイノベーションであった。以下では，業種変遷展開型企業，同一業種内変遷型企業，変遷を貫く組織文化を創業時期の古い企業の順に紹介しよう。尚，創業地を記していない企業はすべて現在の大阪市内の創業である。

（1）業種変遷展開型企業
 1）呉服問屋発のA社
 ① 祖業が18世紀前半に近江地方で興り，明治初期に大阪店が設置された。合名会社，個人企業をへて，1941年に株式会社となり，83年A（株）として分社化した。売上高146億円（2014年2月期）である。
 ② 戦前は呉服問屋であった[7]。戦後直後様々な事業を経験した後，再び呉服問屋になったが，1950年代初め服地（洋服向け生地のこと）を扱い，後に既製洋服へ参入した（1950年代後半ニットを含む仕入れに始まり1960年代半ば企画[8]販売へ踏み出した。販路としては洋装を扱う呉服店・小間物店に販売，後にスーパーに販売した。1968年ブランディングにも着手し，1982年スーパーとコンセ方式で連携した）。他方で自社生産に乗り出した（まず1970年国内生産，その後1986年中国生産に着手した[9]。順次国内縫製工場は閉鎖された）。2000年代初めグループとしてM&Aで多角化を図った。
 ③ 戦後直後から能力主義・成果配分主義を採用し，ボーナスは自社株投資に回された。衣服の仕入れ販売による同質化の限界に突き当たり，デザイナーを雇いオリジナルを作る・意匠を重視する方向（これは前身企業の戦前からの伝統でもある）へ展開した。1965年から広州交易会に参加していたこともあり中国進出は早く，M&Aの成果も出ている。

 2）雑貨商・輸出商発のB社（再掲）
 ① 1921年雑貨商・輸出商のB1が創業した。1941年縫製工場を設立し，53年に当該工場がB2（株）となる。1948年卸商である（株）B1が復活した。2009年B1社とB2社が合併して，（株）Bが設立された。
 ② 戦前雑貨商として輸出に従事，子供服商でもあった。戦後ワンダーブラウスを生産し輸出と国内販売も行った。自社製品と大手のニット製品を地方問

屋へ販売し，1968年地方の量販店へ販売した。1998年中国生産に着手し（国内工場を削減），99年顧客企業への企画提案機能（ODM）を強化し，新規顧客開拓を行った。2009年のB1社とB2社の統合で製造卸機能（OEM機能）を強化した。

③もの作り，スピード力（短納期）が強みであり，デザイナー・パタンナーを抱えている。時代時代に応じて，商品を変えたり，取引先を変えたりしてきた。地方問屋がうまくいかなくなった時，量販店が傾いた時に変化してきた。

3）裏地専門問屋発のC社

① 1936年の創業である。全国的に見てもトップクラスの裏地専門問屋C1社であったが，1970年代末に経営危機に直面した。1982年に大手商社の影響の下，資本関係を再編しC（株）になった。市場縮小で同業者が消えていく中で，年間売上げが減るも赤字を回避し，無借金経営を続けている。売上げは43億円（2014年3月期）である。

② C1社がC社に再組織された直後にC1社の裏地の取引先1000社を綿織物の表地の売り先として活用したことで，服地コンバーターとなった。2000年代初めに，大手商社と取引があり倒産したアパレル企業の人材と商権を引き継いだ。これにより比較的高級な中高年女性向けのアパレル事業を取り込んだ。2000年代半ばには，大手商社の力を借りて，パッチワーク用のプリント生地の輸出に着手した。その後，アパレル製品のOEM事業を試みたが，最近撤退した。この間にMBO（マネジメント・バイアウト）を実施した。事業内容の構築では，C1社と深い関係を有した大手商社の役割が大きい。

③ 2000年前後からの市場縮小に合わせて，以下の通り，業務組織改善を行った。

2000年代初めに，不良在庫を処分した上で，大阪本社と東京支店で別々に行われていた企画，生産，管理を大阪に一元化した。2000年代半ばのMBOの結果である役員持株制，従業員持株制がモチベーションの向上に大きな役割を果たした。2007年には情報システムの刷新を行い，その後配送業務を大阪府I市内の倉庫に一元化した。

経営面では，基本的なことを1つひとつやってきた。基本に忠実であることが重要である。大きな賭をせず，身の丈にあった投資で少しずつ育てていく。新規事業はものになるのに早くても5年はかかる。

4) 小間物商発の D 社

① 1946 年に創業し，50 年に株式会社になった。その後商号を変更し今日に至る。2013 年 3 月期売上げは 121 億円。

② 小間物商であったが，靴下生産を始め（1970 年代には漫画キャラクター導入），後に海水着を生産し輸出した（後に国内販売[10]，西欧ブランドのリプロダクション）。1969 年以降ライセンス・サブライセンスを導入した（まず水着で，77 年靴下，1980 年頃サーフブランド，90 年代初めゴルフウエアで）。1975 年には国内工場を建設した。後に日本の他企業と合弁で韓国・台湾で生産し，1992 年には中国生産に着手した。2010 年代初め水着周辺ウエアに着手した。

③ ニットの強みを深掘りし，ニットを外さず，商品アイテムを変化させてきた。スーパーが台頭する過程で，地方問屋への販売から小売店への直販に切り替えた。ニット生産技術を有し，同時に外部の企画会社を使いこなす能力も有する。外部の企画会社には頻繁に会って考えを伝える。企画とブランドに投資し，キャラクターブランドやライセンスの導入をしてきた。新事業のための種蒔きをしてきた。中国の工場は商社と組んで立ち上げた。

5) 古着寝具小売商発の E 社

① 1947 年に創業し，50 年に株式会社になり，その後商号を変更し今日に至る。売上高は 114 億円（2015 年 2 月期）である。

② 1947 年古着寝具の小売店として創業し，48 年小売り登録店・50 年総合衣料店になった。1953 年婦人注文服製造小売を，62 年婦人既製服製造小売を始めた。1967 年婦人高級既製服製造卸売（専門店，百貨店向け販売へ）を開始した。1972 年ライセンス・サブライセンスを導入し，技術提携をした。1992 年には直営工場を建設し，2007 年には SPA 事業に着手し，M&A も実行した。

③ 1961 年発足のプレタポルテ経営研究会に参加した。1964 年にはパリ視察をした。当初から高品質なもの作りにこだわり，量販店を販売対象にしなかった。海外技術提携により，ヨーロッパの進んだもの作りの技術（素材，デザイン，色目）を学んだ。素材選び，縫製の良さ，優れた工場との関係が強みとなっている。百貨店から「これをやらないか」と声がかかることが多かった。都心の大型百貨店で売れていると地方の百貨店に入りやすかった。

6）服地問屋発のF社

① 1949年株式会社として設立された。その後商号変更をへて，2011年（株）F1と経営統合し（株）F2になった。F2社の2015年2月期の連結売上高は1808億円である。

② プリント[11]が主な婦人服地問屋として設立，問屋向けに販売した。1961年ブラウス製品分野に進出し，64年新設の東京店では初めから既製洋服を担い，問屋を通さず量販店へ販売した[12]。後に専門店へ販売した。1977年自社ブランドを立ち上げ，79年に百貨店で展開した（ショップ・イン・ショップで小売へ進出[13]）。その後自社ブランドとライセンスブランドを展開した。1987年本社機能を東京へ移管，94年POSシステムを導入した。1995年祖業である生地卸事業から撤退し，アパレル事業でショッピングセンターへ展開，2001年アパレル卸から撤退＝SPA化し，他方で台湾・香港へ進出，03年には雑貨ブランドを立ち上げた。2011年F1社と経営統合し，14年組織を大再編し，M&Aの時代に突入した。

③ 1963年在阪の専門商社に誘われた西欧視察で，アパレル時代の到来と首都のパワーを実感した。先読みがことごとく時代の変化に合致していた好例である。新事業への着手では，外部とのネットワーク（人との出会い）が要所要所で役割を果たしていた（他人の協力を得る）。（株）オンワード樫山が目標であり，同社についていった[14]。I百貨店との結びつきが強固である。経営軸は「左手に感性と右手にそろばん」であり，感性は一方をデザイナー，他方をMDとするスペクトルであり，そろばんは管理会計の導入であり，一方の分権（独立採算）と他方の集権（全社的判断）とのバランスである。大規模化への対応として明確で分かりやすい。

7）婦人服地問屋発のG社

① 1958年婦人服地問屋G1（株）が設立され，当初は化繊[15]で参入した。イージーオーダーと既製服を合わせて1976年G2（株）が設立され，85年アパレル部門の再構築のため（株）Gが設立された。その後商号が変更され今日に至る。売上高は169億円（2014年8月期）であった。

② 生地商として出発した（主力は百貨店で切り売り，鐘紡と直取引した[16]）。1960年にイージーオーダーを始め，63年婦人既製服へ進出した（縫製は外注，地方問屋経由で専門店向け，百貨店向けに販売）。1985年百貨店向けをなくし，

専門店向け販売（地方問屋経由）に注力したが，限界を感じ1998年事業変革に着手し，縫製検品は商社に委託，在庫・顧客管理に集中した。専門店向け（地方問屋経由）を減らし，消化仕入れで百貨店向けへ傾注し，同年本格的に小売事業へも進出した。2001年には海外小売事業へ着手した。2011年素材開発のため（株）G3を設立した。

③ 生地商として川上の1次問屋や特約店を目指さず，川下である小売りを目指した点は，当時の同業者の指向パターンとは逆方向であった。初期より百貨店や大手紡績企業との強い結びつきが特徴であった。百貨店頭に女子従業員を派遣し，生地の売れ筋情報を把握，仕入れに活用した。イタリアのコモのプリント柄を購入し，大手紡績企業に提案した。既製服への着手は，百貨店側からの誘いがきっかけであった。1990年代末の転換のプロセスでは同業の先輩経営者に教えてもらった。その経験からカネを持つよりも尋ねれば教えてくれる人を持つことが重要と考えている。事業転換では，商社の力を借りて業務（機能）を絞り込んだ。提携やインフォーマルな接触で外部に知恵を求める。これは個性的な自社企画商品の開発にも活かされた。生地商であった当初と同様に最近も従業員教育を重視している。

8）服地問屋発のH社[17]

① 1955年創業者が親戚の経営する大阪の服地問屋に入社した。1966年Hとして独立創業し，72年H（株）を設立し，その後商号を変更し今日に至っている。売上高は150億円（2013年度）である。

② 生地商として出発した（綿布から1980年代半ば化合繊生地へ）。1995年中国展開を開始した（まずOEM縫製，のちに生地生産・販売）。2000年積極的なリアルタイム情報システム化投資を行い，東京へ本格進出した。2003年子供服ブランド事業・SPA事業に着手した。2000年代半ばにグローバル化（国産生地で，2006年には子供服で）を推進した。2006年婦人服ブランド・SPA事業に着手した。

③ 経営近代化のために外部ブレーン（コンサルタント）を活用した。情報化投資で他社に先んじ，生地の多さと少量対応・即納で強みを持つ。中小アパレル企業には便利な企業となっている。生地の強みを背景に持つアパレルの自社ブランド事業も展開している。

9）輸入衣料品卸商発の I 社

① 1968 年（株）I が設立された。連結売上高は 104 億円（2014 年 3 月期）である。

② まずミラノ，ローマの市中で売られていたニット製品の輸入卸，専門店向け販売を手がけた。1980 年ニット製品の自社企画卸を開始し（生産は商社を介して産地メーカーとコラボレーション）[18]，百貨店向けに販売した。1997 年商品の対象年齢を下げて，東京の駅ビル内でヤング市場を対象に小売事業へ進出した。1998 年香港法人を設立し，当初欧米向け輸出を手がけ，2004 年から中国内販に本格的着手した。ネット販売にも参入した。

③ イタリアのニット製品にいち速く注目した。メリヤス肌着由来の日本の硬めなニットとは異なる，ふわっとした「空気を編む」技術を導入し，ニットで日本一を自負，刺繍にも強い。もの作りを社内に残しており，デザイナーを中途で採用するだけでなく，新卒から育てる。生き残るにも成長するにも変わる必要があり，変化対応業であることを強調している。

10）非衣料品 OEM 発の J 社

① 1998 年大阪府 M 市内で J（株）が設立された。その後商号が変更され今日に至っている。連結売上高は 65 億円（2014 年 9 月期）である。

② 非ファッション系商品[19] の OEM 事業で創業した。2003 年のサーズの流行で事業が頓挫し同年に非ファッション系商品[20] のネット販売に着手した。これも 2006 年の薬事法改正を受けて変更を迫られ，ネット商材を転換しそのうちの 1 つが靴であった。靴に合う衣服を顧客の要望に応じてネット販売した。このビジネスモデルがベンチャーキャピタルに注目され，資金調達に成功した。ファッション雑誌にブランディング広告を出稿した。その結果，認知度が向上し商品調達が容易になり，経営が拡大した。2013 年東京証券取引所マザーズに上場した。2014 年にはリアル店舗を出店し，現在ネット店舗とリアル店舗の融合，SNS の活用へと展開している。

③ サーズや薬事法の改正を機に取扱商品を転換した。その際，積極的な異業種交流が新事業探しで大きな役割を果たした。事業拡大ではきっかけ（業界紙や信用調査会社の紹介記事）が大事であった。新方向への踏み出しの際には，人との巡り合いがすべてであった。当初のネット販売のためのアパレル調達では，大阪市内の業界団体の協力を得た。事業内容はエンターテイメントというコンセプトで一貫している。

（2）同一業種内変遷型企業

1）呉服問屋発服地問屋の K 社

① 江戸時代末期に名古屋で呉服問屋として創業した。1906年合名会社となり，同年大阪支店が設置された。1940年株式会社になり，その後商号が変更され，2001年 K（株）として独立した。売上高は832億円（2014年1月期）である。

② 戦後綿主体の浴衣など和服生地プリントから寝装寝具生地プリント（パジャマ用）へ移った。1960年代半ばになると量販店向け衣料用生地／カジュアルな子供服向け生地を供給し，70年代後半カットソー生地，カジュアル向け生地，DC向けや原宿向け生地[21]を供給した。1980年代東京都内のニット産地である墨田地域を開拓した。また全社挙げての総合展示会を開始した[22]。ヨーロッパの展示会でマーケットリサーチを行い，企画部隊も設置した。これにより商材がレベルアップした。1990年代販路を徐々に転換し，SPA向け生地を供給した。ユーザーであるアパレル企業が縫製機能を海外へ移転させるに伴い，2000年代海外市場へ進出し，2010年組織の大改革に着手した。

③ 1964年に社内の競争的組織である課別独立採算制を構築した。営業員は顧客の下に行き，ニーズを聞いてこれを生地に具現化した。つまり生地を売る人と生地を買う人が同じであった（製販一体）[23]。PDCAサイクルで企画の精度を上げる一方で，生地ストックを積むリスク戦略を採用し，アパレル企業には便利な存在となっている。DC向け生地，原宿向け生地の提供でスキルアップした。海外の展示会から学習もした。時代の動きにうまく対応してきた好例といえる。「変遷してきたから今がある。ファッションの括りの中で生きることを決めた以上，挑戦の中でしか生き残れない。変わり続けることができるかが，生きていけるかに関わる要素だ」。価格競争はしない。

2）綿織物問屋発の L 社

① 1890年の創業であり，継続して綿主体の織物を扱ってきた。1907年合名会社に，32年株式会社になった。戦前戦後に，別会社で機屋や染工場も経営していた。最近の年売上げは15〜20億円であった。

② 従来のビジネスモデルが行き詰まり，打開の必要に直面した。大きな変化としては2点強調された。中国でのもの作りと生地の特殊加工である。

中国でのもの作りは，国内でワーキングウエア向けの主力生地が売れなくなったことへの対応であった（1986年と早かった）。中国での，自社の生地を用い

たOEM製品作りと日本への持ち帰りであった。現地企業との取り組みでスタートし，後に1997年品質と納期の関係で独資工場を立ち上げた。独資の立ち上げから管理運営については，日本への留学経験のある中国人女性の貢献が大きかった。中国での生産内容では，当初の縫製品服種からカジュアルウエアへの拡大を経験した。

カジュアル向けの特殊な生地加工に踏み出したのは，それまでの安くボリュームのある生地売りに将来を託せなくなったことによる。2000年頃にこうした展開が始まった。綿を主体に，国内で特殊加工された生地を販売するために，社内展示場を拡大整備し，1反から販売するインターネット通販も始めた。

③ 綿を中心とする生地を軸に経営している。強みである生地で展開している。インタビュー時には「ラッキーであったのは……」との言葉が幾度か使われた。この言葉は，後に大きく貢献することになる人との出会いや，経営判断のタイミングの良さに言及する際に用いられた。下からの提案や他社の動きを見ながら何をするかを決める。

3）毛織物業のM社

1917年現在の大阪府I市内に周辺の毛織物業者に染色整理機能[24]を提供するために毛織物業者らが協力してM1合資会社を設立した。1934年にはM合資会社として製織をも兼営するに至り，51年にM（株）になった。100年近い歴史を有する同社は3回のイノベーションを経験した。戦前期のイノベーション（第1次イノベーション），戦後の高度成長期からバブル期前までのイノベーション（第2次イノベーション），2000年代半ばからのイノベーション（第3次イノベーション）である。

第1次と第2次のイノベーションは，技術導入・製品開発を中心に行われた。外国からの機械の導入，海外への拡大であり，第3次のそれとは異なっていた。バブル崩壊後の価格破壊と市場縮小，グローバル化への対応が第3次イノベーションであった。これは，1995年の中国への工場進出とこれ以降約10年間続いた国内事業の大リストラ（工場閉鎖と人員削減）の後に行われた。このリストラで売上げは，10年間に150億円から30億円まで8割減少した。

第3次イノベーションは，経営理念，使命（ミッション）の策定，自社の強みの確認を踏まえて，これを紡毛糸を出発点とする一貫したもの（テキスタイル）作りで実行しようとするものであった。業界を問わず生き残っている企業から

共通項を学び，他方で与件の下，製品と加工では日本のみで可能なニッチなオンリーワン製品を追求しかつブランディングを行い，計数管理とマルチ人材の育成を重視している。第3次イノベーションを主導した現社長は，目新しいものは何もなく当たり前のことをしているだけというが，結果が伴ったことで従業員に受け入れられた。

4）作業服のN社

1929年に創業し，ニッカーボッカー等の親方向け装束や乗馬ズボンを製造した。1963年に株式会社になった。一貫して企業向けにユニフォームを製造直販してきた。直販とは，百貨店や問屋を通さずにユーザーに直接販売するということである。

同社の特徴は以下の5点にまとめることができる。① ② ③ ④ は変遷を反映している。

① 大阪市内の港湾や工場のある地区で創業し，そこで「働く人たち」に直接販売することで，ユーザーと緊密な関係を築いてきた。ユーザーの要求が問屋や百貨店を介さずに直接入ることの意義は大きい。

② 殊に縫製コスト削減に関わっては，1968年に在阪商社のルートで中国に進出し，87年には別の在阪商社のルートでベトナムに進出した。自家工場ではなく，提携工場形式の進出であったが，中国・ベトナムに関係を有する在阪商社の協力を得られたことで，他企業に比べて早期の進出が可能となった。海外進出は，紡績企業と商社に追随しながら行っている。フットルースたろうとして自社工場は持たず，提携工場の育成と活用形式を採っている。

③ ユニフォームは，細分化が進むと同時に，価格訴求性に加えて別注かつ継続的対応と高機能性，さらにグリーン調達絡みで地球環境への配慮が求められている。これらに対応するために，商品企画に際しては，ユーザーとの綿密な打合せ，機能性を左右する素材メーカーとの打合せ，染色加工面での厳しい品質管理を行ってきている。また，環境対応ではカーボンオフセットとリサイクルの仕組みを組み込んできた。

④ 近時の販売では，訪問販売に加えて，インターネット対応をしている。ここでは，米国でMBAを取得した後継者の，米国での経験（鮮魚のネット販売）が役立っている。ユニホーム販売では，1点対応と即納が求められるからである。

⑤ 代表取締役の長い滞米経験（国際的視野）が商品戦略面で学習効果を発揮

している。
　需要，紡績企業・商社の活用から窺われる大阪的好条件，ICT 技術の活用経験と米国での市場学習という固有条件を同社の特徴として挙げることができる。

5）メリヤス肌着の O 社
① 1930 年メリヤス肌着の製造卸として創業した。1958 年株式会社になり，2006 年繊維事業を担う（株）O が設立された。
② 戦後地方問屋と取引し，1969 年量販店と取引開始した。1970 年代国内自社工場を次々建設した。1987 年インドに工場を建設し，国内工場を整理した。1997 年には中国に工場を建設し（ここではスポーツ系アウターにも進出したが，後に撤退），国内工場を整理した。中国生産をきっかけに当時の伸び盛りの低価格カジュアルウエアの専門店チェーンと取引を開始した。ほぼ同時期に量販店の経営困難が露呈し，地域密着型量販店との取引を開拓した。2006 年繊維事業を分社化し，2010 年頃インナーへ回帰集中した。
③ 1969 年開始の量販店との取引で工場を作り大きくなった。肌着のみで，一時はグンゼ（株）に次ぐ地位を占めた。インド進出には在阪商社が関係し，中国進出には別の在阪商社と紡績企業が関係していた。強みは，他社に比べて少しだけ提案が早いこと，あきらめないことである。

6）副資材の P 社
① 1934 年に創業し，ボタンの輸出に従事していた。戦後国内販売に着手し，48 年株式会社になり，その後商号を変更して今日に至る。主に服飾副資材関連の，工場を持たない問屋事業を営んでいる[25]。年間売上げは 252 億円（平成 26 年 5 月期）である。
② 今回のインタビューでは，以下の 2 点について確認した。両者ともに，昭和 30 年代の国内販売の拡張を経た後の，1970 年代に始まる動きである。
　1 つは，関連する他業種の企業を巻き込んだ，ホームソーイング向けのワンストップショップの開設である。これは，消費者が衣服を自分で作ろうとすると様々な材料を別々の専門店で買い揃えなければならない不便さを解消するための仕組みである。米国のシンガーミシンから学び，1973 年 P 社も日本のミシンメーカーと組んで着手した[26]。この過程で，P 社自体も副資材だけでなく綿織物（表地）を扱うようになり，事業領域を広げた。こうしたワンストップ

化は，後の手芸やアパレル縫製業者への関連副資材の一括（セット）納入に生かされることになる。また，各ショップへのデリバリーシステムは後にコンピュータシステム化によって効率的な在庫管理システムの構築に繋がった（2000年）。他方で，商品（＝資材）開発を顧客とのコミュニケーションを通じて行い，1998年商品（＝取扱資材）別事業部制であった組織を取引先各社のブランド毎のチーム制にして顧客対応を軸とした組織に改編した。これにより顧客と40万アイテムの提供資材が円滑に対応している。

もう1つは，対香港・対中国事業の展開である。まず1972年の合弁による香港進出では，日本から輸出して香港のOEM縫製工場へ納入し，縫製品は欧米へ輸出された。1985年には第1回 国際服装副資材展示会（北京）に出展し，翌86年に中国室を設置，国営公司向けに輸出している。その際中国人脈が寄与した。その後，1993年に上海に進出した。品質レベルとしては中高級品狙いであり，価格競争を回避している。債権回収も日本国内以上にうまくいっている。

③ 米国からビジネスモデルを学習し日本で実践した。欧米の主に百貨店のソーイング売場をみて学習してきた。対香港・対中国事業にいち速く着手し，中高級品で地歩を固めた。中国人脈を活用した。

7）生地問屋のQ社

① 1948年生地問屋としてQ（株）が設立され，その後商号の変更を経て今日に至る。2011年度の売上高は45億円である。

② スフ[27]生地の取り扱いで創業し，短繊維生地のプリント中心の企業である。浴衣や子供服向けのプリント生地が出発であり，この流れは1970年代後半にはテレビに登場したキャラクターの取り込みや，1980年代に外部のキャラクターデザイナーや2000，2010年代にテキスタイルデザイナー，絵本作家とのコラボレーションに繋がっている。2006年より本隊のテーストとは全く異なる新事業展開を代官山（東京）にあるアンテナショップで行っており，評価を確立し本隊への好影響も見られる。意匠力があり，国内外の膨大なプリントデザインデータを有しており，外部にも公開している。もの作りでは国内の染色業者との結びつきが重要となっている。

海外のいくつもの素材展への出展や1970年代よりヨーロッパ市場調査のために人材を積極的に派遣するなど，将来に向けた種蒔き（海外で通用する人材の育成）を行っている。1989年に市場調査のため香港駐在を配置し，90，2000

年代には香港,中国展開を行った。日本の機能性素材を使用するアパレル OEM 事業も中国大連にある合弁企業（1993 年設立）で行っているが,これは取引先であった国内の染色業者の大連進出絡みの展開である。

③ 生地のテイストが絞り込まれており分かりやすい。外部のクリエーターとのつながりがポイントである。海外展示会への出展効果は高い。

8）ベビー子供服の R 社（再掲）

① 1971 年大阪府 Y 市内でベビー子供服の製造卸として創業した[28]。1978 年株式会社になった。売上高は 243 億円である（2014 年 2 月期）。

② 商店街の地域一番店に絞って子供服を卸売りし[29],高品質とスピード納品で競争優位に立った。1978 年ラフォーレ原宿に出店し,79 年 *New York Times* 紙で紹介された。1980 年 JAL・全日空機内誌・新幹線グリーン車内で広告戦略を展開し,83 年テレビドラマにスポンサー広告を出した。1987 年パリに出店した。1992 年本社ビルを建設した。大規模小売店舗法廃止で売り先を地域一番店から百貨店へシフトした。2010 年上海万博日本産業館に出展し,13 年には英国のハロッズ百貨店に出店し,モスクワにも出店した。2014,15 年にはインバウンド需要で指名買いが注目された。

③ 創業に際し,縫製スキルを有する内職作業者の確保には苦労しなかった。綿 100％で高品質の商品,トータルコーディネート提案[30],一貫したハイエンド狙いが特徴である。日本製である（自社工場は持たず）高品質のもの作りのために,高品質の生地を使い,1 枚ずつ検品した。広告でイメージ作りを行い,ブランディングを重視し売り場を精選した。ブランドを展開するために,本社ビルを建てた。本社がプレハブでは海外の取引先は信用してくれない。2010 年開催の上海万博日本産業館出展はかなりの効果があった。2014,15 年のインバウンド需要（"爆買"＝指名買い）で発揮された。売上げを上げずに,付加価値を上げる。同社は地域一番店から百貨店への売り先の転換では苦労した。当時急拡大していたショッピングセンターでは価格帯が合わなかった。

（3）変遷を貫く組織文化

S 社以外の企業については上述の事例紹介内で部分的に言及しているが,S 社は初出であるので,まず同社の変化を貫く組織文化を取り上げる。その後に S 社以外の企業について取り上げよう[31]。

1）メリヤス問屋のS社

1933年に創業し，46年に株式会社になった。戦前戦後とも問屋制工業であり，売上げは102～103億円である。

聞き取りでは，時代に対応して変化し今日に至っていることの確認はできたが，具体的な変遷については確認できなかった。他方で企業の永続性に関わる要因については聞き取りができた。会社は変わっても方針あるいは芯は変えない点に関わっている。この点を紹介しよう。

① 時代への対応をしてきた。毎日最適なことをやってきた。その中で次が見えてくる。無理はしない。変化は必要であるが，それほど簡単に変化できるものでもない。

② 商いでは信頼が第1である。自社にとって短期的にみて有利であっても，売り先（顧客）にとって不利になる場合には，取引はしない。売り先にとって短期的に有利であっても，長期的にみて不利になる場合は，取引はしない。いずれも売り先本位ということである。

③ 競争力の源は経費率の引き下げであり，利益の源は商品の売り切り（在庫をできるだけ少なくすること）である。

④ データと記録（「反省帳」と呼んでいる）に基づく経営を実践してきた。昭和30年代から顧客からの受注データを蓄積してきたこと，反省帳をつけて体験を見える化したこと，毎月の決算書を作り，現況と課題の共有を図ったことを挙げている。

⑤ 1960年代半ば，多くのメリヤス卸がアウター化するなかで，将来の競争激化を見越して，特徴のある糸メーカーとの関係を構築した。

⑥ 5つの約束をあげた。「いいところをみよう」「明るくしよう」「前を見よう」「自信を持とう」「有り難うを言おう」である。前向きの雰囲気の良い社風作りと言える。

2）S社以外の前出各社の変遷を貫く組織文化

H社とK社は「（ユーザーにしてみれば）便利屋である」。

I社とK社は「（社業を）変化対応業だ」と定義した。

J社の変遷史は「エンターテイメントで一貫している」。

K社では「（社内で情報を共有するために）立ち話をしなさい，コストを売るのではなく，商品にこだわれと言われてきた」。

L社は「企業規模は大きくはしないが，内容は変化してきた。分相応な枠内で積極的に対応してきた。無理せずにやってきた」。C社も「大きな賭をせず，身の丈にあった投資で少しずつ育てていく」方針を採っている。

O社は「粘り強い，（取引先には）できないと言わない」。

R社は「一貫して高品質なもの作り，広告の活用，売場へのこだわり」を持つ。

（4）まとめ

各社の変化時に絞って強調点をまとめると表4—7のようになる。企業毎に多様であるが，事業環境の変化に対応してきた点では一致している。但し，全ての企業が「素早く対応した」わけではなかった。周囲の動きを慎重に見極め，集積のメリットを活かしながら着実に対応した企業もある。

3　変遷史にみる共通点

以上の事例は，大阪の特徴である多様性を示していたが，そこに見られた2社以上の間での共通点を整理しよう（表4—8）。全体の共通点ではなく，あくまでも数社の間での共通点である。それゆえ他企業にとって学習する価値がある。1つの企業は複数の切り口で整理できる。変化，経営上の諸側面，外部の活用に分けて見よう。

（1）変　化

大きな変化を経験した時期としては，1960年代と90年代を指摘できる。いずれも流通経路が大きく変わった時期であった。1960年代はスーパー，量販店が登場し拡大する時期であった。1990年代は流通の規制緩和が進み，それまでの量販店，専門店，百貨店が大きな困難に直面した時期であった。企業の中には，見事な変化の連続を体現した企業があった（F社，K社）。F社とP社はベンチマークを設定し参照しつつも，独自的フォロアーであった。模倣を一概に否定しない企業もあった（I社，J社）。また，特定の時期に危機に直面し経営管理方法の大転換を行った企業もあった（G社，K社，M社）。

変化の具体例であった中国への進出（A社，B社，O社，P社），新規事業への進出の際，企業は偶然がもたらす幸運（セレンディピティ）を我が物にしてきた（A社，L社，P社）。

表4―7　各事例のポイント整理

【業種変遷展開型企業】
A社　日本の企業で最初の中国合弁，県庁へのアクセス（チャンスを取りに行く）
B社　服種を変え取引先を変えてきた，卸機能と生産機能
C社　既存の流通経路に流すものを変えた，事業追加で総合商社の協力あり
D社　ニットの強みを掘り下げた，種蒔き，企画力（自社と外部活用力）
E社　高品質なもの作りへのこだわり，量販を相手にせず
F社　先読みがことごとく時代にマッチ，運と決断，外部資源との出会い，感性とそろばん
G社　転換に直面し，外部の経験を学習，機能の絞り込みと売り先の転換
H社　外部ブレーン，情報化投資で先手，中小顧客にとって便利な存在，生地をベースにもつアパレル事業
I社　イタリアニットにいち早く注目，日本一の独特なニット技術
J社　何度も転換を経験，積極的異業種交流でチャンスを見つける（種探し）

【同一業種内変遷型企業】
K社　独自の社内競争方式，わがままな取引先の要求に応える，海外からの学習，便利屋になる
L社　危機に際し，中国へ，綿布加工へのこだわり（強みをベースに）
M社　危機に際し原点を見える化，ニッチオンリーワン，他社から学び，強みを磨く
N社　製品は地味だがユーザーの高度な要求に応えるために他社と協業，独自な人材
O社　時代の変化に対応するも，商品種類は変えない，少しだけ提案が早い
P社　米国から学習したビジネスモデルを時代に合わせて応用，経営者の人脈
Q社　独自のコンバーティング，新テースト事業，意匠力と人材育成（先行投資）
R社　売り先の転換に時間をかけた

【変遷を貫く経営方針】
H社とK社　便利屋になる
I社とK社　変化対応業
J社　エンターテイメントで一貫している
K社　立ち話をしなさい，コストを売るのではなく商品にこだわれ
L社，C社，S社　分相応な枠内で積極的に対応，無理はしない。
O社　粘り強い，できないと言わない
R社　一貫して高品質なもの作り，広告の活用，売場へのこだわり
S社　日々これ最適，信用第一，経費率の引き下げ，売り切り，データと記録に基づく経営，明るい経営（5つの約束のうちの1つ）

出所：著者作成。

表4—8 変遷史にみる共通点

共通点	企業
見事な変化	F社，K社
ベンチマークに対するフォロアー	F社，P社
模倣と創造性についての考え方	I社，J社
大転換	G社，K社，M社
中国との関係	A社，B社，O社，P社
セレンディピティ	A社，L社，P社
呉服問屋，生地商からアパレル企業へ	A社，F社，G社
生地商のまま，生地商が主	H社，K社，Q社
当たり前のことをする	C社，M社
子供服，子供服地に関与	B社，D社，H社，K社，Q社，R社
新流通経路で拡大	A社，F社，J社，O社
国内生産	A社，E社，G社，I社，O社，R社
中国生産	A社，B社，H社，L社，M社，N社，O社
ユーザーにとって使い勝手の良い企業	H社，K社
価格競争を回避	E社，K社，P社
認知度を高めるための広告活用	J社，R社
当初より高品質路線	E社，R社
アッパーないしミドルアッパー狙い	E社，K社，P社，R社
モチベーションの引き出し方	A社，C社，K社
計数管理に特徴	F社，M社，S社
M&A	A社，E社
身の丈に合ったビジネス	C社，L社，R社
将来に向けた種蒔き	D社，Q社
経営を外部から学ぶ	G社，H社，J社，M社
欧米から学習	D社，I社，K社，P社
キャラクター，外部デザイナーの活用	D社，Q社
事業展開で商社・紡績企業から支援	B社，G社，N社，O社
ブランド導入で百貨店・商社から支援	E社，F社

出所：著者作成。

　変化を体現した企業には，呉服太物問屋，服地・生地問屋からアパレル企業へ転身した企業（A社，F社，G社）や生地問屋のままないし生地問屋が主なままの企業があった（H社，K社，Q社）。これらの企業の場合，身軽で兆しに

敏感であった。当たり前のことをしてきただけとの企業もあった（C社，M社）。

（2）経営上の諸側面

商品の種類としては，服地・生地，ミセス向け婦人服，ベビー子供服，ニットウエアであった[32]。ワーキングユニフォームとスポーツウエアは今回のインタビュー調査では1社のみであった。製品の性格ではOEM製品（B社，Q社），ODM製品（B社，D社），OBM製品，ライセンス製品（E社，F社）が見られた。

流通経路の変化の順番は，地方問屋（とその向こう側にいる衣料品小売店），スーパー・量販店，専門店，百貨店，自社の小売店舗（SPA形態），ショッピングセンター，ネットショップであった。そして大きくはスーパーへ向かった企業と百貨店へ向かった企業に分類できる。企業は新流通経路に乗って拡大した（A社，F社，J社，O社）。

生産機能では，まず国内生産に（A社，E社，G社，I社，O社，R社），次いで中国生産に着手した（A社，B社，D社，H，社，L社，M社，N社，O社）。国内生産の契機としては量販店との大量取引をあげることができる（A社，O社）。低コストを求める中国生産への着手は1980年代半ばから始まっており，問屋が生産機能を内部化した点，すでに内部化している場合には国内の生産機能の縮小を伴った点で重要である（A社，O社）。

リスクテイクでは，服地コンバーターではリスクを取ること（この場合在庫投資のこと）で，ユーザーにとって使い勝手のよい企業となっている（H社，K社）。リスクテイクする一方で，情報収集により企画の精度をあげる努力，顧客とのコミュニケーションで企画を煮詰める努力，販売力の強化も行われている。

価格・非価格対応では，価格低下に積極的に応えようとする企業（中国に生産機能を配置した企業に多い）と価格競争を回避しようとする企業（E社，K社，P社）があった。

ブランディングでは，認知度を高めるための広告活用（J社，R社），当初より高品質路線（E社，R社），アッパーないしミドルアッパー狙いが行われた（E社，K社，P社，R社）。

従業員の動機付けでは，持ち株や能力主義，業績給が見られた（A社，C社，K社）。

計数管理では，商品の動きを数字として把握したり，「感性とそろばん」のキャッチフレーズで管理会計を重視した（F社，M社，S社）。

2000年以降，M&Aが見られた。自社（ないしグループ）にはない商品群や販路を有する企業が買収された（A社，E社）。

企業の永続性と関わっては，無理をしない，身の丈に合ったビジネスを営む，分相応の中での変化が強調された（C社，L社，R社，S社）。他方で将来に向けた種蒔きが行われれた（D社，Q社）。

(3) 外部の活用

学習意欲は高く，経営の方向や戦略を外部から学び（G社，H社，J社，M社），欧米から学び（D社，I社，K社，P社）アレンジして自社のものとしてきた。

外部のデザインソースの活用では，漫画キャラクターを導入したり，外部デザイナーを起用したり（D社，Q社），欧米企業のブランドをライセンス・サブライセンスとして導入したりした（E社，F社）。

海外展開や事業変革に際し，在阪の商社や紡績企業の力を借りた（B社，G社，N社，O社）。海外ブランドの導入では，商社や百貨店からの誘いやアドバイスが出発点となっていた（E社，F社）。

多くの企業が大阪の集積利益の中で生まれ育ち変遷してきた。

第3節　イノベーションの契機と種類と要因

本節では，第2節でみた事業変遷史をイノベーションの契機，種類，要因の3視点から検討しよう。3視点の関連は図4－1にみる通りである。

1　イノベーションの契機——事業環境の変化

前節の検討を踏まえると戦後の事業変遷ないし事業革新や創業[33]の契機としての事業環境の変化は，表4－9に示すように5つの視点に整理できる。これらの5視点は図4－2にみるように供給者たる企業に作用している。戦後70年を10年毎に全7期に分けて各期について事業環境の変化をみよう。

(1) 1945～55年の時期（復興・再建始動期）

1940年代後半に戦後統制から統制撤廃へ移行した[34]。復興は自由な市場取引に委ねられた。もの不足の中，化繊（レーヨン，スフ）が復活し，洋裁学校が激増した。自家洋裁と誂えによる洋装化が始まった。

図4—1　イノベーションの契機，種類，要因

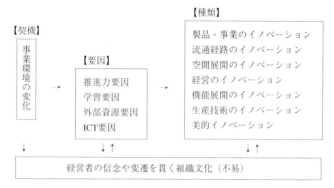

出所：著者作成。

表4—9　関係した事業環境の変化

①経済社会の構造変化	統制撤廃，流通経路の変化，東京集中，人手不足，中国生産による低価格圧力，規制緩和・市場開放，国内市場の縮小，高齢化社会，グローバル化
②技術変化	原糸技術の変化，技術提携・ノウハウ導入，QR，SCM，ICT化
③ブランドの盛衰	西欧ブランドの紹介，ライセンスブランド，DCブランド，インポートブランド，ファストファッションブランド
④競合ないし参照企業の変化	時々の条件に応じた戦略の採用
⑤消費需要の変化	物不足，洋風化，既製服化，大量消費，カジュアル化・ニット化・個性化・多様化，ブランド消費，低価格化，インバウンド需要

注）各行の右側の欄内の各変化は左側から右側へと経時順に並べた。
出所：著者作成。

この時期は復興と洋装の再建始動期と言えよう。

（2）1955〜65年の時期（量的拡大期）

合繊が登場した。洋装は誂えから既製服へと重心を移動させた[35]。百貨店では生地売りや注文洋服から既製洋服への変化が見られた。そのための洋服地市

図4—2 需要(者)と供給(者)に作用する事業環境

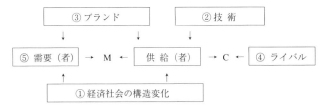

注) M印は市場。C印は競争。枠内の数字は表4—9の数字に同じ。
出所:著者作成。

表4—10 大阪市アパレル卸売業の年間販売額(1966, 76年:構成比と倍率)

	1966年	1976年	1976年÷1966年
洋服(婦人子供服を除く)	22.6	14.3	3.12
婦人・子供服	24.7	62.0	14.64
下着類	48.7	23.7	2.84
合計	100	100	5.83

注) 年数の表記等を変えた。
出所:大阪市経済局編(1979)23頁,表II—2—4 その2より抽出。

場が形成され,呉服店・小間物店が洋装を扱い出した。既製服は地方問屋経由で地方の衣料品店(商店街)へ販売された。経営者の欧米視察が盛んに行われた。

この時期は量的拡大の時期であり,新需要の拡大に対し供給側が対応した。素材,服種の転換,供給者の業種転換が行われた。流通経路の変化はそれほど大きくはなく,同じ経路の中で流れる商品が変わった。

(3) 1965〜75年の時期(量的拡大・質的変化期)

量販店と専門店チェーンが登場し拡大した。デザインによる差別化が始まった。ライフスタイルを提案する雑誌『アンアン』『ノンノ』の影響は大きかった。婦人服市場が急拡大し(表4—10),市場が細分化されジュニア市場・ヤング市場・カジュアルウエア市場が登場した。メリヤスはニットと呼ばれるようになり,

肌着からアウターウエアに拡大した。百貨店は，西欧ブランドとのライセンス提携やインポートからリプロダクションへの拡大を見せた。経営者の欧米視察が引き続き行われた。

新しい流通経路が台頭し拡大した。ライフスタイル提案も始まり，デザインが重視され始めた[36]。

(4) 1975～85年の時期（質的拡大期）

マンションメーカー，ファッションビルが建設された。原宿，渋谷に注目が集まり，DCブランドが登場した。

需要の拡大と質的変化が供給側の行動によって生じた[37]。新流通経路の登場は，成長の機会を生み出した。新ライフスタイルも提案され受け入れられた。DCブランドという従来のナショナルブランドとは異なるブランドが登場した。

(5) 1985～95年の時期（初期調整期Ⅰ）

インポートブランド，特にイタリア製品に注目が集まった。他方，人手不足の解消と低コストを求めて中国への縫製拠点の配置と縫製品の中国からの輸入急増が見られた。バブル崩壊後には価格破壊と製造小売りビジネスモデル（SPA：Specialty Store Retailer of Private Label Apparel）の導入が始まった。

中国製品による調整が始まった。

(6) 1995～2005年の時期（本格調整期Ⅱ）

大規模小売店舗法が廃止された（実質的には94年に廃法）。量販店の経営困難が露呈し，倒産の例も見られた。百貨店も経営困難に直面し，企画調達部門の東京集中が進んだ。SPA，低価格郊外型専門店チェーン，郊外型ショッピングセンター，駅ビルなどの新型小売業態が登場し卸ビジネスが難しくなった。セレクトショップとユニクロ・しまむらが台頭した。ファッションの低価格化指向とリアルクローズ化が進んだ。オンラインネットワークを前提とするQR（SCM）が推進された。2000年前後からインターネットの活用が始まった。

需要が縮小し始める中で，生産地と流通経路で転換が起きた。価格破壊とそれへの対応に象徴される動きである。これを支えていたのは中国での大量生産であり，新しい低価格指向の専門店チェーンの台頭であった。既存業態の不振と新業態・新企業の台頭であり，今日まで至る調整の流れである。

（7）2005〜15年の時期（新対応期）

経営管理のICT化が推進され，インターネットショッピングモール，ネット通販が定着し，オムニチャネル戦略が打ち出された。中国で発生した2005年の反日暴動の結果，チャイナリスクを念頭に置いたチャイナプラスワン戦略が打ち出された。人口減少，少子高齢化による国内市場の縮小の結果，クールジャパン戦略が打ち出され販売のグローバル化指向が顕著になった。他方で海外のグローバルSPAであるファストファッションチェーンが日本進出を開始した。事業戦略の1つとしてM&A戦略が受け入れられ，売りに出される企業と買い取る企業との間でマッチングが行われた。インバウンド需要（いわゆる"爆買"需要）が顕著となり，メイドインジャパン製品への関心が高まった。

需要の低迷のなかで，低価格化は定着し，ファストファッションが海外から参入してきた。さらにネット通販ショップが台頭し，既存の流通経路に打撃を与えた。流通経路のオムニチャネル化とグローバル化，ニュー・メイドインジャパン，M&Aと経営統合が新対応である。

2 イノベーションの種類

事業環境の変化の中でどのようなイノベーションが行われてきたかについて7点見よう[38]。

（1）製品ないし事業のイノベーション

製品内容を変化させ拡充してきた。和装から洋装へ転換し，服種を拡大，例えばブラウス専業から外衣へ，布帛製品からニット製品へ，メリヤス肌着からニット外衣へ，さらには靴・雑貨へ拡大した。また，ライセンスないしサブライセンスを導入して，企画力を向上させ，製品の品質を変化させてきた。

（2）流通経路のイノベーション

商品の流通経路を変化させてきた。地方問屋，衣料品店，百貨店，専門店，自店舗，ネットショップへの変化であった。

（3）空間展開のイノベーション

流通経路では，出張販売から営業所・支店設置とその全国的展開，本社機能の東京移転，先進国や発展途上国への海外拠点の設置の順で空間展開が見られ

た。中国への生産展開は，国内展開の経験を踏まえて行われたが，次第に国内の生産機能に代替した。

(4) 経営のイノベーション

それまでの経営が壁に突き当たり経営の大転換を図った。「経験と勘」ではなく，蓄積された販売データや管理会計に基づく経営を実践した[39]。組織構造の改変も行われた。社内資源の不足を補うM&Aが見られた。

(5) 機能展開のイノベーション

一番分かりやすい事例は，服地問屋の事業転換であった。問屋には企画問屋と仕入れ問屋があった。このうち企画問屋では企画と卸売りは内部で行い，生産は外注に出すのが普通であったが，量販店との取引に入ると，大量受注・大量生産・大量安定納品を行うために，自社工場を建設することになった[40]。さらに後になると自社で小売りも行うようになった。つまり，企画卸機能だけでなく，生産機能，小売り機能を内部化したのである。製造卸売りビジネスモデル（WPA: Wholesaler of Private Label Apparel）から製造小売りビジネスモデル（SPA）への進展であった。

(6) 生産技術のイノベーション

調査対象企業の性格を反映して，生産技術に関わるイノベーションは限られていた。しかし，海外の優れた製品を模倣する過程で，技術を吸収し，地方の産地企業に移植された技術の例があった。例えば，空気を編む技術である。

今回のインタビューの事例としては1社のみであったが，日本でしかできない生産技術を深掘りしている事例があった。しかし，こうした方向性が固まるには長くて厳しいリストラを経る必要があった。

(7) 美的イノベーション

季節が変わる毎に新しさが競われるアパレル産業では小イノベーションが必須であったが，その源泉である美的イノベーションは模倣学習型ないし導入型で行われた[41]。

3 イノベーションの諸要因

　上述したイノベーションを可能にした4つの要因，すなわち推進力要因，学習要因，外部資源要因，情報通信技術要因について見よう[42]。

（1）推進力要因

　経営者力について。「危機感とビジョン[43]に基づくトップのイニシアチブ」（図4－3）。「経営者の判断と牽引力が企業の動向に大きく影響する」。「新しく思い付いたものはないが，同業者にたまたま先んじていた」。

　必要と危機意識について。「必要性と危機感から新しいことをやってきた」。「企業として生き残るために行った結果」。

　従業員間競争システムについて。「能力主義，成果配分方式。能力のある人が，上に立つ。（生え抜きも）中途入社も関係ない。男女も関係ない。入社式で出身学校名も言わなくなった」。「課間で同一顧客をめぐって受注競争をさせた」[44]。

　従業員への動機付けについて。「失敗しても挽回できる」。「大きい相手，難しい相手とやれ（取り組め）と言っている。そこと（取引）できたらどことでも（取引）できる」。「やりたいと言えば，権限のなかでやってみよ」。「創業者的な発想を持てと言っている」。「モチベーションをあげることが鍵だ」。

図4－3　経営者のイニシアチブとイノベーションプロセス

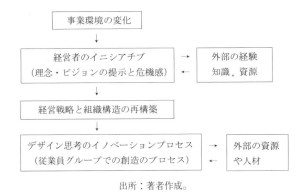

出所：著者作成。

ビジョンと危機感を踏まえた経営者のイニシアティブと従業員の創造性がイノベーションの車の両輪である[45]。

（2）学習要因

企業経営者との交流からの学習について。「人との交流がすべてだ。人との出会いがすべてだ」。「変革のプロセスは人に教えてもらった」。

ベンチマークと見なす同業者からの学習について。当時の「頭抜けたベンチマーク企業（オンワード樫山，レナウン，ナイガイ，福助）を意識しながら自社の立ち位置を測った」。「他社の動向に注視する」。

欧米視察からの学習について。「市場や企業の近未来を予測するお手本として，欧米視察が大きく貢献した」。

多様な学習によって視野を広げることである。

（3）外部資源要因

社外の知の活用について。「経営の近代化を図る上ではコンサルタントが外部ブレーンとして大きな役割を果たした」。「ノウハウを導入するために社外提携はずっとやっている」。

商社の力の借用，糸メーカーとの関係について。「海外進出や海外視察，ライセンス契約には商社の力を借りた」。「海外ブランドの導入では総合商社の力を借りた」。「商社がアパレル企業に海外のこんなブランドをやりませんかと紹介してきた」。商社は地元大阪の企業である。「商品開発では糸メーカーの協力が力となった」。

百貨店側からのアドバイスについて。「海外ブランドのライセンス導入の際には，百貨店から（同店が）扱いたいブランドを（やってみないかと）紹介してきた」。

人脈や偶然の出会いについて。人との個人的な繋がりが大きな役割を果たす場合もあれば，偶然の出会いがその後事業展開に大きな役割を果たす場合もある。後者の場合，次に繋がる出会いである。外部の人とのネットワークが要所要所で役割を果たした。

実際の事業展開は自前主義では不可能である。結果的には外部資源依存型イノベーションが行われた。当初は地元の産業集積依存型が多かったが，次第に産業集積非依存型も見られるようになった。社内資源に制約の多い中小企業ゆえの外部資源依存型イノベーションである。

（4）情報通信技術要因

新技術，特に ICT の活用について。データ分析の下，販売管理，在庫管理，生産管理，商品計画でウェブ EDI（ICT 活用）が大きな役割を果たした。

インターネットショッピングモールへの出店や，自社のウェブサイトでのネット販売，リアル店舗とインターネットとの融合（オムニチャネル戦略）が始まった。

遠距離会議や遠距離研修に ICT を活用している。

ICT は経営全体のイノベーションと個別各部門のイノベーションにとって不可欠なプラットフォームとなった。

第4節　中小企業経営者の言説

中小企業におけるイノベーションの推進では，経営者の果たす役割が圧倒的に大きい[46]。そこで，インタビュー時に印象に残った経営者の言説を7つに分けて紹介しよう[47]。

1　信念と変化

（1）信念について

「信念をもってやらないと無理だ。詰め将棋のように詰めていく」。「もの作りはこだわりだ。とことんこだわって作る」。「ある程度できたら，そこを深掘りだ。1つのアイテムを思いっきり追求する」。「（メリヤス肌着の）専業で行こう」。一見すると変化とは矛盾する言説ではあるが，変化変遷を通底する不易と言えよう（図4－1）。

（2）変化について

「変わっていかないと生き残れない。（社業は）変化対応業だ」。「変わり続けることができるかが，生きていけるかに関わる要素だ」。「一旦止まったら会社は終わりだ」。「ファッションの括りの中で生きることを決めた以上，挑戦の中でしか生き残れない」。「仕事に人を貼りつけるのではなく，人に仕事を貼り付ける。こうすれば仕事の内容は変わって行く」。「変化を起こそうとすると必ず反対がある」。「今は変わる時期」。「5年前ファッションで上場するとは夢にも思わなかった」。「（消費者が）何を欲しているかがポイントだ。ユニクロがブー

ムを作っている」。

2　商品力，企画力，ブランド力，模倣と創造，時間

（1）商品力について

「コストを売るのではない，商品にこだわれ」。「アウターウエアだけでは（事業として）つらい。服飾雑貨も手がける」。「売上げを上げずに，付加価値を高める」。

（2）企画力，ブランド力について

「利幅のある商品を揃えるためには，企画力とブランド力だ」。「生き残りには，ブランド力と企画力だ」。「会社が残っているのは，企画力に対する投資をやってきたからだ」。「商品開発では，納品先とのコミュニケーションが大事」。「製品開発では現場の要求を吸い上げて，（展示会で）初期提案をし，情報をキャッチボール……」。「素材メーカーと密に……」。

（3）模倣と創造について

「（他社から）勉強させてもらうのはよいのだ。勉強して知識にし，自分なりにアレンジしていく。2番手……いいことだと思う。後の企業は真似るわけだし」。「模倣というと言葉は悪いが，参考にして，足したり，引いたり，割ったりして自分のものにする」。「いいところはまねして……」。「（当社には）社外の企画会社を活かす能力がある。企画会社の能力を引き出す」。

（4）時間について

「（新規事業が）ものになるには早くて5年かかる」。「（新商品を）ものにするには10年」。「○○ブランドは，10年間鳴かず飛ばずだった」。「小さな積み重ね。5年，10年で大きく変わる」。「10年たつと大きく変わって，結果としてイノベーションだ」。「失敗もしてますが，やり抜いたら（商品ブランドとして）塊になっていた」。「自らの企画で作るので売れるようになるのに時間はかかる。4，5年」。

3　在庫管理

「在庫をいかに残さないかが最も重要なポイントだ。管理会計もそのために

やっている」。

4　信用獲得

「プレハブ建ての本社では，海外の取引相手が信用してくれないので，本社ビルを建てた」。

5　人材，交流，連携・出会い

（1）人材について

「いかに人を作り続けるか。問い続ける人間（つまり問い屋）を作るかがポイントだ」。「やっぱり人だ」。「（従業員の）モチベーションを上げることが鍵だ」。「海外に出られるような人材作り」。

（2）交流について

「（社内でのインフォーマルな情報交換のため）立ち話しをしろと言っている」。「お金を持つより，頼めば教えてくれる人を（外部に）持つ」。

（3）連携・出会いについて

「何をするかより，誰と組むかだ」。「だれと組むか，自分と違う人と組む」。「人との交流がすべてだ。人との出会いがすべてだ。次に繋がる出会いだ」。「アパレル企業は，柱となる商社，柱となる百貨店を持っているものだ」。

6　集積のメリット

「アパレル（企業）は見事に東京に移った」。「最近では大阪にいるメリットは感じない。商売は東京が中心」。「大阪での情報収集が少なくなっている」。「デザインは東京でないと情報がとれない。人材が東京に集中。新ビジネスの発信も東京が速い」。「セミナー，イベント，展示会，機械展は全部東京だ」。「物流，仕入れでは大阪は有利。残念なのは企画が東京にいっている」。「（大阪は）産地が近い」。「大阪にいるメリットは（日本列島の）西の部分できめ細かな営業ができる（こと）。産地でのもの作りの地の利はある。……婦人服ではデザイナー，パタンナー，プレス（広報担当）の人材は東京だ。人材面で不足している」。

7　伝統と革新

「伝統は革新（すること）で守られる」[48]。「（後継者に）伝えられることは限

られている。言えることは原理原則だけだ」。「船場魂。前に行くという気質だ。船場商人としてプライドを捨ててはいけないという精神を守っている」[49]。

第5節　これからのポジショニング
――何を解決しようとするのか――

以上で明らかになった大阪の中小繊維アパレル企業の変遷史の到達点を3つの視点から評価しておく。これらの視点は、第3節第1項でみた事業環境の変化そのものである。ファッションにできることは何か。大阪の企業にできることは何か。社会のどのような課題、地域のどのような課題、個人のどのような課題に解決策を提供できるのであろうか。これらは各企業のビジョンに関わっている。過去の教訓を活かしつつ、未来の目標から現在の姿を作り変えることである。

1　グローバル化の中での立ち位置：いかなる価値を提案するか

海外進出の視点から見ると、早くから対応してきた企業群、遅ればせながら対応しつつある企業群、ほとんど対応していない企業群に分類できる。早期に対応できた企業群も、行ったのは生産機能の配置であった。しかし、ここ数年国内にいてもインバウンド需要へのグローバル化（内なるグローバル化）対応は求められており、この視点からの評価も必要となる。ニュー・メイドインジャパンのあり方である。

ポイントは以下の通りである。グローバル化して何を提案するのであろうか。どのような価値を提案できるのであろうか。どのような課題に対してどのような解決策を提案するのであろうか。こうした発想で企業理念を明示している企業はインタビュー企業中G社のみであった。また、ファッションが都市から生まれたことを踏まえると、都市大阪の価値観は何を提供できるのであろうか。象徴的に言えば、「cool Japan（Tokyo）」を補う「warm Japan, comfortable Japan（Osaka）」である[50]。その意義は大きい。

2　サステナビリティの中での立ち位置：いかなる
ライフスタイルを提案するか

「顧客満足」や生活の「豊かさ」「楽しさ」「快適さ」「彩り」と社会への貢献

を打ち出す企業は多数あったが，今回インタビューした中小企業では地球環境対応を明示した企業はJ社とN社であり少なかった[51]。棉花由来の素材背景と繊維リサイクル関連技術を有する大阪の可能性は大きい。

3　健康，安心安全を求める価値観の中での立ち位置

　肌に直接接する衣服は，第2の皮膚と言われてきた。このことの持つ意義はICTと結合した際（IoB：インターネット・オブ・ボディズ），何を提起するのか。高齢社会や心身の課題をどう解決するのか[52]。多様な素材背景を有しかつインナーウェア及び中高年齢層向け需要に応じてきた大阪の可能性は大きい[53]。

　総じて現代が抱える3つの課題に真正面から取り組もうと表明している大阪の中小繊維アパレル企業はごく少数であるが，大阪が有する潜在的な解決能力は高い。

第6節　むすび

　大阪の中小アパレル企業の事業変遷史の特徴と課題をまとめよう。
　①　本章で検討した大阪の中小アパレル企業は，紡績企業・合繊企業・織編及び染色加工企業・内職従事者や縫製企業・地方問屋・零細小売店・百貨店・量販店・専門店・大手アパレル企業・大手商社が存在する中で，地理的には東京と中国を両睨みしつつ自らの立ち位置を求めた。事業転換や事業拡大の際，集積のメリットは大きかった。呉服太物問屋，服地問屋・生地問屋が出発点の企業に見ることができる。アパレル企業の出自は多様であった。現状では大阪の集積のメリットはあまり強調されない。東京一極集中の結果，メリットがなくなったからなのか，あるいはメリットの活用法に問題があるのか，を問う必要があろう。
　②　事業変遷では技術開発よりも流通経路の変化から強い影響を受けていた。
　③　量販店対応と中国対応では開拓者型であった。他方，製品では一部を除き新しい美的価値（美的イノベーション）の提示に到っていない。大方，追随対応型であった。イノベーションサイクルの中での普及過程で役割を果たした。
　④　ライセンス活用と自社ブランド育成の両方があった。ライセンス，サブライセンス導入時には，百貨店からの提案や商社からの支援があった。
　⑤　流通経路転換対応では，量販店依存型，百貨店依存型，自店舗依存型があっ

た。量販店との関わりが強い企業では，量販店向けに販売するためにメーカー機能を取り込んだ（WPA 化）。百貨店依存型企業は，ライセンス・サブライセンスブランドのリプロダクションの担い手であった。新型 SC やモールの登場によって今度は小売機能を取り込んだ（SPA 化）

⑥ 中国に早くから積極的に関わろうとした企業群とそうでない企業群があった。前者は量販店向けに量産する過程でメーカー機能を取り込んだ。こうして獲得したノウハウで中国生産に向かった。同時に国内生産からは撤退した。中国に工場を建設したことで，服地問屋・生地商がアパレル事業に進出したり，カジュアルウエア生産に取り組んだりと新規事業に着手した。

⑦ 中小企業の場合，内部資源に制約があるため外部資源依存型イノベーションに特徴があるが，他方で従業員の人材化とモチベーション向上を強調するだけでは話しの入り口に立っただけであり，従業員総掛かりのイノベーションを生み出せる仕組み（組織）作りまで突き進む必要があろう。幸いなことに業種の性格上，デザイン思考に親和的である[54]。ポイントはデザイン機能を特定個人の職能に限定せず，イノベーションを個人の資質から組織の力へと組織能力のあり方ないし業務プロセスにまで高めることである。だれもがイノベーションに参画し構想し実行できる仕組みを作ることである（図4—3）。

⑧ 従来の追随型・周囲参照型対応に替わって，ビジョン実現型対応のためにビジョンの策定が重要となっているが，3つの視点からの近未来のポジショニングでは動きは鈍く課題を抱えている。しかし，豊かな素材背景を考えると，市場が始動すれば，普及課程で果たすべき役割は期待できよう。

⑨ 長寿の秘訣は原理原則を維持した中での，時の流れを踏まえた変化・変遷にある[55]。変化・変遷によって経営の永続性が確保されてきた。その契機・種類・要因は本文に明らかにしたとおりである。ひと言でいえば，原理原則を維持した中での身軽であることによる，兆しへの反応の速さと外部メリットの活用である。しかもここではリスク戦略と企画精度の向上は矛盾しない。大阪の企画機能を含む問屋制度は今日においても有効な普遍的なビジネスモデルの1つ（ファブレスメーカーモデル）である[56]。このビジネスモデル上でどのような課題を解決するために，何をどこでどのように作り，どう販売するかが企業の寿命の長短を左右する。

量販店対応とグローバル化のワンステップであった中国展開で見せた高い反応力が次にどのような場面で発揮されるかが楽しみである。

第4章　戦後大阪の中小繊維アパレル企業変遷史　149

注

1）大阪府立商工経済研究所，大阪府立産業開発研究所，大阪府商工労働部大阪産業経済リサーチセンターによる一連の貴重な調査研究の蓄積があるが，中小企業を前提とした上での産業実態分析であり，本章のように関係する中小企業の事業変遷を扱ったものではない。
2）著者のイノベーションの定義は以下の通り。「競争環境の変化をうけて，課題が発生し，それに対応するために，商品面，事業分野面，調達面，販路面，組織構造面，技術面で新たな行動を起こし，かつその行動のうち成果を生みだしたもの」である。
3）問屋には，大きく品揃え・仲介中継ぎ（トレーダー）機能と企画（コンバーター）機能がある。戦前の問屋卸商については，本書第1章を参照のこと。参考文献「中小卸売業の生き残り戦略『3S＋P』」では，Stock control, Speedy supply, Solution suggestion, Product planningを提唱しているが，著者（富澤）の発想は議論を一歩進めてこうした戦略を可能にするためにも，事業環境の変化への対応力が問われるべきであり，そのための推進力要因・学習要因・外部資源要因・情報通信技術要因に注目しようということである。
4）合併時点の組合員企業数は724，従業員合計数は3万6853人，売上高合計は3兆137億円であった（従業員合計数と売上高合計では総合商社7社の数字は除外してある）。
5）「明治14年大阪府甲第222号布達に基き，大阪4区内の同業者が莫大小仲間規約を設け，同15年9月1日大阪府知事の認可を得て設立されたる同業仲間」（大阪市役所産業部調査課，1931，298頁）のこと。
6）大阪市のアパレル卸の内訳は後出表4―10を見よ。
7）江戸時代にまで遡ると麻布の行商が出発点であった。
8）デザイナーを雇用して企画機能を取り込む以前は，サンプル衣服を百貨店で，生地を丼池生地問屋街で購入し，縫場に生地と衣服を一緒に手渡して，これと同じ衣服を作って欲しいと頼んだ。頼める縫場はたくさんあった。
9）滋賀県と中国の湖南省が交流協定を結んだと聞き及び，すぐに滋賀県庁に連絡したのが契機となった。中国生産が可能であったのは，国内の自家縫製工場（多い時には17工場）で技術ノウハウを有していたからである。
10）ニット大手（福助，内外編物，現ナイガイ，レナウン）は当初水着は「みずもの」ということで避けていた。
11）京都の図案家に図案を描いてもらい，京都で染めてもらった。
12）量販店は，「こんなもん作ってくれへんか」といって大量に，しかも安く発注して

くるが，売れ残れば「どっと返してくる」という取引であった。量販店に言われた物を作っていたので，デザイナーはいらなかった。取引の主導権は，百貨店の場合とは異なり，量販店が握っていた。
13) 当時は，「店持ちアパレル」と言われた。
14) オンワード樫山については，木下（2011）第 2 章がある。
15) レーヨンのこと。
16) 創業者は，G1 社の設立以前から百貨店との取引があった。鐘紡との取引はその代理店の引き立てによった。
17) 売上げ比率からみれば，現在も服地コンバーターといえるが，衣服の OEM 事業を経て，子供服婦人服の自社ブランド・SPA 事業を立ち上げた点から業種変遷展開型と分類した。
18) こうした輸入卸から製造卸への展開は戦前も行われており，輸入代替工業化と言える。
19) フィギア，カプセルトイ，玩具であった。
20) コスメ，ダイエット，アロマ，石鹸であった。
21) 新動向への積極的対応であり，それまでの消極的隙間狙いから積極的隙間狙いへの変化といえる。
22) 従来も課毎の展示会は行っていた。展示会は顧客とコミュニケーションをとるきっかけ作りの役割も持っていた。
23) 通常，企画発注担当者と営業担当者は別人であるが，同社では同一人が両機能を担った。
24) 羊毛の染色加工技術は千住（東京）から導入した。
25) 60 年以上続いている P 社同志会に協力企業約 100 社を組織している。
26) これによって商店街のなかの好立地が可能になった。
27) スフとはレーヨンの短繊維のことである。
28) 創業者の父親は，総合商社からの受注でワンダラーブラウスを手がけ，高知県や和歌山県に縫製工場を有していた。
29) 大阪市内にあった子供服企業と取引しても便利屋として使われるだけであるので，取引しなかった。また，量販店と取引するには生産数量が少なく合わなかった。
30) それまでは服種毎に別々の企業・店舗が扱っていた。R 社の提案は『アンアン』や『ノンノ』が提案するトータルコーディネートや新しいライフスタイルと親和的であった。
31) カッコ内は理解を助けるための著者補足である。
32) 子供服の役割が意外と大きかったことは強調してよかろう（B 社，D 社，H 社，K 社，Q 社，R 社）。

33) 戦前にはアジア貿易への積極的関与を契機とする創業が見られたが，戦後にはこうしたケースは見られなかった。
34) 1949年絹・人絹織物の統制が廃止された。1950年4月と9月に衣料切符が廃止され，51年4月に衣料品配給規則と衣料切符規則が廃止された（渡辺，2010，184頁，表4－1）。
35) 1つの動きとして，1954年4月全日本既製服連合会が設立された（鐘紡株式会社史編纂室，1988，618頁）。
36) 当時の状況については以下の通り。「繊維産業の一大拠点である大阪に立地した製造卸業者は，その最大のメリットとしての豊富な布地の供給体制の中にあって，持ち込まれる生地の中からできるだけ安くしかも流行遅れの度合いの少ないものを選び，一方容易に得られる洋裁学校卒程度のデザイナーにスケッチを画かせ，その中から適当なものいくつかを，必ずしも専門的にファッション感覚を磨いたとは言えない幹部が，仲間などから得られた情報を元に短時間で選び出し，試作品を下請縫製業者に作らせ，型通りの展示会を開いて小売店から見込み受注を受け，シーズンに間に合う範囲で少量生産し，売れ行きの良いものをさらに追加発注して短期間に下請業者に作らせるといった方式を採る製造卸業者が多い」（大阪市経済局編，1979，88頁）。「婦人服やニット製品では，デザイナーがファッション雑誌を参考にして多くのデッサンやスタイル画を画き，これを壁に掲示して関係者が協議するという程度の企画方式が多い」（大阪市経済局編，1979，115頁）。
37) 1978年2月1，2日に大阪トータルファッションフェアが開催された。
38) シュンペータは新商品，新生産方式，新販路，原料の新供給源，新組織をあげたが，ファッションに深く関わる美的イノベーションについては明示的ではなかった（富澤，2013，3頁）。
39) F社の場合，POSシステムの導入が早かったのは，取引先の百貨店が積極的であったことと関連していると思われる。
40) 「量販店の台頭に従って，卸でも物作りしなければということになった。そこで生産会社を作った。卸とは別に運営した」（組合史制作委員会編，2007，24頁）。
41) 「ブランドやファッションといった形を取らない部分の多い要素では，導入にとどまっている。絶えず新しさを導入することで新陳代謝を繰り返してきた」（富澤，2013，150頁）。
42) 引用符内の文章はインタビュー記録ないしアンケート回答からの引用である。引用符内の丸括弧内は，理解を助けるための著者補注である。イノベーション指向と企業規模との関係については，後出の図6－1を参照のこと。
43) ビジョンとは「自社をどういう会社にしていくか」を表現したものである。
44) K社の制度は，市場が全体として縮小する中で，共食い・同質化しやすく，2010

年に全面的に見直された。社内の課間競争方式は日清食品（株）における製品開発と同じ手法と言える（三浦・肥塚，1997, 39〜40頁）。

45) イノベーション遂行に必要な資源の第1位が人材であることについては本書後出表6—29を参照。

46) 本書後出表6—22を参照。

47) 本章の「はじめに」で触れたアンケートに記され，印象に残った言葉も含む。以下の引用符内にある括弧の部分は，理解を助けるための著者（富澤）による補足である。

48) 企業の伝統は何か，との問いに即答できる企業はそれほど多くはないと思われる。約百年の歴史を有するM社でも最近まで，「経営理念，経営コンセプトは……いらないと考えられていた……，○○屋という発想もなかった。もうかったらいいんだという発想だった」という。

49) 他方で現状を反映する既述のアンケート調査では船場の保守性を嘆く記載が見られた。また，進取の気象を強調する回答は見られなかった。

50) ムック本『知日』の編集長によれば，「日本での取材を通じた感想だが，大阪は東京と比べて緊張せずにラフに行ける都市だ。全てが秩序良く機能する東京に比べ，大阪は街のにぎやかさや人々の雰囲気が中国に近いと思う。私の知り合いでも東京の静寂感より，大阪の方が安心できると言う人もいる。物理的な距離だけでなく，心理的に近いところも関西人気の理由かもしれない」（『日本経済新聞』2015年12月3日付，近畿経済B）。

51) 関西ファッション連合の組合員企業である帝人フロンティア（株）は，この点を明示している大企業である。

52) アパレル企業ではないが，関西ファッション連合の組合員である西川リビング（株）のケースは分かりやすい。

53) スポーツ用品企業の役割も追加しておこう。「圧電ファブリック」「スマート衣料」についても報道されている（鈴木洋介，2015）。

54) デザイン思考については奥出（2013）参照のこと。

55) 「お客様も社会も時代と共に変化する。その対応を怠り，自己革新が途絶えた時に企業は危機に直面する。だから先義後利に『変化への対応』を加えることにした」（J・フロントリテイリング相談役・奥田務「私の履歴書」『日本経済新聞』2015年12月31日付）。

56) 1930年に小泉重助によって定式化されたケースは以下の通りである。「科学的応用知能的の活用と改善改良を以って一歩凡てに先んずべきである。小泉商店の採るべき道は此の特種特製品主義（オリジナリティー）である。数歩前進方針である」（京都小泉編，2011, 20頁）。このオリジナリティ重視の方針は米国の百貨店マーシャルフィルド支配人から学習した。

第5章 戦後におけるアパレル縫製業の変遷
——標準作業と中国移転を念頭に——

第1節 はじめに

　アパレルの製造卸企業と下請縫製企業は対の関係にあった。製造卸企業がアパレルの企画と販売を担当し，下請縫製企業は文字通り縫製を担当してきた。現在でもこうした関係は見られるが，変化もしてきた。1つは製造卸企業が自家工場を建設してきたこと，もう1つは生産の受委託関係が国際的になっていることであり，後者の場合，受託企業の方が委託企業よりも企業規模が大きくなっていることがしばしばである。

　こうした状況を反映して，日本のアパレル産業史に関する先行研究では製造卸（企業）に焦点が合わされており，縫製業については，多くの場合製造卸に対する下請縫製業という位置関係の中で論じられてきた[1]。後発国からの輸入が顕著になる1970年代以降になると，後発国製品との差別化を図るための高付加価値化，ファッション化が強調されるようになり，その結果縫製業を扱った研究はそれまで以上に手薄な状況となる[2]。それゆえ，第5章は今日に至るまでの縫製業の変遷について検討する。あわせて縫製業における技能形成の視点を入れる。縫製機能の地方移転であれ，中国移転であれ，安価で豊富な労働力の存在が強調されたが，もう1つ作業の単純化・標準化[3]によってこうした労働力が活用できるようになったからである。

　本章の分析対象としては，紳士既製服の縫製と布帛製品・婦人既製服の縫製とに区分けした上で，まず紳士既製服を検討したのは布帛製品・婦人既製服より先に発展しかつ量産型で作業の標準化が進み易かったからである。

　主資料としては，大阪市経済局や大阪府立商工経済研究所（以下，府立商工研と略記）とその後身機関や組織が定期的に公表してきた縫製業に関する調査報告書を活用する（表5—1）。それは長期に及ぶ定期的調査の蓄積があるからであり，政策実施主体の認識（旧通商産業省が幾度となく出してきた「繊維ビジョン」[4]との距離感も含めて）の変遷と有効性を確認できるからである。さらに資料として2つの大転換に関連した著者によるインタビュー事例を用いる。

表5—1 諸文献・資料が指摘した課題と対策（提言）

文献・資料	調査時点，課題，対策
府立商工研（1956）（1957a）	（調査時点）1956年度 （課題）輸出中小工業品である布帛縫製品を対象にその生産構造，流通構造，経営事情を実態調査 （対策）実態調査であるため，対策は提示せず
大阪市経済局（1957）	（調査時点）1956年度，57年3月末現在，アンケート実施 （課題）前近代的なカンによる経営方式，零細下請 （対策）近代的な経営方式，経営の民主化
大阪市経済局（1959）	（調査時点）布帛製品業界を対象に1957年度のアンケート調査実施 （課題）経験とカンから近代的合理的な経営に切替え （対策）経営管理の合理化・近代化，人材養成など
府立商工研（1964a）	（調査時点）布帛製品縫製業を対象に1963年7，8月にアンケート実施 （課題）小零細企業に起きている変化を実態調査 （対策）実態調査であるため，対策は提示せず
府立商工研（1969）	（調査時点）布帛縫製品製造業を対象に1968年6月末時点記入のアンケート実施 （課題）新規中卒者の採用難，国内では販路競争，輸出市場では発展途上国品と競合 （対策）需要の多様化対応，高級化
菅原・槻木（1973）	（評価時点）1964年 （課題）徒弟制度，経験主義的な人材育成 （対策）IE手法の学習
府立商工研（1970）（1972）	（調査時点）紳士服製造卸を対象に1969年8月末現在でアンケート実施 （課題）人手不足，需要の拡大，下請の零細化 （対策）自社工場建設，海外との技術提携，地方分散，下請の構造変化
府立商工研（1976）	（調査時点）輸出縫製品，内需縫製品を対象に1975年10月にアンケート実施。 （課題）発展途上国から輸入増による輸出市場及び国内市場への影響（構造変化）と対策，今後の展望 （対策）技術力，販売力，企画力の育成強化
府立商工研（1976a）	（調査期間）大阪市東区の繊維二次製品卸業者に対

第5章　戦後におけるアパレル縫製業の変遷　　**155**

	し1975年9，10月にアンケート調査実施 （課題）石油危機後の諸変化の中での当該卸売業の機能変化と問題点・課題の解明 （対策）企画力強化による生産への介入と販売機能の強化
府立商工研（1977）	（調査時点）紳士服，婦人子供服，メリヤス製品，ワイシャツの業者を対象に1976年9月1日現在でアンケート実施 （背景）発展途上国の追い上げ，消費ニーズの個性化，多様化 （課題）熟練縫製工確保難，下請縫製業界の2極化 （対策）製品のファッション化，高級化への対応能力
大阪市経済局（1979）	（調査時点）市内アパレル企業を対象に1979年3月アンケート実施 （課題）従来の体質が時代の変化に不適合，全体をカバーするシステムの構築 （対策）流通・生産システム改善，海外モードのコピーをやめ，ファッション創造の都市へ
槻木（1985）	（時期）1980年代初め （課題）消費者の個性化，多様化 （対策）マーチャンダイジングの情報化
府立商工研（1986）	（調査時点）1986年11〜12月に紡績・合繊，織物，商社，アパレル企業を対象にアンケート調査を実施 （課題）国内需要の停滞，輸入品の増大の下，先進国型産業への移行，繊維産業の再活性化 （対策）製品の高付加価値化・多様化，ハイテク技術の活用，マーケティングの充実等のために，企業の自主的な努力と組織的な対応
府立産開研（1997）	（調査時点）1996年11月末紳士服製造卸を対象にアンケート実施 （課題）輸入品急増と中国への進出の下，国内の生き残りについて （対策）情報ネットワーク化とデザイン企画力を提案
府立産開研（1997a）	（調査時点）1996年9月婦人子供服製造卸を対象にアンケート実施 （課題）平成不況と輸入急増 （対策）企画力と販売力の強化，大阪の素材開発力にも期待
府立産開研（1997b）	（調査時点）1996年11月ニット製品製造業を対象にアンケート実施

	（課題）輸入急増，流通構造の変化，消費不況の下，業界の構造変化と今後の方向性を明らかに （対策）輸入品とは競合しない商品作りを強調
府立産開研（2010）	（調査時点）2009年7月繊維事業所を対象にアンケート実施 （課題）国内生産の減少，地域経済活性化要請の下，産業集積の視点から現状の分析と支援策の検討 （対策）経営環境・資源に見合った方向へ，強みを活かした企画提案へ，営業力の強化 （支援）産地生産体制の維持，若者の参入支援，きめ細かな企業支援
府産経リサーチセンター（2015）	（調査）アンケートは実施せず，ヒアリングを実施 （課題）産地崩壊の危機と復活のチャンスの下，関係府県の実態と施策を調査 （対策）新流通，新生産体制，海外販売，企業連携 （支援）マーケティング支援，海外販売支援，企業連携支援，人材育成支援，生産体制支援

注）府立商工研は大阪府立商工経済研究所の略。
　　府立産開研は大阪府立産業開発研究所の略。
　　府産経リサーチセンターは大阪府商工労働部大阪産業経済リサーチセンターの略。
　　府立商工研（1986）は1986年6月発行であるが，調査は同年11～12月となっていた。調査年が前年85年の可能性はあるが記載のままにしておいた。
出所：著者作成。

1つは科学的管理・IE（インダストリアル・エンジニアリング）の導入例であり，もう1つは中国への縫製機能の移転の事例である。

　以下，第2節では縫製技能形成の出発点である戦前の徒弟制度と下請工場を紹介する。第3節では戦後の労働力が豊富な時代を，第4節では若年労働力不足の時代を，第5節では後発国による追い上げの時代を，第6節では縫製機能の中国移転の時代を，第7節では21世紀初めの国内復活への企図の時代を論じ，最後に第8節で本章で明らかになった内容をまとめる。

第2節　戦前の技能形成と下請工場

1　戦前の技能形成と徒弟制度——柴田（1992）を手がかりに

　分業と標準作業による近代的生産方式に先立つ生産方式，例えば，「丸仕上げ」や「グループシステム」とそれを支えた徒弟制度についてまず見ておく。

　戦前，東京の銀座を拠点に高級紳士注文服店を経営し，日本で最大規模クラスであった米田屋洋服店の技能形成制度としての徒弟制度を取り上げよう（表5－2）[5]。以下のカッコ内の数字は柴田（1992）の頁数である。

　米田屋の規模は次の叙述からも窺い知ることができる。大正10年代の銀座通りには5軒の洋服店があったが，「このうち，米田屋は良いお客を数多く持っているという点で数十年間日本一だった。政界・財界・宮中関係で，高級服をこれほど多く作った店はない。／銀座・神田・蒲田にそれぞれ職人が二十七，八人ずついて，そのほかに息のかかった立派な下職がおり，合計百人の徒弟を擁していた。このようなところは，ほかにない」（114頁）。

　小僧の入店年齢は平均12，13歳であった（58頁）。年季は7年，1920年には6年になり，年季が明けると1年間のお礼奉公（表5－2の第32条では研修となっている）をしてから独立できた（57～58頁）。

　小僧は毎年4，5人入店し1年間は雑用をこなし，2年目から工場に上がり，助手から始め，仕事台（磐板：ばんいた）を囲む職人である「上着屋」「チョッキ屋」「ズボン屋」の仕事振りをみて技能を覚えた（57～58頁）。職人の技能形成は，雑巾を刺す「ぐし」から入り→「切り仕付（びづけ）」→「ボタンの穴かがり」→ズボン→チョッキ→上着[6]へと進んだ（137頁）。年季が明ける頃には最後の難関である上着も縫えるようになった（239頁）。初任給は月5円（2円支給，退店時まで3円は強制貯金），年季が明けて通いになると月給は28円になった。徒弟時代の支給は2円であったが，衣食住は店持ちであった（389頁）。年季が明け（お礼奉公が終わ——参照者補注）ると職人は資本がなくてもすぐに独立できた（80頁）[7]。

　年季明けの職人で優秀な人は店頭で裁断に当たるが，30人に1人の割合であり，3年から5年の間に1人出るくらいであった。年季が明け（お礼奉公が終わっ——参照者補注）た職人は独立してもよく，下職(したしょく)になってもよかった（354頁）。

表5−2　年期徒弟に関する規定例（1929年）

第2節　年期徒弟
　第27条　仕事の種類により時間を制定し規定の時間内に其の種の仕事を
　　　　　了へ得ざる者は縫方種類の進級能はざるは勿論原級を下るものとす。
　第28条　縫方種目修了期間の標準を左の通り定む。
　　（1）工場へ入りてヅボン迄で　6ヶ月
　　（2）ズボン修了期間　　　　　1ヶ年
　　（3）チョッキ　　　　　　　　6ヶ月
　　（4）背広オーバーコート　　　1ヶ年
　　（5）フロック礼服類　　　　　1ヶ年
　第29条　工場員の等級を定め年2期之れが進退の更迭を行う。
　第30条　年期中規定の種目を修了し得ざる者は成績不良将来の見込なき
　　　　　ものとして解雇す。この場合に於ける処分は年期契約証の規約の
　　　　　条項を適用す。
　第31条　年期中規定に準じ各種目を修了せる者又は1種目専攻の者は其の
　　　　　修了証を与ふ。
　第32条　修了証を得たる者は尚1ヶ年間徒弟規約に準じ研修すべきものとす。
　　　　　但此の期間中仕事上り高より小遣食費等を差引き帖場に積立て貯蓄
　　　　　せしむ。
　第33条　前条の期間を経たるものは辞令を要せずして退店すべきものとす。
　　　　　但此の期間中銓衡の上引き続き工場又は店務従業員として採用する
　　　　　ことあるべし。
　第34条　年期中品行方正にして成績優秀なるものに対し優等賞を授与す。
　第35条　店務徒弟は年期中夜間通学せしめ普通商業学を修め裁断並に
　　　　　技術を修得し尚年期修了前2ヶ年内に特殊研究生として工場に於て
　　　　　縫方職一般を速修せしむ。
　第36条　店務徒弟は採用1ヶ年後より毎期決算の賞与を積立て貯蓄せしむ。
第3節　店務及工場
　第44条　監督は工場内を整理し徒弟を教導すべし。副監督は之れを補佐す。
　第45条　工場副監督は徒弟の優秀なる者より選抜することを得。

注）読みやすくするために、漢数字を算用数字に、カタカナをひらがなに変え、
　　句点を付した。
　　資料は、株式会社米田屋商店・株式会社柴田絨店・株式会社日光羅紗店
　　の店則（1929年12月改正）より。
出所：柴田（1992）559〜560頁。

　修業證と優良證の例をみよう（387頁）。1939年7月5日授与の株式会社米田屋商店発行の「修業證」では「右ハ規定ノ修業年期中洋服縫方一般ヲ修得セリ

依テ之を授與ス」とあり，1940年7月15日授与の株式会社米田屋洋服店発行の「優良證」では「右ハ規定ノ期間誠實熱心ニ相務メタルニ依リ時計壹個賞與候事」とあった。

2 戦前の下請工場

戦前においては，比較的大きな下請縫製工場でも丸仕上げやグループ方式，グループ毎に部品を作り分け，最後にこれらを組み合わせて仕上げる方式が採られていた（府立商工研，1970，113～114頁）[8]。

第3節 労働力が豊富な時代，戦後直後の町工場

先行研究である中込（1975）は下請生産について次のように指摘した。「昭和30年代の，東京，大阪などの下請の実情は，その工場の大半は，通常の住宅を改造してつくられたもので，本縫ミシンを主とする貧弱な設備しかなく，昔ながらの熟練をたよりにして，十分な分業化もなされていなかった」（185頁）と。この記述部分は，文章をみる限り，特定の服種の下請を念頭に置いたものではないが，同じ頁である185頁に掲載の表6―4では，紳士既製服縫製とワイシャツ加工が取り上げられていた。以下でより詳細に見よう。

1 1956年度の下請生産――大阪市経済局（1957）を手がかりにして

大阪市経済局（1957）は，紳士既製服を中心に営む既製服業に関連する，1956年度の実態調査の結果である[9]。回収率87％のアンケート調査であった。発注元であった問屋的性格をもつ企業への調査ではあったが，95％の生産を担う下請工場についても貴重なデータを示している（表5―3）[10]。

表5―4で設備保有の状況とそこから看取できる技能についてみよう。設備としては，電動ミシン，特殊ミシンでA群企業が目立つ。規模が小さい企業では特殊ミシン台数は少なく，熟練労働者による生産が行われていたと思われる。1企業当たりのプレスの台数をみるとA群企業でも2.6台であり，これに対してアイロン71台であるから，米国製のホフマンプレスの導入前の状況を示していると思われる。

下請工場の特徴としては，発注する問屋の販売規模の大小に拘わらず，いずれの下請工場も小規模であった。ただし，発注元の販売額規模と専属下請数・

表5－3　各群1社当たりの専属下請と一般下請の状況（1957年度）

	専属下請			一般下請		
	工場数	ミシン台数	従業員数	工場数	ミシン台数	従業員数
A群企業	34.2	3.6	8	33	3.3	5.4
B	22	15.2	29.9	28.1	24.3	6.2
C	15.7	6.3	8.6	19.6	11	12
D	8	8.1	9.3	9.4	10	15.3
E	5.6	3.8	4.7	7.9	21.2	28.8

注）工場数は各群1社当たりの取引工場数。
　　ミシン台数と従業員数は各下請1工場当たりの平均数。
　　A群は年間販売金額5億円以上
　　B群は年間販売金額5億円未満3億円以上
　　C群は年間販売金額3億円未満1億円以上
　　D群は年間販売金額1億円未満5千万円以上
　　E群は年間販売金額5千万円未満
出所：大阪市経済局（1957）10～11頁から作成。

一般下請数との間には正の相関関係が見られたが，表5－3のA群企業とB群企業の比較では，B群企業の下請企業の方が大きい。これはA群企業では直営工場の存在が影響していると考えられよう。

発注元にとっての一番の課題は，販売規模が大きくなるにつれて多数の下請企業を管理しなければならなくなるという点であろう。生産性・品質・納期に関わる取引コストが大きくなるにつれて，当時盛んに言われた「前近代性」からの脱却と自家工場の建設という内部取引への移行が指向されることになる。

2　布帛製品の縫製工場――府立商工研（1956）（1957a），大阪市経済局（1959）を手がかりに

府立商工研（1956）（1957a）は，輸出中小工業品である米国向け布帛縫製品の生産構造・流通構造・経営事情を実態調査した。縫製をみると，輸出用ブラウス・シャツ生産が急拡大していた1950年代半ば頃[1]，元請けメーカーのミシン台数，従業員数は，流れ作業を行う場合に最低限必要であったミシン40台，従業員数50人を超えていた。こうした従業員50人以上の輸出向ブラウス工場

表5—4 企業規模群別の1企業当たり保有台数と特化係数

	A群 α	A群 β	B群 α	B群 β	C群 α	C群 β	D群 α	D群 β	E群 α	E群 β	合計 α
足踏ミシン	2.0	0.28	14.3	1.95	6	0.84	5.5	0.76	4.8	0.65	7.3
電動ミシン	43.6	2.75	17.3	1.09	8	0.48	16	1.01	14	0.88	15.9
特殊ミシン	15.6	2.82	8.6	1.55	1.4	0.26	5	0.90	2.5	0.45	5.3
裁断機	4.6	1.67	2.6	0.97	4.0	1.49	1.8	0.63	1.3	0.5	2.7
プレス	2.6	1.46	1.0	0.56	1.7	0.94	3.7	2.06	0	0	1.8
アイロン	71.0	3.07	51.6	2.22	14.3	0.62	11	0.47	7.9	0.34	23.3

注) αは設備を有する1企業当たりの台数。
　　βは特化係数(各群の各設備台数の割合÷各群の企業数の割合)。
　　　例えば、A群の足踏ミシンの特化係数は、足踏ミシン総台数中のA企業の割合(2.6％)をA群の足踏ミシンを有する総企業数中のA群企業の割合(9.4％)で序した商(0.28)のこと。
注4) 各群の販売規模については、表5—3の注を参照のこと。
出所：大阪市経済局(1957)付表第8表(頁数記載なし)より作成。

数は輸出向けブラウス縫製工場全体の約4割を占めていた。流れ作業を行う場合のミシン構成は、全体を100とすると、本縫いミシン61、二本針ミシン13、脇縫ミシン5、穴かがりミシン11、ボタン付けミシン3、その他7であった。他方で下請は、ミシン台数が10台以下の場合が多く、流れ作業は組めないし、部分工程のみを担当した(府立商工研、1957a、254〜256頁)。量を追求した輸出向生産では前項で紹介したケースより設備導入は進んでいた。

府立商工研(1956、17頁)(1957、258頁)で言及されていた大阪市旭区千林辺りのワイシャツ・ブラウスの縫製工場のケースは図5—1の通りである。ここでは、下張工として雇用された新人女性(既婚者)は2ヵ月後にはミシン工になっていることに注意しておこう。

大阪市経済局(1959)はほぼ内需向け布帛縫製品製造業に絞った実態報告書である[12]。報告書は、経験とカンから近代的合理的な経営に切り替える経営改善の手がかりになることを期待して作成された。すでに対米綿製品輸出規制が始まっていた1957年度についてアンケート調査(項目により回答率は異なるが、回収率は65％)を実施し、これに基づいた分析をしている。企業単位での分析であり、内部に分け入って生産システム、分業体制についてまで検討している

図5―1　1954年のシャツ・ブラウスの縫製工場・下請屋の状況（事例）

問屋

納品 ↑　↓ 発注，手形交付

縫製工場
・従業員40数名。町工場では上の部分。
・出来高賃金。
・ミシン男工，ミシン女工，検査工，下張り。
・自工場では消化仕切れない「ミシンかけ」「下張り」を下請けへ。裁断，穴かがり，ボタン付け，仕上は自工場で。

納品 ↑　↓「ミシンかけ」「下張り」を発注（とその工賃）

10数軒の下請屋（下請工場）の1つ
・経営者の妻は熟練工で，仕事上の一番うるさい監督者。
・女工10人。うち7人が既婚者。付近の主婦が意外に多い。
・新人女性は下張工として雇われ，2ヵ月後にミシン工に。
・ミシン工は出来高給。

出所：清水（1954）117～120頁を参考に著者作成。

わけではないが，小零細布帛縫製企業の外形的特徴を提示している。代表的な生産指標としては，専属下請ではミシン10台未満，従業者10人未満が過半数をしめ，一般下請でも多数を占めていた（表5―5）。低年齢者の就業を可能にした1つの要因は特殊ミシンの導入であった（表5―6）。従業者は住込工が多く，徒弟的雇用関係，前期的労務管理にあったとした。また，平均勤続年数は男性で2～8年，女性で1～5年であり，技能や経験を有する中堅層が弱体であることを指摘した。熟練を要する工程を担当していた従業者については，極めて長い勤続年数の高齢従業員の存在に言及することで間接的に示した。他方で，他業種で行われている経営管理の合理化・近代化に学ぶ準備が勧められたが，作業の標準化やシンクロシステムについてはまだ踏み込まず言及されていない。対策としては経営管理の合理化・近代化，集団の力による経営体制，人材養成と安定した勤労を図れる人的機構の整備を提示した。

表5―5 委託先工場の平均ミシン台数，平均従業者数からみた，委託元企業数の委託先別分布（1958年3月末現在）

	専属委託先工場	一般委託先工場
1工場当たり平均ミシン台数		
4台以下	36	25
5～9台	37	18
10～14台	4	10
15～19台	8	3
20台以上	16	14
小計	101	70
1工場当たり平均従業者数		
4人以下	11	6
5～9人	45	31
10～14人	15	6
15～19人	5	5
20～29人	7	2
30人以上	14	15
小計	97	65

注）例えば，2列目の最上部の36という数字は，委託元企業にとってその専属委託先工場の平均ミシン台数が4台以下となっている委託元企業数が36であることを示している。
出所：大阪市経済局（1959）82頁。

表5―6 E類企業（受注加工企業）の1企業当たり群別平均生産設備台数

	第1群企業	第2群企業	第3群企業	計
普通ミシン	152	30	28	61
特殊ミシン	33	54	9	20
裁断機	4	3	2	3
プレス	3	1	1	1
仕上アイロン	13	6	6	8
回答企業数	5	2	12	19

注）第1群は売上高1億円以上の企業。
　　第2群は売上高1億円未満5000万円以上の企業。
　　第3群は売上高5000万円未満の企業。
出所：大阪市経済局（1959）90頁。

内需向けと推測される縫製工場における熟練工の位置付けは以下の通りである。生産工程の近代化以前は，「熟練工は，どのような生産設備でも，どのような生産工程でも一人前にこなせる工員，……一人で原反から完成品まで仕上げることの出来る工員」であり，「縫製品の品質は縫製工個々人の縫製技術の巧拙によって左右されるものであり，……熟練工の養成が必要」とされた（府立商工研，1969，35 頁）。

独立開業の例を見ておこう。土井縫工所は，1952 年に土井好が 32 歳の時，妻と 2 人で自宅兼作業場で独立した。土井は大阪の「腕の良いシャツの仕立屋として知られていた竹田軍司」に師事した（株式会社ドゥ・ワン・ソーイングのウェブサイトを 2017 年 7 月 8 日閲覧）。

C 縫工所の開業をみよう。賃金労働者としての賃金が頭打ちのため，事業主は 27 歳の時夫婦で中古の本縫ミシン 2 台で開業した。そのうち 1 台は，問屋からの借用であった。開業資金 20 万円のうち，10 万円は問屋から借用した。自宅兼作業場買入に 16 万円，機械設備他に 4 万円支出した（府立商工研，1969，67 〜 68 頁）。

上記の 2 ケースは熟練労働者の独立であり，初期費用が少なくて済む分，開業は容易であった。

3　ミシンメーカーから見ると

当時の状況が簡潔にまとめられており，少し長いが引用しておこう。「（昭和――引用者補注）30 年代の初期まで，縫製工場の作業形態はほとんど改善されておらず，旧来のままの丸仕上（1 人で裁断から仕上まで行う），グループ方式（4 〜 5 名のグループで分業，仕上まで行う），連動台方式（モーター 1 台に 10 台程度の作業台を付け，グループで分業，仕上まで行う）などが中心であった[13]。/しかも各人の技量に頼り，……工業生産の基本である能率や標準化については，ほとんど考慮されていなかった。（昭和――引用者補注）30 年代は一般に少品種大量生産化の時代で，旧来のやり方ではその要求に応えるのに不適当であった。こうした日本の縫製の方向と特徴をとらえ，その効率化，能率化を図る作業方式が（1959 年に発表された――引用者補注）ジューキ・シンクロシステムであり……/シンクロシステムでは，まず作業合理化の基礎となる工程を設計するため，各作業（動作）の分析，計測からはじめる。その結果に基づく工程の設計により作業がシンクロナイズ，つまり同期化されるのであ

る。／昭和の初期に，シンガー社がわが国にシンクロ思想を持ち込んだが，これは工場のレイアウト図面であった。同社のシンクロ思想は，アメリカ生まれの大工場向けであったため普及しなかったが，当社では日本の実情に合ったシンクロシステムを考案し，幅広く受け入れられた。……／シンクロシステムによる成果は，仕立技術を中心としていた紳士服の工場で最も大きく，当初は実に5～7倍という驚異的な成績をあげた」（JUKI 株式会社 50 年史編纂委員会編，1989，131，133 頁より）。この点は次節の内容に関わっている。

第 4 節　若年労働力不足の時代，1964 年当時の下請工場と科学的管理の導入

1　下請工場の状況

平野屋メルボ工業（株）の2つの下請工場の状況（1964 年当時）を見よう。下請工場は徒弟制度[14]を基盤にした家内工場であり，先輩から口伝えで教え込まれてきた職人に依存していた（菅原・槻木，1973，19 頁）。

下請工場 A。入社して最初の2年間は月給制で，3～4年は半受取制となり[15]，この間にかなり難しい熟練を要する工程の作業をマスターする。5年目で一人前の職人と見なされ，背広1着を縫えるようになり，完全な受取制が適用された（菅原・槻木，1973，80 頁）。

下請工場 B。工場長が新人を1週間ほど訓練，「針使い」「アイロン使い」「ミシン使い」が教えられ，まず，ポケット作りを行う。ここでも既述の戦前の米田屋同様に5年で背広1着が縫える一人前の職人となる。その間各工程を一巡する。工程は流れ作業形式を採っているが，工程の区分はグループ単位であり，10～15 工程程度に区分されていた（菅原・槻木，1973，20 頁）。

以上のように技能形成は経験主義的であり，起居をともにしながら，先輩の動作等を時間の経過のなかで習得していくというやり方であった（菅原・槻木，1973，184 頁）。新人の訓練は工場長が行った（菅原・槻木，1973，19 頁）。パターン作成やグレーディングを行うグレーダーの養成には約 10 年を要した（菅原・槻木，1973，219 頁）。

当時下請工場を観察した米国人コンサルタントは，①1つの工場内での一貫生産体制になっておらず，仕掛品が次々と下請工場の間を移動していく「たこの足」方式と評し，② 各工程が科学的に分析されておらず，職人の手作業に依

存しており，機械化の遅れと日米間に 30 年のギャップを認めた（菅原・槻木，1973，23 〜 24 頁）[16]。

管理組織は，社長 ― 工場長 ― 主任 ― 作業員となっていたが，主任は管理者とは見なされず，作業員も一人前の職人になるよう訓練されるが，中間管理者になるようには訓練されていなかった。不十分な管理体制の結果，規模が 100 人をこえると効率が下がるとされた（菅原・槻木，1973，19，21 頁）。工場長が日々の仕事の段取り，職人の監督，品質管理の責任を負っていた（菅原・槻木，1973，19 頁）。

1964 年当時，下請工場では生産性をこれ以上引き上げることは困難であるとともに，労働力不足が深刻になっており，労務倒産も見られた（菅原・槻木，1973，21 頁）。

2　科学的管理とインダストリアル・エンジニアリングの導入
　　――菅原・槻木（1973），槻木（1985）を手がかりに

ミシン，プレス機，裁断機，芯地接着技術などが導入されたが，「何といっても縫製工程での近代的な高生産性システムが採用され，従来の 1 人で 1 着を完成させる丸仕上げ法や班制度にとってかわったことが大きな変化である。……それらはシンクロ・システムやたばね方式であるバンドル・システムの変形が多い」（太田，1977，23 頁）[17]。米国より科学的管理法を導入した平野屋メルボ工業（後のメルボ紳士服工業）の事例を，菅原・槻木（1973），槻木（1985）第 2 部第 1 章 3 節である「メルボにおける近代的生産システムとインダストリアル・エンジニアリング（IE）」（槻木，1985，102 〜 182 頁）から紹介しよう。

1964 年 9 月，直営工場第 1 号となった大阪工場の操業開始に向けて，作業標準書を作成するためにトップの判断で「SW 委員会」が設置された。SW とは Standard Work（標準作業）のことである（菅原・槻木，1973，24 頁）。標準作業が，「アメリカのアパレル産業の近代的生産システム確立の大きな礎石となった」との認識があった（槻木，1985，102 頁）。それは，「経験豊かな熟練作業者でなくても，素人でも一定の手順に基づいて訓練さえうければ作業できるよう」にするためであった（槻木，1985，102 頁）。メルボでは自社で作業を積み上げ，米国人コンサルタント（ポール・グラフ）の確認をえて修正もした。標準時間や標準作業は，その前提である諸条件，例えば新機械設備の導入，製品の変化，生産ロットの大小，作業改善によって，たえず変更されるから，自社

表5—7　メルボにみるインダストリアル・エンジニアリングの導入過程

1　標準作業からレイアウトまで
（1）近代的生産システムの開発（トップからの指示）
（2）作業標準書の作成手順
　　①作業手順書の作成（要素動作の分析・研究）
　　②作業確認書（確認箇所・確認方法の表示），作業責任書の作成
　　③標準作業動作と標準時間が合体した作業標準書の作成（併行して標準時間の設定作業）
（3）工程分析と組合わせ
　　①分業の最小単位を設定する工程分析（分業という最小単位までの分解過程）
　　②流れの順序に図表化されている工程分析表の作成
（4）ピッチタイムを基準にした工程組合わせ（分業という最小単位をもっとも高率のよい単位に組合わせていく統合過程）
　　①組合わせのステップ
　　②設備負荷表の利用
（5）レイアウト（工程順序別に必要な設備，機械を配置するための配置図作成）
2　時間測定と作業改善
（1）標準時間の測定と設定
　　①初期の時間測定と経緯（課題に直面し，対応を模索）
　　②ストップウオッチ法
　　③ワークファクター法
（2）作業改善の手法
　　①仕事の単純化とは
　　②システム改善と動作改善
　　③「動作の経済」の原則
3　関連組織等
　　SW委員会（後に生産本部生産技術課が担当）
　　インダストリアル・エンジニア
　　米国人コンサルタント（ポール・グラフ）

注）「工程」は，1人の作業である例えば「後身ダーツプレスの工程」，本流工程に対するパーツ工程，例えば袖作り工程，あるいは「上衣工程，ズボン工程，まとめ工程」という具合に極めて多様に用いられている。
出所：槻木（1985）102〜139頁を参照して作成。

で創意工夫できる能力を身に着ける必要があった。

　内容は，標準作業の設定と指図書の作成から工場や工程（例えば，袖工程）のレイアウトにまで至る（表5—7）。標準時間の設定では作業者間の公平性確

保のための試み，製品や設備機械の変化や作業改善を踏まえた標準時間の変更も考慮していた（槻木，1985，122，128～134頁）。関与者としては，SW委員会と現場関係者，米国人コンサルタントがいた。

こうした作業の結果，大阪工場は大半が素人であったが，1ヵ月後には軌道に乗り，メルボは未熟練者を短期間訓練して工場を立ち上げる手法を獲得した（菅原・槻木，1973，38頁）。ただし，標準作業をこなせる技能工だけで現場が効率よく動くかというとそうではなく，標準作業をいくつも担当できるユーティリティー・オペレーターという熟練技能工は，技能工の欠勤が想定される限り，依然として必要となる（菅原・槻木，1973，69頁）。

また，現場の作業者を排除してエンジニアのみで行うのではなく，現場作業者によるアイデア，作業者のQC活動からの提案を重視した（菅原・槻木，1973，55，89頁）。現場からの意見を「改善の宝」として位置付けて実行したのであった（槻木，1985，36，38頁）。

3 紳士既製服製造にみる下請企業の構造変化
――府立商工研（1970）（1972）を手がかりに

府立商工研（1970，76～97頁）では下請の再編について，府立商工研（1972，118～144頁）では労働力不足[18]について分析している。

府立商工研（1972）によれば，人手不足は縫製下請企業で顕著であり（143頁），下請縫製工場では，「家族従業員中心へと規模縮少した企業が多い」（240頁）。零細化対応は，大きく2つに区分できる。1つは機能の単純化で，内容的には例えば上衣のみあるいはベストのみといった，服種の単一化・工程の専門化と，衣服を構成する一部の部品（例えば袖）生産のみを担当する部品化・細分化であった（府立商工研，1970，22，91，93頁；府立商工研，1972，144頁）。もう1つは下請関係の変化であり，他府県の地方下請の積極的活用と下請の専属化が見られた（府立商工研，1970，22頁；府立商工研，1972，143～144頁）。

地方下請の利用に至る，紳士既製服下請縫製業者の地域分布推移（1953，63，67，70年）（府立商工研，1970，33頁）では，**表5－8**，**表5－9**のように大阪市域中心部から周辺地域へ，そして府外へ移動分散が見られた，下請工場の地方分散が行われた（府立商工研，1970，96頁）。

しかし，下請の零細化の一方で，1965年以降辺りから大阪でも大きな下請縫製企業が出現し（府立商工研，1972，144，171頁），下請企業の階層分化（府

表5―8　大阪既製服縫製工業組合員の地域分布

	1953年	1963年	1967年	1970年
大阪市内	370	650	405	282
うち，東成区	122	148	75	54
城東区	116	195	125	105
大阪市外の大阪府内	0	44	92	63
うち，守口市	0	17	29	28
東大阪市	0	14	40	17
大阪府内合計	370	694	497	345

注）大阪府外の組合員数は除いた。
　　東大阪市の1963年の数値は，布施市と河内市の数値を合計した。
出所：府立商工研（1970）33～34頁の第Ⅰ―10表から作成した。

表5―9　大阪の製造卸22社の大阪府外都府県の下請工場87社への依存開始年

	1955年	58	60	61	62	63	65	66	67	68	年数不明	合計
京都					1		1	1			1	4
奈良							1					1
兵庫					1			1			2	4
和歌山				1								1
愛知						1						1
岐阜				1				1	1			3
三重	2		1			1						4
広島					1	1	1		1		2	6
岡山			1		2		2		1			6
鳥取									1		1	2
石川											1	1
富山					1							1
高知							2		1			3
愛媛				1			1					2
香川				1	1							2
長崎							1					1
東京		1										1
千葉					1							1
場所不明					12	4	1		2		24	43
合計	2	1	3	3	17	8	10	2	9	1	31	87

注）場所不明で年数不明の24は，京都，広島，石川のいずれかであることは分かっている。
出所：府立商工研（1970）95頁の第Ⅲ―30表から作成した。

立商工研, 1970, 86～89頁), 2極分化が進んだ (府立商工研, 1972, 142頁)。

　　4　布帛縫製工場——府立商工研（1964a）（1969）を手がかりに[19]

　①府立商工研（1964a）は，近代化・非近代性という評価軸が貫くなかで，布帛製品製造業のうち小零細企業（下請）を対象に実態調査をしている。背景には非近代的技術，低賃金労働力，多種少量生産といった小零細企業の存立条件[20]が変化しつつあり，これに伴っていかなる変化が起きているのかとの課題意識があり，そのうちの第1の変化が労働力不足である。後にでてくる後発国製品に関わる国内外の課題についてはまだ登場していない。1963年7～8月に国内向及び輸出向布帛製品縫製業者を対象にアンケート調査を実施した。実態調査であるために，対策を提起しているわけではないが，小零細下請は根強く残るであろうと示唆した。小零細性とは対照的なシンクロシステムの導入展開がジューキ・シンクロシステムを例に紹介されているが，少種多量生産に限定されるとの評価を与えた。

　小零細企業の縫製工程においては，熟練を要する工程は熟練者である事業主や家族従業者で対応し，それ以外の部分は雇用労働者で対応していた。後者は定着性が低く，3年未満の勤務期間が多く，人の出入りが激しいなかで，人の確保が難しくなっていた。熟練の排除と生産性の向上に関わる特殊ミシンであるが，本縫ミシンに比べれば高価格ではあったが，国産品であれば手が届き易いし，中古品を安く入手するという方法もあった（60頁）。ちなみに，徹底的に工程分割したシャツのシンクロシステムでも，42工程中，基幹熟練工が担当する工程は11工程（全体の26％）残っていた（51, 52頁）。

　②府立商工研（1969）は，内需向け及び輸出向けの布帛縫製業（製造問屋，縫製メーカー，下請業者を想定している）を念頭に，国内面では需要拡大，労働力不足，技術進歩，競争激化，輸出面では発展途上国の登場という条件下で進む構造変化と今後の方向を検討している。アンケート調査は1968年6月末時点記入で行われた。国内での生産の地方分散，階層分化の進展，量販店登場による販売競争の激化を，輸出先市場，特に米国市場における途上国品との競争激化と67年に見られた内需転換を指摘した。途上国品輸入による国内市場への影響については，調査前年である1967年に韓国からのトリコットシャツの輸入を指摘して，今後の影響について示唆した。縫製に関しては以下の通りである。

　生産工程を細分化，単純化，標準化することによって「丸仕上げ」のできる

熟練工を必要とせずに，高級品の生産が可能となった。シンクロシステムの導入であり，1955年以降導入が始まり，1960年以降増加が著しい。1967年に新設されたワイシャツメーカーの工場は，本縫ミシン約40台，特殊ミシン17台，サイドプレス機7台，裁断機2台，延反機1台の設備を有したシンクロシステムの量産工場であった（府立商工研，1969，35～36頁）。

　他方，小零細企業ではシンクロシステムは導入できないが，特殊ミシンの使用と縫製工程の分解により，流れ作業を取り入れ，生産システムを改善していた（府立商工研，1969，37～39頁）。これにともなう縫製工程の単純化はパートタイマー労働者の縫製作業への組み込みを可能にした（府立商工研，1969，44頁）

　対米向けシャツの受注生産をしていた土井縫工所（後の株式会社ドゥ・ワン・ソーイング）は，「昭和中期，ファッションの多様化で縫製の注文も変化」と題して，「昭和40年代に入ってからは，対米向けシャツに加え国内向けの高級ドレスシャツも縫製の注文が増えるようになる。……当時は職人が一人前になれば独立するのが常で，この時代，土井縫工所からも多くの職人が巣立っていった」とある[21]。この時期にはまだ独立を志向する職人養成が行われていたことが分かる。自営業主化は，この時期にあっても開業が容易であるうえに，賃金労働者としての賃金が頭打ちであり，「縫製メーカーで縫製工として働く時，熟練工で月に3～4万円の賃金しか得られないが，独立して夫婦で下請縫製を行えば実収入が7～8万円以上になる」からであった（府立商工研，1969，67～68頁）。

5　「縫製品」分類における大阪の位置と工場立地
　　──『昭和45（1970）年度 繊維年鑑』を手がかりに

　表5─10により，1960年代末の大阪の位置と工場立地の状況を部分的ではあれ確認できる。大阪市内に本社所在の企業数が一番多く，次いで岡山県倉敷市児島地区である。東京は中央区の3社が掲載されている。都府県別でも大阪府，岡山県，東京都の順となっている。他方で工場は広く分散してもいる。従業員数の多い企業では複数の工場を有し，その立地は分散し郡部での立地が目を引く。

表5―10　縫製品企業

(従業員数：人)

社名	本社所在地	工場所在地	従業員数
エリザベス（株）	大阪市	高松市, 香川県大川郡	80
大塚（株）	大阪市	岡山県小田郡	118
カネタシャツ（株）	大阪市	大阪市, 福岡県嘉穂郡, 中野区, （堺市）	431
三幸衣料（株）	大阪市	枚方市（2）, 小野市	530
大建被服（株）	大阪市	和歌山, 京都, 岡谷	240
大同布帛（株）	大阪市	倉吉市, 名張市	265
トミヤ河井（株）	大阪市	大阪市	585
ニコニコ衣料（株）	大阪市	豊中市	68
ニチメン衣料（株）	大阪市	（京都府熊野郡）	510
丸善衣料（株）	大阪市	大阪市, 枚方市, （岩槻市）	750
日本スポーツウエアー（株）	大阪市	京都府熊野郡	280
明宝繊維（株）	大阪市	大阪市	68
ヤマトシャツ（株）	大阪市	大阪市, 和歌山県那珂郡	340
ヤマボシ産業（株）	大阪市	滋賀県野洲郡	110
福助（株）	堺市	堺市（2）, 行田市, 観音寺市, 杉並区	3448
中部被服工業（株）	東大阪市	東大阪市	37
明石被服興業（株）	倉敷市児島	児島, 宇部市	940
石井産業（株）	倉敷市児島	児島, 高松市	299
尾崎興業（株）	倉敷市児島	児島	219
尾崎商事（株）	倉敷市児島	児島, 米子市	1580
丸石（株）	倉敷市児島	児島（2）, 岡山県上房郡・久米郡	362
（株）マルハ本店	倉敷市児島	児島, 笹岡市	126
丸万被服（株）	倉敷市児島	児島, 岡山県小田郡	285
丸五工業（株）	岡山県都窪郡	岡山県浅口郡	720
日本商工（株）	岡山市	岡山市, 西大寺市	380
備前興業（株）	岡山市	岡山市	596
丸三（株）	岡山市	岡山市（3）	409
帝国興業（株）	玉野市	岡山市	796
樫山（株）	東京都中央区	大阪市	736
（株）三紫	東京都中央区	江東区, 八王子市	533
若林（株）	東京都中央区	葛飾区	285
岡村（株）	東京都千代田区	豊島区, 新宿区, （宮城県志田郡）	460
坂善衣料（株）	東京都新宿区	新宿区, 福島県那須郡・田村郡	890

第 5 章　戦後におけるアパレル縫製業の変遷　173

東京帽子（株）	東京都墨田区	墨田区	352
三越縫製（株）	東京都品川区	品川区，京都市	415
日本カポック工業（株）	東京都中野区	龍ケ崎市	57
東日本被服興業（株）	東京都渋谷区	上田市	88
アルプスシャツ（株）	松本市	松本市，福島市，長野県北安曇郡	1000
金信・信州衣料（株）	松本市	松本市	184
ちくま被服（株）	松本市	松本市，長野県東筑摩郡，長野市	335
高原シャツ（株）	更埴市	更埴市	378
小島（株）	羽生市	羽生市，（江刺市）	230
高橋工業（株）	羽生市	羽生市（2）	220
クロダルマ（株）	府中市	福岡県嘉穂郡	478
杉原縫製工業（株）	広島市	広島市，広島県安芸郡	230
（株）グンボー	桐生市	桐生市（5）	600
東海縫製（株）	浜松市	浜松市	140
東京縫製（株）	東金市	東金市，千葉県海上郡，銚子市	180
日本衣料（株）	愛知県丹羽郡	愛知県丹羽郡，府中市，尾西市，名古屋市	2450
八興被服（株）	徳島市	徳島県麻植郡	268
増田衣料工業（株）	富士市	富士市	80
丸織被服（株）	名古屋市	名古屋市	240
モリメン（株）	福岡市	福岡市（3），福岡県嘉穂郡，埼玉県北埼玉郡	355
（株）ワコール	京都市	京都市	2382

注）従業員数には縫製以外の従業員も含む。
　　工場所在地について，資料で「本社」となっていた場合，その地名に変えた。倉敷市児島はたんに児島と表記した。
　　関係会社の工場の場合は，地名をカッコで括った。
　　工場所在地を示す地名の後ろのカッコ内の数字は工場数である。
　　工場は縫製工場である（但しグンボーには裁断工場が 1 つ，岡村にはプレス仕上げ工場が 1 つ含まれている）。
　　東日本被服興業の場合は，「上田工場（毛織物，化繊，綿）」と記載されていた。
出所：日本繊維協議会編（1969）の「縫製品」（542 ～ 551 頁）に掲載されていた 54 社について整理し作成した。

第5節 後発国による追い上げの時代，1970，80年代における下請生産とシステム構築

まず，卸商の機能変化に関わった調査報告書を取り上げてから縫製業について見よう。

府立商工研（1976a）は大阪市東区に所在する繊維二次製品卸売業者を対象に1975年9，10月にアンケート調査を実施しており，発展途上国からの二次製品輸入の急増，石油危機後の不況や都市内での混雑という条件変化の中での当該卸売業の機能変化，問題と課題を明らかにしようとした。縫製業については優秀な下請業者の囲い込みや下請業者数の減少などを指摘した。すぐ後に大問題となる発展途上国からの二次製品輸入増については，下着類で影響を論じているが，輸入の失敗も取り上げており危機意識は強くない。危機意識としてはむしろ下請縫製業者減の方が強いと言える。対策としては，紳士既製服では中小業者の企画・生産面の強化，婦人子供服では大阪での企画機能の強化，高級化，下着類ではファッション化・高級化を提言し，あわせて流通における「卸飛び越え」もあり販売機能の強化を強調した。婦人子供服の企画機能強化に関連して，それをささえる基盤として地道で長期的な文化振興・教育振興を提言している点は適切といえる。

次に，縫製業について見よう。以下で取り上げる3つの報告書は，進展する国際分業の影響を検討した上で，一方では内需転換と国際下請の可能性を示し，他方ではファッション創造都市大阪の成長に期待を込めた。

1 国際分業の進展の影響——府立商工研（1976）を手がかりに

府立商工研（1976）は，時宜をえた貴重な調査といえ，国際分業の進展として発展途上国からの縫製品の輸出増を真正面に据えて，輸出市場と国内市場の両面について構造変化の実態把握と対応策，今後の展望について検討した[22]。この関係で品種としては，輸出縫製品と布帛製品を取り上げ，対象地域としては，大阪府と最大の輸出縫製品生産地であった愛媛県を取り上げた。アンケートは，1975年10月に実施している。輸出縫製品と内需向け縫製品の各業界団体の協力をえて，輸出向けと内需向けとの比較，輸出向けからの内需転換の実態とそこでの競争激化について論じた。また，大阪の企業の自家工場・外注下請両面

での地方展開，内需向けと外需向けとの大阪と地方とでの作り分けについても確認した。

　急増した輸入品の内需面への影響は，輸入品ではファッションの変化に対応しにくいために深刻には受け止められてはいないとしたが，商社賃加工を長年行ってきた輸出縫製業が内需転換するには，小ロット，短サイクル化，ファッション化への対応[23]を念頭に，技術力，販売力，企画力の育成強化を提言した[24]。しかし，これらを施策としてどのように支援していくかについては，何も論じなかった。

2　内需転換へ——府立商工研（1977）を手がかりに

　府立商工研（1977）は，1976年の繊維工業審議会の提言「新しい繊維産業のあり方について」を踏まえている。つまり，発展途上国の追い上げで内需転換

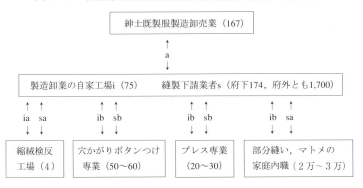

図5—2　大阪紳士既製服製造業の分業構造（1970年代半ば）

注）カッコ内の数字は企業数，工場数，軒数を示す。
　　aは恒常的な発注・受注関係を示す。
　　bは比較的よく見られる発注・受注関係を示す。
　　iは自家工場，sは縫製下請業者を示す。
　　iaは自家工場との間で恒常的な発注・受注関係aを示す。
　　saは縫製下請業者との間で恒常的な発注・受注関係aを示す。
　　原図にはいつ頃の分業構造であるかについて記載がなかったが，文脈から1975年頃のものと推定した。また，原図の凡例では，上記のaないしbにあたる線種が脱落していたが，原図中の表記から上記のように判断した。
出所：太田（1977）17頁，第1図。ただし，内容を変えず表現を変更した。

に活路を見いだし，繊維サプライチェーンの紡織より川下に位置するアパレル産業化に注目しつつ，製品のファッション化と高級化が進行しているとする。

大阪紳士既製服製造業の分業構造は図5－2の通りであった[25]。

大阪の下請縫製企業では小零細化が進んでおり，生産の多品種小ロット短納期要求に設備投資[26]と再下請化で応えつつあるが，下請企業の2極化が進んでおり，対応できない企業があるとともに，対応できてもコスト上昇にも拘わらず工賃水準は厳しく，設備資金手当と熟練縫製工確保での支援が求められていた。

再下請では，国内の遠隔地も利用している。自社から独立した元従業員を活用し，量産品生産を念頭に技術指導と製品検査の厳格化によって遠隔の不利益を克服しようとしている。縫製業における海外への生産委託まであと一歩という地点まできていた[27]。

3　全体システムの開発を——大阪市経済局（1979）を手がかりに（1）

消費者ニーズの個性化・多様化の進展，発展途上国からの輸入増，大手アパレル企業の流通戦略等を念頭に，従来の大阪のアパレル企業の体質[28]では時代の変化に対応できなくなっているとの認識がある。課題としては，素材，企画，生産，流通を通じた全体の流れのシステム化を提案し，個々の企業，個々のサブシステムの対応では不十分としている。

製造卸企業の自家工場での対応と小零細縫製下請企業での対応とはそれぞれ異なるとし，後者の場合，製造卸と小零細下請との協同による対応が必要とした。米国ニューヨークのガーメントセンターの事例を参考に，企画担当者とデザイナーの横のつながりと能力開発のシステムの必要性を強調し，これまでの欧米モードのコピーではない，創造的なファッション商品を生み出して，大阪がファッション創造の都市としての認知を得られれば，大阪のファッション産業の成長は約束されるとした。

4　縫製の状況と課題——大阪市経済局（1979）を手がかりに（2）

縫製の状況を見よう。紳士服では，「型が大きく変わらないことから製造工程の作業標準化は行い易い。そこで，上衣を150～180工程に，ズボンを80～120工程に細分し，この作業標準をつくり，決められた通りに作業をすれば熟練者でなくても，良い品質の製品を生産することが可能になる。／むしろ，熟

練者でない方が安定した品質の製品を生産できるとする声も聞かれる。熟練工は個人の流儀が出やすく，このため品質の安定がはかりにくいという問題が生じ易いのである。／また，縫製用ミシンの性能も高度化し，……人手でなければできないとおもわれていた作業まで機械化されるに至っている。これらの機械は……価格も高価になり，1000万円をこえる機械も少なくない。当然のことながら，設備の稼働率をあげ，機械の償却をはからねばならないことになる」（大阪市経済局，1979，73頁）。「紳士服の生産は，高性能設備の導入により，従前の約1／3の人員で生産可能となり，かつ安定した品質の製品を量産しうるようになってきた」（大阪市経済局，1979，74頁）。

一方，婦人服では，縫製工場ボンのような例もあるが（大阪市経済局，1979，92〜93頁），多品種少量で生産変動が著しいことから小規模縫製下請に依存しており，工場生産が難しく，熟練工が不十分な準備作業のまま縫製に取りかかり，クレームの原因となっているとした。しかもこの熟練工の確保が難しくなっているのである。

そして，大阪市経済局（1979，95頁）が指摘するように，当時の製造卸は石油危機後の不況によって膨大な返品在庫という経営危機に直面したのであり，それゆえ無駄な在庫を生まない縫製システムへの転換が求められていたが，大阪市経済局（1979）ではこうした大転換の必要性について言及されることはなかった。紳士服におけるこれまでの大量生産方式こそが問われるべきであった。また「熟練工の不十分な準備作業」を指摘するだけでは，それこそ不十分であった。仮に品質になんの欠陥がなくても委託販売制度やいわゆるマーケットクレームによって過酷な返品が強行されたからであった。

5　1970年代の延長としての80年代——国内で踏ん張るために

1980年代の大阪では，1987年に大阪コレクションが始まり，人手不足が地方を含めて深刻化した。いずれも1970年代から指摘されていたファッション化を推進するためのデザイン機能の強化と1960年代に始まった人手不足の延長線上にあるが，ことに人手不足は大都市のみならず，縫製業が進出した地方でも深刻化した。1980年代には3K（汚い，きつい，危険）労働忌避に象徴されるもの作りの軽視が大きな流れとなり，脱技能・省力化を目指す[29]，機械設備と情報技術（当時のキーワードであったハイテク）の導入が推進され，自動縫製システムの開発が政策的にも推進された。また，トヨタ生産方式を応用した，国

表5—11 TSS プロファイル

1977年	トヨタ自動車，豊田紡織，アイシン精機3社によるプロジェクトでシート縫製のジャストインタイム化に取り組む。
1978年	縫製業向けトヨタ生産方式の技術指導システムとして，TSSを発表。アパレル業界へのトヨタ生産方式の試行を開始。
1979年	アパレル業界への本格的契約指導の開始。縫製工程の一貫化を実現する生産システムの開発。ハードウエア＋ソフトウエアのシステム販売体制を確立。
1984年	JIAM '84名古屋でハイテクTSS構想を発表。
1985年	ハイテクTSSデビューショー。ケルンショー（ドイツ）で海外デビュー。
1986年	海外初の指導契約をスウェーデンのアパレル企業と締結。ボビンショー（米国）へ出展。異業種へのTSS展開を開始。

注）TSS は Toyota Sewn-products Management System の略。
出所：「2000大阪ミシンショー」（2000年1月21日～1月23日，インテックス大阪2号館で開催）で配布されたアイシン精機（株）のパンフレット「SOLUTION SYSTEM TSS」より。

内生産のメリットを引き出すための生産システムの1つであったアイシン精機（株）の TSS（Toyota Sewn-products Management System の略）[30] も提供され始めた（表5―11）。縫製におけるフォードシステムからトヨタシステムへの発展と言えよう。「TSS の生産形態は，立ち作業・多工程持ち・一枚流しが基本。1ライン当たりの人員は15人程度を上限とし，それ以上の人員となる場合はラインを分割，複数ライン化する。1ライン当たりの必要設備は人員の2～3倍程度である。レイアウトは左回りの流れ方向で，直線またはU字型となっている。／……立ち作業による助け合いの生産，1枚流しによる問題点の顕在化と改善などの考え方が根底にある」（河内・辻本・矢島編，1993，319頁）。TSS は，後発国と競合しない高付加価値品と多品種少量短納期化が合い言葉となり，実行された[31]。

1990年代初めに価格破壊が始まるまでは，困難に直面しつつも1970年代の延長線上で縫製業も存続してきた。こうした状況を反映して，府立商工研やそ

の後身である1987年9月1日設立の大阪府立産業開発研究所（以下，府立産開研と略記）による縫製業のみを扱った調査研究は管見の限り行われていない。府立商工研（1986）では繊維産業という大きな括りの中で先進国型産業への脱皮を目指すべく，紳士服とワイシャツが扱われた（表5—1も参照のこと）。これに対して，1990年代になると縫製機能の中国への大規模移転を反映して，こうした視点からの調査研究が府立産開研によって行われることになる。これについては，次節で検討しよう。

第6節　縫製機能の中国移転の時代，1990年代の対応

　まず，府立産開研がどのような認識を示したかに関わって，3つの調査報告書を取り上げる。次に，紳士既製服の海外縫製についてはすでに本書の第2章で紹介したので，本節では主にブラウス関係とニットについて，国内生産100％の中小企業を紹介した後に，2社の中国合弁企業を紹介する。

1　府立産開研（1997）（1997a）（1997b）は1990年代をどう分析したか

　この時期の大きな特徴は，縫製機能の中国への移転，平成不況，流通構造の変化である。この点に関わって3つ調査報告書を取り上げる。
　①　まず，府立産開研（1997）を見よう。この調査報告書は，府立産開研が任務とする大阪の中小企業の動向分析調査を行うための前提作業として全国的動向を把握するための調査研究といえる。円高とそれに伴う輸入急増と，構造的要因とする労働力不足による中国への進出を中心テーマとして取り上げた。対象範囲としては，大阪産地の企業だけではなく，全国の主要産地を対象に1996年11月末にアンケート調査をし，岐阜と大阪の企業に対するインタビュー結果を組み込んでいる。業種としては，困難が顕著な紳士服の製造卸を対象とした。府立産開研としては珍しく中国や韓国・台湾についても大きく論じた上で，国内の生き残り策として，情報ネットワーク化とデザイン・企画力の強化とを提案した。前者については，QRや連携，日本型SPAの提案と結びついている。後者は，先進国型の高付加価値産業への転換に必要な機能ということで提言されている。こうした提言の分析は，少し前の1983年，88年，93年に出された通商産業省の繊維工業審議会・産業構造審議会答申の「新繊維ビジョン」に則したものであるが，デザイン力・企画力の強化については，いかなる内容を持

つのかが不明なままで終わっている。また，情報ネットワーク化についてもそれ自体は正しいが，その際何が障害で，それを克服するためにどうすべきかへの提言はなかった。技能形成の観点では言及はごく僅かではあるが，労働力不足への対応としての，外国人である研修生・技能実習生の増加や[32]，国外進出先での技術指導の困難性にも言及しており，時代を反映したものとなっている。

② 次に，府立産開研（1997a）は，婦人子供服メーカー（製造卸とも呼ばれる）を取り上げた。アンケートは大阪婦人子供乳児服工業組合の協力を得て，1996年9月に郵送自記式で行われた。平成不況と輸入急増の影響で転機を迎えつつあるとの認識を示した。それまでの輸入急増との大きな違いは，1990年以降多く見られるようになった日本企業自身が生み出した委託生産や自社工場の設置由来の輸入急増であったという点であった。輸入急増[33]，単価の下落を受けて，海外への委託生産や自家工場での生産に踏み出した企業を念頭に置いた。ここでいう海外とは，ほぼ中国を指していた。こうした動きは，国内の生産体制の縮小，社内の企画担当者数の減少[34]，約半数の企業で外部の企画担当者の利用につながっただけでなく，平成不況とも相俟って，販売先業態の変化[35]，販売先の関東圏へのシフト，海外ライセンスブランドの導入が行われた。情報化ではパソコン通信やインターネットの利用だけでなくCADの導入についても調査され，企業規模の違いで大きな差が出ていた。2000年代半ば以降の海外ファストファッションの上陸と急増するネット通信販売の影響は無論まだ見られないが，企画力と販売力の強化を提言している。ともにポイントは人材の確保であった。また，企画力では大阪ファッションのイメージアップが必要であり，当時毎年行われていたトータルファッションフェアの意義を強調した。また，大阪の素材開発力にも期待した（表5—12）。販売力の強化では，すでに通商産業省の支援策として行われていたQRへの期待も表明された。これと関わって生産体制のあり方も位置付けられたが，パソコン通信やインターネットの利用は小企業ではまだまだであった。

縫製面では，大阪の婦人子供服縫製業の減少と製造卸の国内における高い外注依存度を確認した上で，輸入品の急増を受けて，下請縫製業への依存の見直しが発注額減及び発注先数減により行われていること，他方で大阪の特徴としてサンプル縫製の工場確保で便利であることも示した（表5—12）。

③ 最後に，府立産開研（1997b）は，1996年11月に実施のアンケート調査に基づいて，丸編み，横編みニットメーカーを対象として業界の構造変化と今後

表5―12　商品企画からみた大阪の特徴（単位：％）

	便利	不便	どちらとも言えず
素材メーカー，生地商等との連携	83.6	3.3	13.1
サンプル生産ができる縫製工場の確保	60.0	13.3	26.7
市場情報の収集	55.0	15.0	30.0
ファッション情報の収集	52.4	18.0	29.5
デザイナー等の人材確保	38.3	21.6	40.0
外部のデザイナー，デザイン事務所等の確保	27.3	27.3	45.5

注）便利は，「非常に便利」の％と「かなり便利」の％の合計，不便は，「全く不便」の％と「多少不便」の％の合計。
出所：府立産開研（1997a）42頁，第Ⅳ―16表より作成。

の方向性を明らかにしようとした。議論の前提としては輸入急増，流通構造の変化，消費不況をあげた。

　服種の中で最も中国からの輸入品の影響を受けた部門であり，大阪のニットメーカーは，企業の内外の要因によって大きく揺らいでいるとした。内の要因としては価格低迷の中で多品種小ロット・短納期それ自体が経営を疲弊させていること，外の要因としてはこれまで大きく依存してきた外注先（編立て，裁断，縫製，染色，加工・仕上等）が縮小により生産システムの維持が難しくなっていることである。国内有数のニットの総合産地でもある大阪は，産地全体としての能力が低下している。織物を用いる他のアパレル企業とは異なり，自ら中国に進出して低コスト要求への対応を図ろうとする企業は少なかった。それでも委託生産という形をとって中国生産を利用していた。企業が小規模であることを反映した動きと言える。また，企画面では主な販売先である問屋・商社ないしアパレル企業への企画頼り，発注頼りの弊害がでている。自社ブランドが少ないだけでなく，手っ取り早く高付加価値を得られる海外ブランドのライセンス導入に頼ろうとしている。

　技能に関わっては，熟練技能者・技術者の不足，高齢化が進行しており，多様な機械設備を操作する技能修得が求められているが[36]，それに適した若年従業員の補充が進んでいない。

　以上を踏まえて，報告書は対応として輸入品とは競合しない商品作りを強調し，そのための商品企画デザイン能力の強化，固有な生産加工能力の確立，ター

ゲットを絞った戦略を強調した。小企業の場合には、内部資源に限界があることから機能補完のために他企業との連携の必要性を提案した。しかし、これ以上踏み込んだ提案はなかった。

以上の府立産開研の3つの調査報告書を念頭に、ほぼ同じ時期にインタビューを行った3つのケースを順次紹介しよう。

2　国内生産100％のケース——ポプリン株式会社

以下は、1996年8月5日に行ったインタビューによる[37]。

同社は1973年10月大阪市内の創業で、インタビュー時の資本金はグループ全体で4000万円、従業員はグループ全体で35人である。製品は、ブラウスが売上げの70％、ジャケットが同30％を占めている。ブラウスのターゲットはミセスであり、価格帯は1万6000円～2万4000円、中心価格は1万7000円である。売り先は地方問屋向けが95％を占め、国内生産100％となっている。生産期間・素材・価格帯で限られる中国製品とは競合しない。ブラウスは、素材、デザイン、色で売れ筋が変化するが、特に素材が複雑になっており[38]、これへの対応は中国での縫製では難しい。社内の縫製検討会で縫製対応を決定しても、外注先の本番生産では没になることもある。また、期中の短納期対応では、10日ないし2週間対応が求められており、これも中国では難しい。1ロットは平均150枚であり、少ない場合は50～80枚というケースもある[39]。

生産ネットワークは図5－3の通りである。素材が変化する中では芯地、縫

図5－3　国内生産100％のブラウスメーカーの例（1996年）

出所：ポプリン（株）へのインタビュー調査（1996年8月5日実施）より著者作成。

糸の選択が重要となる。また，短納期で追加生産を行う場合には，服地問屋と調整し予約しておく必要がある。サンプルメーカーは大阪市内の個人経営業者であり，8割が専属である。ブラウスの外注先は16社でうち5社が専属，ジャケットの外注先は10社で専属はない。ブラウスの外注先の多くが四国地方にあり，量産指向ではなく，従業員数10人以下の企業である。

3 1980年代設立の合弁企業のケース——上海世界時装有限公司，後の上海世界連合服装有限公司

以下は，1996年12月12日に行ったインタビューと観察による。

（株）ワールドの『有価証券報告書総覧　平成9年3』によれば，1987年7月上海に合弁会社上海世界時装有限公司を，89年2月上海にニット生産の合弁会社上海世界針織有限公司を設立した。1993年12月これらの2社が合併し，上海世界連合服装有限公司が設立された[40]。

1987年当時，ワールドは売上げ1500億円で[41]，国内では日本・ヨーロッパの素材を使って高級品を，台湾・韓国では特殊な製品を作っていた。バブルが始まった頃であり，もの作りが評価されなくなった。労働集約型産業には若者が入ってこず，縫製・ニッターで熟練を必要とする所に人が入ってこない。つまり，高齢化であり賃金上昇・効率低下であった。ファッションはもてはやされたが，ハードは軽視された。同時期，ヨーロッパからの直輸入品によりブランドブームとなった。日本のアパレルは，ヨーロッパ品に勝てない，どうなるかという状況に対応を迫られていた。長期展望として海外シフトを考えざるを得なくなった。

1987年12月ワールド51％，当時の上海服装工業公司49％の合弁で，資本金150万ドルの上海世界時装が設立され，建物は上海の南京東路近くの湖北路（フーペイルー）にあり，1階が店舗，2・3階が工場ラインであった。すぐには日本向製品は作れず，1階の店で売ることを考えた。1987，88年の国営工場の労働者の賃金は月200元であり，合弁企業の名目賃金は500元，手取りでも400元はあり，国営工場の2倍であった。

もののなかった時代であった。当時，女性物スーツの価格は700元から800元であった。スーツ，ブラウスとフルアイテムを作り予想を覆して売れた。購入したのは，普通の労働者であり，彼女らは1家族3世帯が働いており可処分所得は高かった。

1989年2月に上海世界時装（70％）と（株）山崎メリヤス（福島県伊達市）20％，（株）ナカボー（大阪市）10％で上海世界針織を上海市閔行経済技術開発区南沙路に設立し，89年4月に申請した。当時上海市はハイテク歓迎，繊維の合弁は認めないという姿勢だったが，天安門事件後，1990年5月工場歓迎となり，90年から93年で中国国内販売は30店まで拡大し，販売額は3500万元，当時の為替で5億円であった。

生産型合弁であったため外貨バランスをとるため，製品の7割を輸出しなければならなかった。米国向けは安さが第1という世界であったが，日本向けは量販店でもある程度の品質を求めたため，ワールドは生産管理機能も果たしていた。製品はワールド，百貨店向けアパレル企業，量販店向けアパレル企業に販売していた。1993年までは大変だった。

1994年が転換点となった。バブルが崩壊し，日本のアパレル企業は，マーケットが飽和状態であり，在庫リスクは持ちたくない。他方で追加生産体制を作りたい。価格競争であり，しかも商品を欲しい時に欲しいので，国内生産体制が便利になり，海外生産はそのあり方が問われるようになった[42]。コストが掛かるもの作りはしたくない。デザイナー，パタンナーを抱えると経費率が高くなるので，リストラをし外部調達をした。その結果，企画機能が必要なのに衰えている。アパレル企業がバイヤー化，セレクター化し始めているので，同社からいくらでこういうものが作れると言わないと受注できない。プレゼンテーションが必要であり，年4回サンプルを持って日本でプレゼンテーションをする。

販売の3割が日本側親企業であるワールド向けである。それ以外は，ワールドの競争相手に販売している。ワールドにとっても同社は調達先の1つでしかない。

昔，上海ブランドは全国で通用していた。今（1996年現在）は上海ブランドというだけでは通用しない。上海の紡織担当局に言わせれば，なぜ田舎（江蘇省，浙江省のこと）のブランドに負けるのかとなる。海外製品・合弁製品が市場に出回り，消費者の選択眼がよくなってきている。マーケティングが求められており，伸びている企業はこれをやっている。同社内にはデザイナーがおり，中国国内販売は社内オリジナル企画である。

会社組織は，社長，副社長，部長，次長，課長，係長，班長（女性），作業者であった。社長（総経理）は日本人，副社長は中国人で，日本人は社長以外にデザイナー1人，生産で2人，営業で3人である[43]。

一般に中国国内販売では値段が通る。同社のスーツの中国国内での上代（小売価格のこと）は1000元である。輸出は商社経由もあるが，直売りもできるため利幅が多く輸出比率は9割である。

パターンは日本から送られてくるが，問題があり，同社のローカルスタッフが修正している。デザインとパターンが合致していない場合，どちらを優先するかについて問い合わせるが，その確認の電話代が高くなる。サンプルを作り，それを日本に送り了承をとる。企画とサンプル作りで20人が従事している。CADから型紙を打ち出し裁断担当へ送る。外注先は裁断も行っている。

デザイナーは2人（大卒）いるが，ブランドのコンセプト，企業の方向性を考えたデザインができない。

フルアイテム化，ありとあらゆる素材対応で，1ロット平均200枚，10ラインある。毎日違うものが生産ラインを流れている。単品（例えばワーキングのみスーツのみ）を生産していると輸出は厳しい。

繊維産業は縦割りであり，縫製1社が中国に進出しても何もできなかったが，最近副資材等の企業が進出して揃い始めた。レディス対応の場合，中国では副資材の種類が少ないため対応できない。一方，メンズなどの単一アイテムでは恩恵を受けているだろう。

日本向けでは受注生産，中国国内向けでは自社ブランドの見込み生産である。中国国内向けは2ブランド，ニットも布帛も入れて1シーズン400あるいは500型で，プロパー消化率は6割，残りの4割はバーゲンで売る。中国人の営業担当は4人いる。1990年以前はバーゲンはなかったが，今（1996年現在）は年中行っている。

リードタイムは3ヵ月で以前は半年だった。通関手続きなどで時間がかかるので，実際の生産は1ヵ月となる。

トヨタ・ソーイング・システム（TSS）の導入は当初からである。日本と同じ機械を据え付けており，1枚流しでドイツ製のプレス機が工程の途中に入っている。機械1台の効率は悪いが，設備・人員配置を1枚流しに対応できるようにしておく必要がある。例えば1ロット200枚が終わると，次のロットの1枚を試作として流す。指図書も流す。新しい製品を始める時は，不安と緊張の時である。製品が変わると，スピード・力の入れ具合が異なっており，通常の体制に持って行くのに3，4日かかる。

ラインには仕掛品が全くない。ブラウス生産は人・日当たり7枚から10枚で

ある。1ロット平均200枚であれば，1週間で終わってしまう。ボタン付けは手作業である。各工程での品質の作り込みをしており，中国でやるように最終製品に手を加えて製品にしたくない。こうするとどうしても生地に無理がかかる。

建屋の5階にはTSSの特徴である5本のU字型ラインがある。各ラインには花の名前が付いている。1ライン約11人で，配置人数は生産量の変動によって増えたり減ったりしている。見学時には婦人用ブラウスを生産していた。ラインには班長が1人つき，オペレーターは1ないし2ヵ月の研修を受けてラインに入る。班長はリリーフのためにおり，原則ラインから外れている。裁断は建屋の4階で電動カッターで行われる。

原料費率が高い。加工賃は，日本ではスーツ1着，高いもので6000円以上であるが，ほかはおよそ4300円，4400円である。同社では1500円から2000円である。1m30ドルの生地で関税を掛けたら加工賃差の半分は消えてしまう。例えば，1m30ドル×3m×関税率＝10ドルである。加えてレディス向け製品で高価な副資材を使うと日中間の加工賃差は消えてなくなる。

当初，12人を1ヵ月日本で研修させたが，その後は行っていない。

平均年齢24歳で，専門学校出をオペレーターとして雇うが，学校で学んだことは役立たないと言ってショックを与える。同社に合わせるのに1ヵ月かかり，2ヵ月でラインに入っている。

同社は，「上海ファッション・アパレル人材供給会社」と言われている。従業員の引き抜きはあるが，中間管理職の引き抜きは今はない。やはり同社の処遇の方が良いと認識されるようになってきた。

一般のオペレーターの賃金は月1000元から1200元で，福利を入れると1600元である。若い女性を集めるのは大変である。全員が自宅通勤であり，労働時間は午前9時から午後5時，1日8時間週40時間で土日は休み。残業[44]させると辞めてしまうので神経を使う。

熟練の養成が課題となっている。わがままな1人っ子を粘り強く受け入れているのは，熟練の養成のためである。オペレーターのアパレル対応では，感度が要求される。そういう環境で育った人でないと作業は理解できないだろう。これを理解してくれる女性に定着して欲しい。

同社の外注先工場は，上海周辺（金山県，松江県，南滙県），浙江省，江蘇省の上海市寄りに所在し，またシルクの原反加工は香港で行われる。外注先には

ノウハウ，工場管理，サンプル提示，ミシン調達のすべてを教える。外注先の一般オペレーターに理解してもらうために，マン・ツー・マンで毎日同社派遣の中国人スタッフが指導する。レサイプ通りに作るということである。外注先はファブリック4社，ニット7社で，国有企業も郷鎮企業もある。外注先企業は受注生産をやめて独立し競争相手になるが，それは仕方がない。同社は努力してもっと上を行けばよいとの考えである。

1997年には上海に進出して10年になる。同社の工場運営やもの作りのシステムを国営企業の関係者も見学に来たことから，同社としては教科書的な役割は果たせただろうとの自己評価を下している。

4 1990年代初めに設立の合弁企業のケース——上海八木高級時装有限公司

以下は，1994年12月26日に行ったインタビューと入手資料による。

上海八木高級時装は，1991年3月14日設立の，婦人布帛ブラウス生産を主とする合弁企業で，日本側の出資比率は八木通商（株）48％，松村縫製（株）3％であった。1992年6月1日に開業した。土地，建物，機械すべてで2.4億円の投資である。工場はエアコン完備で，設備はすべて日本製で，各種ミシンが149台配置されていた。生産能力は年産20万枚（月産2万枚）である。日本人2名が総経理と技術担当副工場長として常駐している[45]。上海中心部から自動車で南東へ1時間半の，上海市青浦県淀山湖畔に所在している。もともとブラウス産地であり，縫製の素養はある。

素材は，6割が中国シルク（検反をしなければ3割が不良品，検反しても5％の不良がでる），2割が中国麻，2割が日本からの持ち込み素材である。シルクの値段は少しずつ上がっている。副資材はすべて日本製である。

縫製の女性は平均年齢が20歳，ほとんど中卒で，全従業員260人のうち高卒は15人（6％）である。若い人は，スキルの吸収が速い。採用は筆記と面接で決め，制服支給・昼食支給である。契約書面では2年契約だが，辞めた人はいない。通勤時間は自転車で10分から30分である。男性は運転手・プレス・料理担当，女性は縫製担当である。ほかに財務2人，総経理1人である。

労働者には月500元払い，これと同額を厚生費として政府に支払う。昨年（1993年）は利益が出たので2ヵ月分のボーナスを支払った。1日8時間労働で，週44時間労働である。コンテナ出荷（1回4000枚）に間に合わせるために残業をするが，残業時間を合計し，日数に換算して賃金を支給する。現時点では，

残業の割増賃金はなく，日給月給制である。

縫製技術は，日本側出資企業である松村縫製が提供している。毎月技術者2人が技術指導のため日本から派遣され，半年ごとに研修生を日本に派遣している。

生産性を追求するよりも丁寧にしっかり作れと言っている。1ロットは50枚～2000枚で，平均ロットは500枚，月40種類，日本からの指図書に基づいて生産する。サンプル室で指図書からパターンを起こすが，この作業と工程作りは中国人従業員が担当している。シルクの長袖ブラウスは40工程249分（約4時間）でできる。最終検査で不良箇所の直しを行い，直らなければ不良品になる。

当初のライン数は4で，現在は6ライン（1ライン当たり20人配置）であるが，増設を予定している。日本製の機械は壊れない。コンピュータ付機械は5年で償却している。機械はどこでも同じだから，日本式のやり方，つまりアタッチメントをふんだんに使う。刺繍は浙江省へ下請けに出している。停電は，以前は月2回あったが，今（1994年現在）は月1回での予告停電である。

出荷は日本側出資企業である八木通商向けで，貿易決済はドル建である。日本での価格帯は，1万円から刺繍付きの5万円である。売上高利益率は20％で，合弁企業の場合，利益がでてから3年間は免税となっている。

5　3つの報告書と3つのケースの比較・照合

3つの調査報告書と3つのケースを比較・照合してみよう。

国内生産を続行しているケースは，その理由として期中対応力，1ロットの小ささ，多様な素材への対応力を挙げていた。また，表5―12でも指摘されたように，大阪市内ではサンプル作成も外注可能である事を確認できた。中国に進出しているケースでは，若年労働力の確保，日本の水準と比べた場合の低賃金及び低加工賃を確認できた（**表5―13**）。しかし，上海中心部に立地している企業では，熟練工を育てたいが，女性従業員の定着に問題があることが分かった。また，中国縫製の競争力は，低賃金だけで説明できるものではなく，日本側のノウハウ，設備・補助具，技術者・技能，システムの移転が背後にあることを忘れてはならない。つまり，中国縫製は日本縫製の継承者であるという側面を有している。

先に取り上げた調査報告書では，製造卸の企画力の強化が提言されたが，進

表5—13　3社の比較

	ポプリン	上海世界連合服装	上海八木高級時装
アイテム	主にブラウス	フルアイテム	主にブラウス
納期対応	期中で10日 又は2週間	3ヵ月	
価格帯	16000円〜24000円		1万〜5万円（日本で）
1ロット	平均150枚	平均200枚	平均500枚
生産方式	国内で外注下請利用	TSS	日本方式導入，6ライン
生産形態	自社ブランド	OBMとODM	OEM
従業員		平均24歳	平均20歳
	35人		260人（ほとんど中卒）
		（625人）	（246人）
月賃金		1000〜1200元	名目500元，手取400元
外注先	26社で従業員10人 以下の企業（四国中心）	上海周辺，浙江・江蘇省の上海寄りに所在，絹の原反加工は香港	浙江省（刺繍）

注）インタビュー年は，ポプリンと上海世界が1996年，上海八木が1994年であった。
　　従業員数のうちカッコ内の数値は，2000年10月現在。
出所：著者作成。ただし，従業員数のうちカッコ内の数値は，『週刊東洋臨増刊　海外
　　進出企業総覧2001　国別編』321，322頁。

行していたのは，そうした企業によるデザイナー・パタンナーのリストラであり，当該機能のアウトソーシングであった。こうした事態が，バブル崩壊後のコスト削減の過程で見られた。ここまでは報告書でも指摘されていたが，ケースはこのことが結局アパレル企業の企画機能の衰退，企業のバイヤー化となっていることを示した。かわりにこうした機能は，中国に進出した縫製企業の企画提案機能（ODM）という形で補完されることにもなった。同じ中国進出でもバブルの崩壊前後で求められる内容が，労働力確保（OEM）から企画機能補完（ODM）へと大きく変わったと言える。

第7節　国内再評価と国内復活への企図の時代，2000，10年代の対応

以下で2つの報告書を扱うが，大阪府商工労働部大阪産業経済リサーチセン

ター(以下,府産経リサーチセンターと略記)は府立産開研の後継組織に相当する。

1 産業集積の視点から——府立産開研(2010)を手がかりに

府立産開研(2010)は,グローバル競争による国内生産の減少とそれ故の地域経済活性化要請のなかで,産業集積の視点から現状の分析,課題の析出,支援策のあり方について検討している。しかも,産業集積と言っても大阪には素材から多様な二次製品までフルセットで揃っているため,製造業に限定しているとはいえ,繊維産業という大きな括りで調査分析している[46]。背後には国内製造業の再評価という機運があった。

フルセット型産業集積の視点,都市(需要)の視点,地球環境重視の視点,産業資材の視点はこれまでの府立商工研や府立産開研の調査報告書にはなかった視点として指摘できる。これは長所にもなるし,縫製業に限定したい本章の立場からすると,掘り下げ不足にもなるが,国内生産が再評価されようとしている時点の調査研究姿勢としては,深掘りする前にもう一度原点に戻って点検しようという点で理解できる。大阪府内の縫製業が依然として全国のトップにあることは強調されてよいだろう。これが何を意味しているか,が重要である。

繊維関連業種で全国の上位にあるが,生産の減少が著しい大阪の現状を理解するために,アンケート調査が2009年7月に行われた。対象は製造業企業であり,卸売業,小売業は調査対象外であった。有効回答564,有効回答率27.4%であった。分析結果は以下の通りであった。

1970年代には,素材が揃っていることが,素材を「つぶす」ために低価格の量産品指向を産み出し,ここからの脱却の必要性が提案されたが,今や素材は付加価値をつける契機として期待されている。しかし,素材企業のファッション性指向は低い。

ファッション性重視の企業では,企画,販売などの機能を取り込み,ファションション性重視と業績との正の相関関係が指摘されたが,他方でファッション重視の企業が環境重視の企業となっていないことも指摘された。

企業の小規模化,従業員の高齢化を確認し,技能という点では,熟練労働者の高齢化による,技能継承が課題として提示され対策として若年層支援が提案された。本章でこれまで重視してきた作業の標準化だけでは説明できない熟練要因がまだ働いているということであろう。府立産開研(2010)が,試作の過

程で機械設備の微妙な調整（条件設定）を必要とする素材まで含めたために，熟練の問題が強調されていることもあろう。縫製面で注目したいのは，紹介された2つの企業で縫製の技能士を養成してきたことである[47]。

小規模企業に企画力・販売力の強化をどこまで求められるか，疑問であるが，アンケート調査では対象外であり，繊維産業集積の大きなプレーヤーである製造卸を議論の対象に入れることによって，異なる視野が開けたであろう。提言では，企画力，販売力の強化は企業自身の問題であるという認識のため，府立産開研（1997）とは異なり，支援策のメニューに書き込まれることはなかった。方向性としては，産地の生産体制の維持，若者の参入支援，きめ細かな企業支援をあげた。

2　復活のチャンスを活かすために——府産経リサーチセンター（2015）を手がかりに

府産経リサーチセンター（2015）は，これまでの調査とは2点で異なっている。① アンケート調査なし，インタビュー調査のみである[48]。結果として総頁数も27頁とこれまでになく少ない。② 福井県を含む関西まで調査範囲を広げた。他方でこれまで同様，繊維産業の範囲は素材から衣服等の二次製品まで含んではいるが，卸小売業は切り離して，中小繊維製造事業者を対象にしている。

輸入増により，繊維産地は崩壊の危機にあるが，「メイド・イン・ジャパン」への注目や各種の国の支援策[49]を念頭に復活のチャンスもあるとの認識に立ち，繊維産業の実態と各府県の支援施策の調査を踏まえて，今後の支援策の方向性を打ち出している。実態調査はインタビューベースであり，流通，生産体制，海外との関わり，企業連携についてまとめた。政策支援については，福井県を含む関西の各府県の支援策について，新製品開発支援と販路開拓支援についてまとめられた。これを踏まえて，今後の支援のあるべき方向性について，マーケティング支援，海外販売支援，企業連携支援，人材育成支援，生産体制支援について論じた。

2点コメントしておく。1つは，府立産開研（2010）との相違である。そこでの支援策の提言は，企業の企画や営業への支援ではなく，産地の生産体制の維持，若年層の業界参入への支援，個々の企業にあったきめ細かな支援策を提言していた。しかし，今回はまさに企業として行うべき事業への支援を提言した。もう1つは，大阪とそれ以外の関西の府県との繊維産業の構造の相違を踏まえ

た提言があってしかるべきであろうという点である。製造卸，製造小売を念頭に置いた，工業支援と商業支援の連携である。中小製造業者に重要ではあるが，負担の重い諸機能を求めすぎる姿勢は変わっていない。これでは大阪の多様な産業構成，産地の複合性・多様性を活かせないままである。

第8節　むすび

以上，主に大阪府・市の調査報告書を紹介・評価する手法で戦後における大阪を中心とする縫製業の変遷を辿ってきた。

縫製業の変遷は，前近代性期，輸出増期（1950年代後半，60年代初め），若年労働力不足期（1960年代），後発国からの輸入増による競合期（1970，80年代），海外進出由来の直輸入増期（1990年代），国内復活への期待期（2000，10年代）に分けることができる。

縫製業の変化は，技能の変化，機械設備や生産システムの変化，自家工場か下請工場か，企業規模の変化，国内外における企業ないし工場立地の変化を内容としていた。

前近代性期・輸出増期では，米国からの一定の技術移転はあったが，大きな変化は起きていない。

大きな変化は若年労働力不足期に起きた。生産システムでは科学的管理・IEが導入され，製造卸企業の自家工場が設置された。立地は大都市からその周辺部，そして地方へシフトした。作業の単純化・標準化は，それまでの本縫いミシンによる縫製から多様な特殊ミシンの導入を伴った。他方で人手不足により下請縫製業では小規模化が進んだ。

後発国製品の輸入増期では，高付加価値化，ファッション化，多品種少量生産短納期化に応じられる縫製体制が求められた。高付加価値化は，素材面と欧米のブランドライセンスで対応し，多品種少量短納期化は，大都市における小規模下請企業が対応した。後者の場合，コスト高になるにも拘わらず，工賃は上がらなかった。数量，金額ベース双方で，1990年代初めまでは増加が続いた。

海外進出・委託由来の直輸入増期は，それまでの輸入増のほかに平成不況発の低単価が引き金となった。海外委託生産と海外自家生産の2つがあったが，国内の縫製業の縮小が続いた。対応としては，企画力の強化が強調され，生産システムのQR化が推進された。企画面では大阪は素材開発面と試作品縫製力

で期待できた。QR化ではサプライチェーンのメンバーである縫製業の役割を重視することになるが、小規模縫製企業における情報化は遅れていた。海外の縫製拠点では、主に都市部で従業員の定着問題が指摘された。

　国内復活への期待期では、産業集積の視点、都市の視点、地球環境の視点、産業資材の視点を取り入れつつ、また「メイド・イン・ジャパン」復活への試みを踏まえて支援の方向性の検討が行われた。

　以下で熟練・技能・創造性、政策面での製販連携に関わって評価しておく。

　① 技能者を整理すると以下のタイプが見られた。「1ないし2ヵ月の研修でラインに就ける作業者」「標準作業を行える技能者」「複数の工程（標準作業）を担当できる多能工技能者」「新標準作業、段取り替えに柔軟に対応できる技能者」「通常はラインオフしているが、欠員等があった際、いかなる作業でもリリーフできる多能工技能者」「すべて1人で対応できる、丸仕上げができる万能熟練者」である。近代的技能者をサポートしたのは、分業と作業標準化と特殊ミシンに代表される機械設備であった。標準化は、技能形成、生産性に大きく影響し、縫製機能の国内外の立地移動にも関わった。他方でインタビュー時に相手方より「熟練者が足りない」「熟練を養成したい」との説明を何度か受けた。作業が標準化され、特殊ミシンが導入される中で必要とされる熟練とは何か。もちろん、「丸仕上げ」時代の熟練とは異なる。現場観察によれば、頻繁な品種切り替え（によって生じる標準作業そのものの変更や改善）への対応力、複数工程を担当できる多能性、試作時の機械設備調整（条件設定）ができる能力、さらに習熟効果への期待と言えよう（表5—14）。

表5—14　小零細規模縫製事業所における生産の前提条件と熟練者の役割

前提条件	多品種小ロット短納期 新規素材の使用 従業者数が少なく生産関連の計画部門と実行部門が未分離 本縫いミシン・特殊ミシン
試作過程 初期流動性管理 定常生産	形式知と暗黙知を動員して機械設備・作業の条件設定 新標準作業の設定、品質確保の確認 新標準作業下での柔軟対応・多能工化（含、各作業での品質の作り込み）

出所：著者作成。

科学的管理，IE の導入は，生産性つまりコスト削減とともに品質確保に関わった。他方で，1970年代以降の高付加価値化，先進国型産業への移行のため，これとは異なる機能が求められた。デザイン・ブランド・オリジナル性の確保である。しかし，この点についても欧米先進国の模倣に留まった。しかもその模倣は成果の模倣であって，創造プロセスの模倣ではなかった。結果として，品質は向上したが，デザイン・ブランド・オリジナル性では2番手のままであった。過去のファッションがどのような条件のなかで生まれ，なぜ多くの人々の共感をもって支持されてきたか，についてこそ学習すべきであった。

　② 支援策との関係では，卸売企業と製造企業とが密接に関わっていることを認識しながら，傾向として中小製造事業者に過大な期待をかけるものとなっている。企業内では，産業分類や国の政策当局内の所掌分担（原課）とは関係なく，流通と製造が融合している[50]。こうした実態を踏まえた支援策にしないと，多様な産業集積，地域の多様な資源を有効活用できないであろう[51]。旧通商産業省が繊維ビジョンを作り始めると，これに縛られた調査内容になり，自由な発想で，地域に密着した調査が難しくなったことは地方の行政機関の調査活動という点からは致し方なかったが，現在この縛りがなくなったことからより自由な発想で地域の特性を踏まえた地域密着型の調査を期待したい。そしてこの結果を踏まえた地域政策にも期待したい。

注

1 ）基本文献である中込（1975）は，日本のアパレル産業が確立した1970年代初めまでの衣服製造について整理している（第4章，第8章）。ほぼ同じ時期を対象とした鍛島（2006）も衣服製造について紙幅を当てて論じた。中込（1975）は，科学的管理や IE の導入についても実質的には言及しているが，その内容にまで明示的に立ち入っているわけではない。また，当然のことながら，上梓以後である1970年代後半以降の生産の変化（トヨタシステム化と生産機能の中国移転）については論じていない。同書を踏まえながら，生産面でも現代までつなげる研究課題が残されているということである。

2 ）富沢このみ（1980）はアパレル産業は物を媒体として情報を提供する産業との認識を示し（19頁），その内容はファッション・流行・デザイナー・ブランド・マーチャンダイジング・小売・国際分業にシフトしつつあるが，それでもまだ縫製の担い手や縫製工程にも頁数を割いて言及している（例えば，20 〜 22, 148, 193, 194, 209頁）。

少し後に出版された小山田（1984）ではアパレル・メーカーの分類についてわずかに言及してはいるが（70～75頁），生産過程にまで分け入っていない。また，研究者の関心もブランドやマーケティング，流通に関する領域が中心になる。

大著である上田（1992）は，明治期から1980年代までの大阪の中小企業を扱っているが，衣服縫製品の検討は1960年代までで終わっている（263～293頁）。府立商工研（1970a）は産業別の分析を行いその中で丸編メリヤス製品と布帛縫製品を扱ったが（第2部第3章6節，7節），府立商工研（1980）では産業構造の転換の視点から検討が行われ，個別産業に分け入った分析が行われることはなかった。したがって，縫製業の検討も行われなかった。こうした中で短編ではあるが，太田（1981）は重要であり，紳士既製服産業における昭和30，40，50年代の下請再編について手際よく整理している。

3）科学的管理法の導入と普及・展開に関しては，原編（1990）と佐々木（1998）があるが，ともに1960年代のしかも既製服産業については論じていない。両研究を踏まえると既製服産業への導入は，日本の導入史で最も遅いケースと言えよう。ちなみに，原編（1990）では1920年代初め上野陽一による，福助足袋のミシン加工作業における能率指導の取り組みが紹介されている（246頁）。東洋紡では1917年末に紡績の運転，据え付けの標準動作ができあがり，翌18年1月より各工場に導入され，製品規格の安定，生産性の向上，労働安全の確保に寄与した（東洋紡株式会社社史編集室編，2015，37，38頁）。

4）繊維ビジョンについては，富澤（1998）299頁，表X—4を参照のこと。なお，同表1行目の1996年9月は，1966年9月の誤りである。訂正しておきたい。

5）1934年1月3日現在，銀座本店11人，銀座工場28人，神田支店8人，神田工場11人，丸ビル支店9人，蒲田工場18人，柴田羅紗店12人，日光羅紗店13人で，生産販売に従事する従業員は合計で110人であった（柴田，1992，345頁）。1951年1月から徒弟制度はなくなった（柴田，1992，538頁）。尚，婦人洋服の徒弟制度についての概略は，雇用・能力開発機構 職業能力開発総合大学校 能力開発研究センター編（1986）277～278頁参照。

6）上着の次に大礼服を縫うが，これができるのは10人中1人ないし2人であったという（柴田，1992，58頁）。

7）米田屋洋服店・柴田絨店の出身者で1921年に組織した「米睦会」会員は，1974年時点で全国に200の会員がいた（柴田，1992，113頁）。

8）丸仕上げ，グループ方式，連動台方式については，中込（1975）80～82頁の説明が分かりやすい。

9）アンケート回答企業中129社の集計では，学生服・婦人服・婦人オーバー・その他婦人服の売上高が全体に占める割合は7.9%であった（大阪市経済局，1957，付表第

11表から算出)。
10) 下請工場での技能形成についての言及はなかった。
11) ワンダラーブラウスについては,本書第3章を参照のこと。
12) 回答企業のブラウス販売では,輸出比率は数量ベースで9%,金額ベースで16%であった(大阪市経済局,1959,87頁,第21表より算出)。
13) この箇所は分かりにくいので補足しておく。文中のグループ方式での「グループで分業」とは「グループ内で分業」という意味である。また,連動台方式での「グループで分業」とは「グループ間で分業」という意味である。中込(1975)によれば,「グループ方式が総人員の多少にかかわりなく,4,5人の組にわけるのに対して,総人員全体で1組とした分業化をはかる作業方式を連動台方式とよぶ」(81頁)。連動台方式ではいくつかの班に分かれて班の間で分業が行われる。いずれの場合も,組単位で作業は完結する。
14) 戦前の徒弟制度と区別するために,住込工といった方が適切であろう。
15) 受取制とは出来高賃金のことである。
16) 米国の「縫製業界におけるインダストリアル・エンジニアリングは,他よりもゆっくりしたペースで発達してきた。1930年代以前には,エンジニアリングと言えば,論理にかなうようにミシンを配置することをさし,これに作業時間の調査に基づく出来高制の考えを,わずかに加味したものであった。1932年頃に,流れ作業の技術が採用され始めたのを契機に,仕事そのものに,あるいは,一つ一つの作業に目が向けられようになった」(『縫製ハンドブック』364頁)。
17) 府立商工研(1970)でも特殊ミシンや機械の導入で多量の未熟練労働者を採用したと述べ,シンクロナイズドシステムの導入にも言及しているが,さらに進んで作業の分割,標準作業の設定について分析することはなかった(23,113,116頁)。ただし,簡単な言及はなされている(111頁)。
18) ミシン縫製工不足については,府立商工研(1972)134～136頁を参照。
19) 府立商工研(1965)があるが,これは府立商工研(1964a)と内容が重複しているので省略した。
20) このうち多種少量生産は1970年代には前向きに評価される条件であるが,この時点では零細性に関わって消滅していく条件として位置付けられている。
21) (株)ドゥ・ワン・ソーイングのウエブサイト(http://www.do-1.co.jp/datl/history.html)を2017年7月8日閲覧。
22) この時点では日本企業の海外進出は輸出縫製品業界では希なケースとされた(府立商工研,1976,23頁)。
23) これに伴って下請外注依存への回帰を予想した。
24) 同年に出された機械振興協会・新機械システムセンター(1976)では,紳士服の製

第5章　戦後におけるアパレル縫製業の変遷　　197

造卸に関連して，検討すべき課題として「売り切る商品として質的な内容充実をはかるための企画力，縫製技術の向上，生産リードタイムの短縮などを可能とするトータルプロセスを考える必要がある」（148～149頁）とした。
25）1960年代については，大阪府紳士既製服製造業の存立構造の図がある（府立商工研，1970，36頁）。
26）例えば，特殊ミシンの導入によって，熟練作業を減らし，不熟練作業者でも担当できるようになる。
27）1975年以降，製造卸による国内下請と国際下請の使い分けも進展することになる（太田，1981，9頁）。メルボ紳士服の香港での合弁縫製会社の設立は1975年であった。
28）大阪で豊富に供給される素材を衣服にして売る，売れ残りにくい一般的な色，柄，スタイルで多量に売る，消費者のニーズを疎かにし，ボリュームゾーンを狙う，といった特質である（大阪市経済局，1979，132頁）。
29）人材育成専門調査委員会アパレル産業部会編（1996）276頁。
30）アイシン精機のパンフレット（表5—11の出所参照のこと）はTSSの特徴として，「変種変量生産を先駆ける」「国内生産のメリットを生かす」「企業連携でニーズに応える」を挙げた。最後者の企業連携では製販一体を想定している。アイシン精機株式会社社史編集委員会編（1985）によれば，TSS（トヨタ・ソーイングマネジメント・システム）は，「トヨタ生産方式に加え当社自らのTQC，TPM活動で培ってきた生産管理技術にさらに独自の改善を加えて開発した，アパレル産業ならびに自動車シートなど縫製産業用の総合的生産システムのこと」（104頁）であり，カーシートの多品種少量，短サイクル化に応えるために，トヨタ自動車工業，豊田紡織，アイシン精機の3社が協力して開発した。1976年10月にプロジェクトチームが編成され，1978年3月に発表された（104頁）。
31）実際には，後に紹介するように中国の合弁企業にも導入された。なお，国内でのトヨタ生産方式の導入前後の変化については，北吉（1985）116頁，図2を参照（なお，同図の表示形式は表ではあるが，原文の通り図2としておく）。
32）外国人研修生制度の研修生は法的には労働者ではない。
33）中国，アジアNIEs，香港と競合する企業がある一方で，少ないとはいえイタリア，フランスと競合する企業もあった。
34）企画担当者とは，マーチャンダイザー，デザイナー，パタンナーなどである。
35）婦人服の主要販売先は専門店，量販店であり，子供服の主要販売先は量販店であった。過去5年間では商社・問屋の割合が減少したが，今後は量販店，専門店，商社・問屋が減るとした。
36）府立産開研（1997b）によれば，丸編みの場合，「ミシンは用途別に細かく専門化された専用機がほとんどで縫製や生地の種類毎に多様なミシンが使用される。……

縫製工程では1人の縫製工が複数のミシン操作を行う必要がある。／……多種類のミシンの操作技術を新たに習得するには柔軟性のある若年者の方が適している」(60頁)。横編みの場合,「機能が高度化し,CADをはじめデザインシステムが普及するにしたがってコンピュータに関する知識やプログラム作成のための技術・技能を持った人材が不足しており,新しい設備に関する知識と従来のニット製品の企画,製造に関する知識の双方を持ちうる若い人材の確保・育成が課題となっている」(61頁)。

37) 以下で紹介している内容はインタビュー直前の10年間,つまり1980年代半ば以降90年代半ばまでの時期についてである。

38) 例えば,テンセル,ナイロン系,レーヨン,キュプラを挙げていた。

39) 1990年代初頭に刊行されたアパレル生産工場管理のためのテキストの認識は次の通りである。「アパレルメーカー(いわゆる製造卸のこと——引用者)の基本的サバイバルの条件は,ファッション化商品においてのみ可能であることから,商品の多様化,高級化,高感度化で,小ロット短サイクル生産を海外生産することは極めて困難と言わざるを得ない」(河内・辻本・矢島編, 1993, 436頁)。

40) 上海世界連合服装の株式所有は,2000年10月現在調査で,ワールド45.02％,ナカボー3.91％,上海市服装総公司43.26％であった(『週刊東洋経済 海外進出企業総覧2001 国別編』321頁)。

41) (株)ワールドの年間売上高は,1988年3月期1430億円,89年3月期1513億円であった(『会社総覧 1990 未上場会社版(下巻)』日本経済新聞社,1990年5月発行,2538頁)。

42) 安さの提供から安さプラス企画の提供へということである。

43) 日本からの派遣は上海世界連合服装の2000年10月現在では9人,上海世界時装の1991年12月現在では2人であった(『週刊東洋臨増刊 海外進出企業総覧1992』276頁;『週刊東洋臨増刊 海外進出企業総覧2001 国別編』321頁)。

44) 生産に季節性があり,残業は納期遵守に関わってくるので,突発的な残業は避けられないという。輸出(出荷)は週1回混載の船で行われる。これに間に合わせなければならないため残業になる。

45) 日本からの派遣は2000年10月現在2人であった(『週刊東洋臨増刊 海外進出企業総覧2001 国別編』322頁)。

46) 諸機能が揃っているということと,諸機能が同じ方向をむいて連関していることとは全く別のことであるが,こうした認識は見られない。

47) 本章の第2節第1項で紹介した技能工養成が形を変えて引き継がれていることが分かる。

48) インタビューソース(実施時期,実施対象の情報)について最低限の記述もない。

49) 「JAPNAブランド育成支援事業」「クール・ジャパン戦略推進事業」「J ∞ QUALITY

認証事業」が挙げられていた。
50) 法律ベースでは，1994年に繊維工業構造改善臨時措置法から繊維産業構造改善臨時措置法へと名称と内容の変更が行われた。
51) 府立商工研（1986）27，55頁では正しく表明されている。

第6章　大阪の繊維ファッション業界の構造とイノベーション指向度

第1節　はじめに

1　アンケート調査の目的

　大阪では，1980年代後半から2000年代にかけてファッションを手がかりの1つにして都市機能の高度化と都市再生が構想されてきた。しかし，2010年代になると，「ファッション」にはもはやそうした位置づけは与えられなくなった。これは，世界の大都市がファッションを1つの切り口にして都市間競争上の優位を構築しようとしたのとは正反対の動きであった。もはや「ファッション」は大阪賦活の1つの視点とはならないのであろうか。これが，第6章の問題意識である。

　研究課題「大阪の再生をファッションの視点から考える」が2014年度の大阪市立大学COC地域志向教育研究補助事業（地域活性分野）に採択されたのを受けて，研究代表者である著者は大阪のファッション関連企業を対象に当該研究事業を実施した[1]。当該事業では共時的（構造）分析と通時的（変化発展史）分析を目的とするアンケート調査とアンケート調査の補完を目的とするインタビュー調査を行ってきたが，本章ではアンケート調査事業の結果を紹介する。

　アンケート調査の目的は，今日あらゆる領域でイノベーションが求められているが，イノベーション指向を中心に据えて大阪のファッション関連企業のイノベーション度を明らかにし，もって大阪の再生・賦活のための共通資産にしようとするものであった。

　イノベーションについては，「競争環境の変化をうけて，課題が発生し，それに対応するために，商品面，事業分野面，調達面，販路面，組織構造面，技術面で新たな行動を起こし，かつその行動のうち成果を生みだしたもの」と定義した。なお，アンケート調査票の最後にイノベーションについて自由に記述頂いた内容をいくつかの見出しの下に整理したものが，後掲の**付属表6−1**である。参考のために収録しておいた。

2 アンケート調査の対象企業

本研究課題の協力団体であった，協同組合 関西ファッション連合の組合員571社に対して，2014年11月12日から28日にかけて郵送によるアンケートを実施した。12月に入って到着した分を含む回答は83社（84社から回答があったが，うち1社は回答を辞退）から得られた。回収率は14.5％と低かったが，パイロット研究として構造分析モデルを組み立てるためには使えるサンプルサイズと言えよう。

関西ファッション連合の組合員企業の取扱品目別，規模別構成は，表6—1，表6—2の通りである[2]。取扱品目ではレディースが突出しており，年売上げ額では10億円未満が61％，50億円未満が85％を占めており，中小規模事業者から構成されている。そのうち規模クラス2と4が多数を占めていることに注目しておこう。

他方，アンケート回答企業の年売上げ規模別分布は表6—2のようであり，10～50億円規模の回答数が多い点は，組合員数を一定反映していると言えよう。また，回答企業の分布は，組合員構成よりも規模の大きな企業が回答しているといえよう。

表6—1　取扱品目別組合員企業数（2014年6月12日作成）

レディース	257	(44)
インナー	73	(13)
テキスタイル	59	(10)
子供ベビー	36	(6)
和装	36	(6)
その他	29	(5)
メンズ	25	(4)
リビング	19	(3)
雑貨	13	(2)
スポーツ	11	(2)
ユニフォーム	6	(1)
商社	5	(1)
レッグニット	4	(1)
計	583	(100)

出所：関西ファッション連合作成。

表6－2　組合員数とアンケート回答企業数の規模別分布

年売上げ額規模		組合員企業	アンケート回答企業
規模クラス1	「～1億円」	77　（13）	3　（4）
規模クラス2	「1～5億円」	182　（31）	16　（20）
規模クラス3	「5～10億円」	99　（17）	11　（14）
規模クラス4	「10～50億円」	141　（24）	33　（41）
規模クラス5	「50～100億円」	28　（5）	4　（5）
規模クラス6	「100～300億円」	31　（5）	6　（8）
規模クラス7	「300億円～」	23　（4）	7　（9）
合計		581　（100）	80　（100）

注）組合員企業数（2015年3月5日現在）は，関西ファッション連合提供。
出所：著者作成。

表6－3　創業時期別企業数の分布

	組合員企業	アンケート回答企業
1期「～1940年」	83　（16）	24　（29）
2期「1941～45年」	5　（1）	0　（0）
3期「1946～55年」	80　（15）	11　（13）
4期「1956～60年」	19　（3）	2　（2）
5期「1961～70年」	42　（8）	12　（15）
6期「1971～80年」	67　（12）	4　（5）
7期「1981～90年」	66　（13）	15　（18）
8期「1991年～」	158　（30）	15　（18）
合計	520　（100）	83　（100）

注）組合員企業数（2015年2月13日現在）は，関西ファッション連合提供。ただし，創業年が判明している企業のみ。
出所：著者作成。

　創業時期でみると，表6－3のように回答企業の29％が1940年以前の創業であり，大きな集団を形成している。

　以下では，第2節でまず回答企業の強みとイノベーションについて全体の状況を確認する。第3節では集計分析を行い，第4節では集計分析によって得ら

れた諸特徴を取りまとめ，これを踏まえて第5節で構造分析モデルを構築し，最後に第6節で提言を行う。

第2節　回答企業の強みとイノベーション事例

まず，強みについて見よう（表6－4）。特徴としては，まず多様な強みにばらけていることを指摘できる。その中でも製品そのものに関わる企画力，素材，日本製，製品特化であることが，強みの上位にある。他方で「単価，価格」面やこれを可能にする「海外生産」はそれほど多くない。短納期対応，小回り，顧客対応力もそれほど多くない。「なし」と「無回答」を合わせても6社（7％）であった。ほとんどの企業が自社の強みを認識していると言える。

次に，回答各社の最も誇るべきイノベーションについて見よう（表6－5）。「無回答」が35社（42％）と多かった。これは秘匿目的と該当するケースが思い浮かばなかったことの両方あると推定できよう。領域分類別では，製品開発，販売，海外生産が3本柱であるが，販売と海外生産は先ほどの「強み」とは対照的である。販売については流通経路の大転換への対応と言え，海外生産は中国，ベ

表6－4　企業が強みとしてあげた領域分類別企業数

企画力	13社	品揃え	2社
素材面	11社	変化対応力	2社
日本製を強調	10社	新販路	2社
製品特化	7社	付加機能	2社
機能統合	6社	もの作り	2社
短納期対応	5社	海外生産	1社
単価，価格	4社	その他	2社
顧客対応力	4社	なし	2社
小回り	3社	無回答	4社
伝統，老舗，認知度の高さ	3社		

注）質問1「貴社の最大のアピール点（強み）をお聞かせ下さい」への回答をまとめた。わずかではあるがダブルカウントあり。回答した83社のうち，無記入の4社を除く79社の回答を分類した。
出所：著者作成。

表6—5 企業が「誇るべきイノベーション」として
自らあげた事例の領域分類別企業数

製品開発	12社	M&A	2社
販売面	12社	人材	1社
海外生産面	8社	供給面	1社
生産面，但し海外生産は除く	6社	その他	4社
自社ブランド	3社	無回答	35社
仕入れ	2社		

注）質問7「貴社にとって，最も誇るべきイノベーション事例と思われることについて，お聞かせ下さい」への回答をまとめた。わずかではあるがダブルカウントがある。回答した83社のうち，無記入の35社を除く48社の回答を分類した。
出所：著者作成。

トナム等への生産拠点の設置であるが，ともに各社が同じ対応を取ったために「強み」には結びついていないと言えよう。イノベーションに課題を抱えていることが窺える。

全体集計で見ると「強み」と「イノベーション事例」で以上の様な特徴を持っているが，いかなる課題を抱えているか，次節で掘り下げた分析を行う。

第3節　アンケート回収票の集計分析

本節では，構造分析モデルを構築するのに役立つ，クロス分析（×印で表示）を行う。

各表の横軸，縦軸の目盛りについては各表の注を参照して頂きたい。年売上げ額を除き，数字の小さい方から強い／大きい／古い順に並べたが，年売上げ額だけは，小さい順に並べた。回答企業がすべての質問に回答しているわけではないので，企業数の合計は必ずしも83社にはならない。

1　創業時期×年売上げ額（表6—6）

創業時期3以降の創業企業で，年売上げ額の回答企業数が比較的多かった時

表6－6　創業時期×年売上げ額（企業数，カッコ内は％）

		創業時期								合計
		1	2	3	4	5	6	7	8	
年売上げ額	1	0	0	1	0	0	0	1	1	3
	2	5(22)	0	2	0	1	2	3	3(21)	16
	3	2	0	1	1	2	0	1	3(21)	10
	4	6(26)	0	5(45)	0	7(64)	2	8(50)	6(43)	34
	5	2	0	1	0	0	0	0	1	4
	6	2	0	1	1	1	0	1	0	6
	7	6(26)	0	0	0	0	0	1	0	7
合計		23(100)	0	11(100)	2	11(100)	4	15(100)	14(100)	80

注）創業時期（横軸）：1は「～1940年」，2は「1941～45年」，3は「1946～55年」，4は「1956～60年」，5は「1961～70年」，6は「1971～80年」，7は「1981～90年」，8は「1991年～」。
　　年売上げ額（縦軸）：1は「～1億円」，2は「1～5億円」，3は「5～10億円」，4は「10～50億円」，5は「50～100億円」，6は「100～300億円」，7は「300億円～」。
出所：著者作成。

期をみると，規模クラス4に属する企業が最多数であり，ほぼこのクラスが到達点とみられる。戦前創業の企業では，規模クラス2，4，7にほぼ分散している。規模クラス7に属し，1980年代に創業した企業が1社あるが，これは総合商社系の企業である。これ以外の6社はすべて1940年以前の創業である。

2　年売上げ額×売上げの変化（表6－7）

年売上げ額の規模クラス1では，売上げの増加はみられない。

規模クラス2と4では，売上げの「かなり増」の企業と「かなり減」の企業がみられる。

規模クラス6，7では，両極端（「かなり増」，「かなり減」）の企業がない。

3　イノベーション指向

イノベーション指向を持つ企業の割合は，68％であった（表6－8）。

表6—7　年売上げ額×売上げ変化（企業数，カッコ内は％）

		年売上げ額							合計
		1	2	3	4	5	6	7	
売上げ変化	1	0	2(13)	0	4(12)	2(50)	0	0	8(10)
	2	0	3(19)	5(45)	7(21)	0	4(67)	3(43)	22(28)
	3	1	2(13)	3(27)	8(24)	0	1	1	16(20)
	4	0	7(44)	3(27)	12(36)	2(50)	1	3(43)	28(35)
	5	2	2(13)	0	2(6)	0	0	0	6(8)
	合計	3	16(100)	11(100)	33(100)	4(100)	6(100)	7(100)	80(100)

注）年売上げ額（横軸）：1は「〜1億円」，2は「1〜5億円」，3は「5〜10億円」，4は「10〜50億円」，5は「50〜100億円」，6は「100〜300億円」，7は「300億円〜」。
　売上げ変化（縦軸）：1は「かなり増加した」，2は「やや増加した」，3は「変わらず」，4は「やや減少した」，5は「かなり減少した」。但し，過去3年間の変化。
出所：著者作成。

表6—8　イノベーション指向（企業数，カッコ内は％）

	イノベーション指向					合計
	1	2	3	4	5	
企業数	25(31)	30(37)	20(25)	2(3)	4(5)	81(100)

注）イノベーション指向（横軸）：1は「かなりある」，2は「ややある」，3は「あまりない」，4は「まったくない」，5は「いずれともいえない」。
出所：著者作成。

4　イノベーション指向×売上げの変化（表6—9）

イノベーション指向と売上げの変化には正の相関がみられる。

5　イノベーション指向×年売上げ額（表6—10）

年売上げ額の規模クラスが高くなるに連れて，より強いイノベーション指向が見られる。ここで忘れてはならないことは，規模クラス2，3，4でも半数以上の企業がイノベーション指向を示している点である。

表6—9　イノベーション指向×売上げ変化（企業数，カッコ内は％）

		イノベーション指向					合計
		1	2	3	4	5	
売上げ変化	1	4(17)	1(3)	3(14)	0	0	8
	2	8(33)	11(38)	3(14)	0	0	22
	3	4(17)	4(14)	5(24)	0	1(33)	14
	4	6(25)	13(45)	7(33)	1(50)	2(67)	29
	5	2(8)	0	3(14)	1(50)	0	6
	合計	24(100)	29(100)	21(100)	2(100)	3(100)	79

注）イノベーション指向（横軸）：1は「かなりある」，2は「ややある」，3は「あまりない」，4は「まったくない」，5は「いずれともいえない」。
売上げ変化（縦軸）：1は「かなり増加した」，2は「やや増加した」，3は「変わらず」，4は「やや減少した」，5は「かなり減少した」。但し，過去3年間の変化。
出所：著者作成。

表6—10　イノベーション指向×年売上げ額（企業数，カッコ内は％）

		イノベーション指向					合計
		1	2	3	4	5	
年売上げ額	1	1(33)	0	1	1	0	3(100)
	2	4(25)	5(31)	6	0	1	16(100)
	3	2(20)	4(40)	3	1	0	10(100)
	4	10(30)	14(42)	7	0	2	33(100)
	5	3(75)	0	1(25)	0	0	4(100)
	6	2(33)	3(50)	1(17)	0	0	6(100)
	7	3(43)	3(43)	1(14)	0	0	7(100)
	合計	25	29	20	2	3	79

注）イノベーション指向（横軸）：1は「かなりある」，2は「ややある」，3は「あまりない」，4は「まったくない」，5は「いずれともいえない」。
　年売上げ額（縦軸）：1は「〜1億円」，2は「1〜5億円」，3は「5〜10億円」，4は「10〜50億円」，5は「50〜100億円」，6は「100〜300億円」，7は「300億円〜」。
出所：著者作成。

表6—11　産学連携の経験×イノベーション指向（企業数，カッコ内は％）

		イノベーション指向					合計
		1	2	3	4	5	
産学連携の経験	有	11(48)	8(35)	3	0	1	23(100)
	無	14(25)	21(38)	16	2	3	56(100)
	合計	25	29	19	2	4	79

注）イノベーション指向（横軸）：1は「かなりある」，2は「ややある」，3は「あまりない」，4は「まったくない」，5は「いずれともいえない」。
出所：著者作成。

表6—12　産学連携の経験×年売上げ額（企業数，カッコ内は％）

		年売上げ額							合計
		1	2	3	4	5	6	7	
産学連携の経験	有	0	0	1(5)	13(59)	3(14)	3(14)	2(9)	22(100)
	無	3(5)	15(27)	9(16)	20(36)	1(2)	2(4)	5(9)	55(100)
	合計	3	15	10	33	4	5	7	77

注）年売上げ額（横軸）：1は「～1億円」，2は「1～5億円」，3は「5～10億円」，4は「10～50億円」，5は「50～100億円」，6は「100～300億円」，7は「300億円～」。
出所：著者作成。

6　イノベーション指向×産学連携の経験（表6—11）

産学連携の経験が有る企業の方が，イノベーション指向は強い。

7　産学連携の経験×年売上げ額（表6—12）

産学連携の経験が有る企業は，1社を除いて年売上げ額の規模クラス4以上である。規模クラス7では有より無の企業の方が多いのは，必要性が低いと思われているからであろう。

産学連携の経験がない企業の半分は規模クラス3以下である。規模クラス4以下では同85％である。

表6―13 産学連携の効果（企業数，カッコ内は％）

		効果					合計
		1	2	3	4	5	
産学連携の経験	有	4(17)	10(43)	8(35)	1(4)	0	23(100)
	無						56
	合計						79

注）効果（横軸）：1は「かなり役立った」，2は「すこし役だった」，3は「あまり役立たなかった」，4は「全く役立たなかった」，5は「いずれともいえない」。
出所：著者作成。

表6―14 産学連携の経験×売上げの変化（企業数，カッコ内は％）

		売上げの変化					合計
		1	2	3	4	5	
産学連携の経験	有	4(18)	6(27)	3(14)	8(36)	1(5)	22(100)
	無	2(4)	15(27)	13(24)	20(36)	5(9)	55(100)
	合計	6	21	16	28	6	77

注）売上げの変化（横軸）：1は「かなり増加した」，2は「やや増加した」，3は「変わらず」，4は「やや減少した」，5は「かなり減少した」。但し，過去3年間の変化。
出所：著者作成。

8 産学連携の効果（表6―13）

回答企業79社中の23社（29％）が産学連携を経験しており，この経験企業23社のうち61％が産学連携について役立ったと評価した。

9 産学連携の経験×売上げの変化（表6―14）

産学連携の経験企業は，無経験企業に比べ売上げが「かなり増加」分類で多く，「変わらず」「かなり減少」分類で少ない。

表6―15 イノベーション指向×二番手戦略（企業数，カッコ内は％）

		イノベーション指向					合計
		1	2	3	4	5	
二番手戦略	1	5(20)	3(10)	0	2(100)	0	10
	2	10(40)	14(48)	10(56)	0	1	35
	3	7(28)	7(24)	7(39)	0	0	21
	4	2(8)	1	0	0	1	4
	5	1(4)	4(14)	1	0	2	8
合計		25(100)	29(100)	18(100)	2(100)	4	78

注）イノベーション指向（横軸）：1は「かなりある」，2は「ややある」，3は「あまりない」，4は「まったくない」，5は「いずれともいえない」。
　二番手戦略（縦軸）：1は「かなり評価する」，2は「やや評価する」，3は「あまり評価しない」，4は「全く評価しない」，5は「いずれともいえない」。
出所：著者作成。

10　イノベーション指向×二番手戦略（表6―15）

　イノベーション指向企業は，二番手戦略も一定評価している。一番手戦略に固執していない。

11　二番手戦略×売上げ変化（表6―16）

　二番手戦略で売上げを増やしている企業もあるし，減らしている企業もある。

12　二番手戦略×年売上げ額（表6―17）

　二番手戦略は規模クラス4以下の企業で強く，多い。ただし，規模クラス5以上でも一定評価している。

13　要イノベーション×年売上げ額（表6―18）

　規模クラス1以外で，イノベーションを「必要としている」，「イノベーション着手済み」の企業がある。両者の合計割合は，売上げ額が大きくなるにつれて，大きくなる。クラス4以下では，数は少ないが，イノベーションは「不必要」，「二番手戦略で十分」とする企業があるが，クラス5以上ではこうした企業はない。

表6―16 二番手戦略×売上げ変化（企業数，カッコ内は％）

		二番手戦略					合計
		1	2	3	4	5	
売上げ変化	1	0	3 (9)	2	1	1	7
	2	4 (44)	12 (36)	4	0	2	22
	3	1 (11)	4 (12)	7	0	3	15
	4	2 (22)	12 (36)	9	1	2	26
	5	2 (22)	2 (6)	1	1	0	6
	合計	9 (100)	33 (100)	23	3	8	76

注）二番手戦略（横軸）：1は「かなり評価する」，2は「やや評価する」，3は「あまり評価しない」，4は「全く評価しない」，5は「いずれともいえない」。
　売上げの変化（縦軸）：1は「かなり増加した」，2は「やや増加した」，3は「変わらず」，4は「やや減少した」，5は「かなり減少した」。但し，過去3年間の変化。
出所：著者作成。

表6―17 二番手戦略×年売上げ額（企業数，カッコ内は％）

		二番手戦略					合計
		1	2	3	4	5	
年売上げ額	1	1 (33)	1 (33)	1	0	0	3 (100)
	2	3 (20)	6 (40)	3	1	2	15 (100)
	3	1 (10)	6 (60)	3	0	0	10 (100)
	4	4 (13)	14 (45)	8	2	3	31 (100)
	5	0	3 (75)	1	0	0	4 (100)
	6	0	3 (50)	2	0	1	6 (100)
	7	0	2 (29)	3	0	2	7 (100)
	合計	9	35	21	3	8	76

注）二番手戦略（横軸）：1は「かなり評価する」，2は「やや評価する」，3は「あまり評価しない」，4は「全く評価しない」，5は「いずれともいえない」。
　年売上げ額（縦軸）：1は「～1億円」，2は「1～5億円」，3は「5～10億円」，4は「10～50億円」，5は「50～100億円」，6は「100～300億円」，7は「300億円～」。
出所：著者作成。

表6—18　年売上げ額×要イノベーション（企業数，カッコ内は％）

		年売上げ額							合計
		1	2	3	4	5	6	7	
要イノベーション	1	0	11(79)	7(78)	18(60)	2(50)	4(100)	5(100)	47
	2	0	0	0	7(23)	2(50)	0	0	9
	3	1	0	2	1	0	0	0	4
	4	1	2	0	2	0	0	0	5
	5	0	1	0	2	0	0	0	3
	合計	2	14(100)	9(100)	30(100)	4(100)	4(100)	5(100)	68

注）年売上げ額（横軸）：1は「〜1億円」，2は「1〜5億円」，3は「5〜10億円」，4は「10〜50億円」，5は「50〜100億円」，6は「100〜300億円」，7は「300億円〜」。
　　要イノベーション（縦軸）：1は「必要としている」，2は「すでに着手済みであり必要ない」，3は「不必要である」，4は「二番手戦略で十分」，5は「その他」。
出所：著者作成。

表6—19　年売上げ額×社内資源有無（企業数，カッコ内は％）

		年売上げ額							合計
		1	2	3	4	5	6	7	
社内資源	有	1(50)	4(33)	5(63)	20(71)	3(100)	4(67)	5(83)	42
	無	1(50)	8(67)	3(38)	8(29)	0	2(33)	1(17)	23
	合計	2(100)	12(100)	8(100)	28(100)	3(100)	6(100)	6(100)	65

注）年売上げ額（横軸）：1は「〜1億円」，2は「1〜5億円」，3は「5〜10億円」，4は「10〜50億円」，5は「50〜100億円」，6は「100〜300億円」，7は「300億円〜」。
出所：著者作成。

14　イノベーション遂行に必要な資源が社内に有る無し×年売上げ額（表6—19）

　年売上げ額の規模クラスが高位になるにつれて，社内資源有りとする企業の割合は大きくなり，他方で，同規模クラスが下位になるにつれて，社内資源無しの割合が大きくなる。

表6-20　大阪に立地するメリット×年売上げ額（企業数，カッコ内は％）

		大阪に立地するメリット					合計
		1	2	3	4	5	
年売上げ額	1	0	0	1	1	1	3
	2	2(14)	5(36)	2(14)	1	4(29)	14(100)
	3	1(11)	1(11)	4(44)	2(22)	1	9(100)
	4	1(3)	4(14)	14(48)	6(21)	4(14)	29(100)
	5	0	2	1	0	0	3
	6	0	0	1	0	4	5
	7	0	0	4	0	3	7
	合計	4(6)	12(17)	27	10	17	70(100)

注）大阪に立地するメリット（横軸）：1は「かなりある」，2は「ややある」，3は「あまりない」，4は「まったくない」，5は「いずれともいえない」。
　　年売上げ額（縦軸）：1は「～1億円」，2は「1～5億円」，3は「5～10億円」，4は「10～50億円」，5は「50～100億円」，6は「100～300億円」，7は「300億円～」。
出所：著者作成。

15　大阪に立地するメリット×年売上げ額（表6-20）

　規模クラス2～5で大阪に立地するメリットありとする企業がある。しかし，規模クラス3と4ではメリットなしとする企業の方が多い。規模クラス2ではメリットありとする企業の方が多い。規模クラス6と7ではメリットありとする企業はない。

　大阪に立地するメリットが「かなりある」「ややある」とした16企業があげた具体的なメリットについて，第1位に3点，第2位に2点，第3位に1点を配点し，総得点を計算し，高得点順に並べると，「協力企業の確保が容易」（20点），「調達が容易」（17点），「売り先確保が容易」（16点），「商品情報の確保が容易」（9点），「人材確保が容易」（7点），「資金調達で有利」（4点），「同業者の様子が分かる」（4点），「その他」（6点）の順であった。

16　イノベーション指向企業のイノベーション領域（表6-21）

　商品面，企画面，販路面が上位3領域である。他方で技術面は低い。これは，今回の調査対象の特徴と言えよう。組織構造面も低い。

表6―21 イノベーション指向企業はどの面で同指向があるか（5個を上限に複数選択）

指向面	企業数
商品面	40（73%）
企画面	39（71）
販路面	35（64）
生産面	27（49）
調達面	16（29）
事業分野面	14（25）
技術面	13（24）
組織構造面	13（24）
その他	2（4）

注）回答企業は全部で55社。アンケート調査票では順位を付けて回答してもらったが，順位関係なしに回答した企業があったために，表6―21では順位に関係なしに集計した。
出所：著者作成。

表6―22 イノベーション指向企業のイノベーション推進要因（5個を上限に複数選択）

推進要因	企業数
経営方針	40（70%）
経営者のイニシアティブ	40（70）
イノベーション指向の組織構造	26（46）
従業員の能力の高さ	21（37）
顧客対応	18（32）
イノベーションを評価する人事制度	14（25）
失敗しても取り返せる人事評価制度	13（23）
予算面での配慮	11（19）
研修制度	5（9）
異業種交流	3（5）
社会貢献方針	0（0）
その他	6（11）

注）回答企業は全部で57社。アンケート調査票では順位を付けて回答してもらったが，順位関係なしに回答した企業があったために，表6―22では順位に関係なしに集計した。
出所：著者作成。

17　イノベーション指向企業にみるイノベーション推進要因（表6—22）

「経営方針」，「経営者のイニシアティブ」が高く，次いで「イノベーション指向の組織構造」，「従業者の能力の高さ」となっている。「異業種交流」や「社会貢献方針」は低くなっている。

組織構造では，表6—21と表6—22で異なった評価が出た。これは，イノベーション推進のためには組織構造の能動的役割は大きいが，イノベーションの場としては人事が絡む点で扱いが難しいということであろう。

18　イノベーション遂行と企業の伝統との関係

矛盾しないとする企業の方が多いが，2割強の企業が矛盾すると回答した（表6—23）。矛盾すると回答した企業は1社を除き，規模クラス2，3，4で見られたが，規模クラス4が多かった（表6—24）。不明と回答した企業は1社を除き規模クラス1から4で見られたが，規模クラス2が多かった（表6—25）。

イノベーション遂行と企業の伝統との関係では，戦前期創業の企業と戦後復興期創業の企業の動向が気に掛かるところであるが，両時期創業の企業ともに矛盾しないとの回答率は，全体の同平均値より若干高かった。他方，1960年代に創業した企業群では，矛盾しないと回答した割合は平均値より低かった（表6—26）。成功体験が足枷になっている可能性がある。

表6—23　イノベーション遂行と伝統との関係

関係	企業数
全く矛盾しない	20　(29)
あまり矛盾しない	23　(34)
やや矛盾する	10　(15)
かなり矛盾する	5　(7)
わからない	10　(15)
合計	68　(100)

出所：著者作成。

表6—24　イノベーション遂行と伝統とが矛盾すると回答した企業の年売上げ額別分布

年売上げ額		企業数
規模クラス1	「～1億円」	0
規模クラス2	「1～5億円」	2　(13)
規模クラス3	「5～10億円」	3　(20)
規模クラス4	「10～50億円」	9　(60)
規模クラス5	「50～100億円」	0
規模クラス6	「100～300億円」	0
規模クラス7	「300億円～」	1
合計		15　(100)

出所：著者作成。

第 6 章　大阪の繊維ファッション業界の構造とイノベーション指向度　217

表 6 ―25　イノベーション遂行と伝統とが矛盾するか否かが
　　　　　不明と回答した企業の年売上げ額別分布

年売上げ額		企業数
規模クラス 1	「～1 億円」	1（13）
規模クラス 2	「1～5 億円」	4（50）
規模クラス 3	「5～10 億円」	1（13）
規模クラス 4	「10～50 億円」	1（13）
規模クラス 5	「50～100 億円」	0
規模クラス 6	「100～300 億円」	0
規模クラス 7	「300 億円～」	1（13）
合計		8（100）

出所：著者作成。

表 6 ―26　創業時期×イノベーションと伝統との関係（企業数,カッコ内は％）

		創業時期								合計
		1	2	3	4	5	6	7	8	
イノベーションと伝統との関係	1	6(32)	0	3(30)	0	4(44)	0	5(38)	2(17)	20(29)
	2	7(37)	0	4(40)	1	1(11)	2	5(38)	3(25)	23(34)
	3	1	0	2	0	2	0	1	4	10
	4	4(33)	0	0	1	2	0	1	0	5
	5	1	0	0	0	0	1	1	3	10
	合計	19(100)	0	10(100)	2	9(100)	3	13(100)	12(100)	68(100)

注）創業時期（横軸）：1 は「～1940 年」，2 は「1941～45 年」，3 は「1946～55 年」，4 は「1956～60 年」，5 は「1961～70 年」，6 は「1971～80 年」，7 は「1981～90 年」，8 は「1991 年～」。
　イノベーションと伝統との関係（縦軸）：1 は「全く矛盾しない」，2 は「あまり矛盾しない」，3 は「やや矛盾する」，4 は「かなり矛盾する」，5 は「わからない」。
出所：著者作成。

19　イノベーション指向×創業時期（表 6 ―27）

　戦後復興期と 1991 年以降の時期に創業した企業はイノベーション指向が強い。他方で高度経済成長期の 1960 年代に創業した企業ではイノベーション指向

表6―27 創業時期×イノベーション指向（企業数，カッコ内は％）

		創業時期								合計
		1	2	3	4	5	6	7	8	
イノベーション指向	1	7(28)	0	3(27)	1	4(40)	1	3(21)	4(27)	23(28)
	2	9(36)	0	5(45)	0	1(10)	1	6(43)	8(53)	30(37)
	3	6	0	2	0	5(50)	2	3	3	21
	4	0	0	1	1	0	0	0	0	2
	5	3	0	0	0	0	0	2	0	5
	合計	25(100)	0	11(100)	2	10(100)	4(100)	14(100)	15(100)	81(100)

注）創業時期（横軸）：1は「～1940年」，2は「1941～45年」，3は「1946～55年」，4は「1956～60年」，5は「1961～70年」，6は「1971～80年」，7は「1981～90年」，8は「1991年～」。
　　イノベーション指向（縦軸）：1は「かなりある」，2は「ややある」，3は「あまりない」，4は「まったくない」，5は「いずれともいえない」。
出所：著者作成。

は低い。大阪の特徴である戦前期創業の企業は平均的なイノベーション指向を示している。

　　20　現在イノベーションを必要としている領域（表6―28）

企画面，商品面，販路面が上位3領域である。他方で技術面では低い。これは，今回の調査対象の特徴と言えよう。

　　21　イノベーション遂行に必要な資源（自由記述）

後掲の**付属表6―2**に見るとおりであるが，これを整理すると**表6―29**の通りとなる。回答企業65社のうち人材を挙げる企業が65％を占めており，資金（力）9％，情報（力）9％，経営（者）関連5％を大きく離している。外部との関係を示すネットワークや異業種交流は1社のみと少ない。表6―22では，経営方針，経営者のイニシアティブが高位にあったことから，これらを前提にしたうえでの人材の強調となっている。

表6—28 どの面でイノベーションが必要か（5個を上限に複数選択）

イノベーション領域	企業数
企画面	41（72%）
商品面	40（70）
販路面	37（65）
生産面	24（42）
調達面	19（33）
組織構造面	16（28）
事業分野面	14（25）
技術面	12（21）
その他	1（2）

注）回答企業は全部で57社。アンケート調査票では順位を付けて回答してもらったが，順位関係なしに回答した企業があったために，表6—28では順位に関係なしに集計した。
出所：著者作成。

表6—29 イノベーション遂行に必要な資源（自由記述，一部省略）

資源	回答企業数
人材	42社（65%）
資金（力）	6社（9）
情報（力）	6社（9）
経営（者）関連	3社（5）
マーケティング（能力）	2社（3）
ネットワーク	1社
異業種交流	1社

注）回答企業は全部で65社。
出所：著者作成。

第4節　得られた特徴

第3節で得られた特徴をまとめると以下の通りになる。
① 年売上げ額の規模クラス別視点が必要である。大きく規模クラス「1」，「2・3・4」，「5・6・7」に分けられる。特に規模クラス4が重要である。このクラスは売上げを増やしている企業と減らしている企業というように2タイプに分かれており，また関西ファッション連合の組合員数でも多数を占めている群であるからである。今回のアンケートでも回収数が最も多かった規模クラスである。
② イノベーション指向は，規模クラスが高くなるにつれて強くなる。ただし，規模クラス2，3，4でも半数以上の企業がイノベーション指向を有している。
③ イノベーション指向は，売上げ増と結び付きやすい。
④ イノベーション指向と産学連携は親和的である。

⑤ 産学連携は上位規模クラスで活用されている。
⑥ 産学連携は有効であり，売上げ増とも関係している。
⑦ イノベーション指向企業は，二番手戦略を排除しない。
⑧ 二番手戦略の位置づけとしては，二番手戦略から入ってイノベーション指向まで進むことが重要である。
⑨ 年売上げ額の規模クラスが高位になるつれて，社内資源ありとする企業の割合は大きくなり，他方で同規模クラスが下位になるにつれて，社内資源なしの割合が大きくなる。
⑩ 大阪に立地するメリットは，上位規模クラスでは感じられていない。これについては，大阪の位置付けを含めて，深堀する必要がある。他方で，メリットを認める企業群もあり，そこでは多様なメリットを享受している。
⑪ イノベーションの推進力としては，経営者のイニシアティブ，経営方針，組織構造，従業者の能力の順で重要である。
⑫ イノベーション領域としては，商品面・企画面・販路面への関心は高いが，技術面への関心は低い。これは，流通部門とのつながりが強い，今回の調査対象企業の性格を反映しているといえよう。
⑬ 企業の伝統とイノベーション遂行が矛盾する企業群がある。
⑭ イノベーション遂行のための資源では，人材が圧倒的地位を占める。

第5節　構造分析モデルの構築

第3及び4節の結果を踏まえてキーワード間の関係を示す構造分析モデルを構築すると図6—1の通りとなる。

第6節　提言——イノベーション指向の視点から

イノベーション指向が無いあるいは弱い企業に対して，以下の点を提言できる。
① 企業の売上げ増にとってイノベーション指向が重要である。
② イノベーション指向の推進力としては，経営方針，経営者のイニシアティブ，組織構造，従業者の能力の順で重要である。
③ 企業の伝統，船場の伝統が，イノベーション指向と矛盾するケースが見ら

図6—1　イノベーション指向を中心とする構造分析モデル

```
                    大阪以外との連携
                         ↑
         規模クラス4以下→社内資源不足→大阪立地のメリット
                                    ↓↑
規模クラス5以上  →  二番手戦略  →  売上げ減
                         ↓↑
産学連  →  イノベーション指向（①②）→ 売上げ増
  携     ↑         ↑
      規模クラス4以上    戦後復興期と1991年以降創業の企業群（戦前期
                      創業企業群は平均的）
```

注）①イノベーション領域　　：商品，企画，販路。
　　②イノベーション推進力：経営方針，経営者のイニシアティブ，組織構造，人材。
出所：著者作成。

れるので，イノベーション遂行の意義を納得することが必要である。
④ 二番手戦略は，イノベーション指向と結びついてこそ有意義となる。
⑤ イノベーション指向と産学連携は親和的である。
⑥ 規模クラスの低い企業が産学連携を利用しやすくし，さらにイノベーション指向に関心を持てるような仕組みが必要である。
⑦ イノベーション指向の視点から，大阪に立地することのメリットを実感できる工夫が必要であろう。その点では，「せんば適塾」のような交流の場が有意義である。
⑧ イノベーション遂行に当たり，今回の調査対象の特徴として，技術面が商品面・企画面・販路面の後塵を拝する位置付けとなっているので，意識的に技術面に関与する必要があろう。
⑨ 人材の重要性はいくら強調しても強調しすぎることはない。
⑩ 年売上げ額の規模クラスでは特に2と4への対応が重要である。クラス4は組合員企業の1つの中心を担うとともに，2面性も帯びており，クラス4がイノベーティブになることの意義は極めて大きい。クラス2はまさに大都市ならではの，濃密な分業の上に成り立っている小規模事業者の塊である。大阪の可能性である起業・創業の手本としての役割も果たしており，

重要である。

第7節　むすび

　ファッションが大阪賦活の手がかりとなるためには，2つの条件が満たされる必要がある。1つは供給の担い手である企業が美的イノベーションを指向していること，もう1つはそもそも大阪の地が美的イノベーションに相応しい基盤を有しているか否かである[3]。本章の検討によって前者については課題があり，提言を行った。後者については終章で取り上げることにしよう。

注

1) 本章は，「平成26年度大阪市立大学COC地域志向教育研究課題報告書 大阪の再生をファッションの視点から考える——大阪の繊維・ファッション業界　構造と変遷」（大阪市立大学プロジェクトマネジメントオフィス発行，2015年3月31日発行）をベースに加筆した。
　COC（Center of Community）事業とは，2013年度に始まった文部科学省の「地（知）の拠点整備事業」のことであり，大阪市立大学と大阪府立大学が2013年に共同申請し採択された事業が「大阪の再生・賦活と安全・安心の創生をめざす地域志向教育の実践」である。著者が所属する大阪市立大学は当該事業の一環として，2014年度より地域志向教育研究補助事業（学内公募）を実施した。
2) 表6—1は本書第4章の表4—2を再掲した。
3) 美的イノベーションについては，富澤（2013）267～269頁を参照のこと。

付属表6—1　質問12)「イノベーションについて，お考えを自由にご記入下さい」への回答記述（25社より回答）

（なぜイノベーションなのか）
・イノベーションが目的化すると本末転倒だと思う。なぜイノベーションなのか。経営目的の手段としてのイノベーションはありと思う。自社はなかなかむずかしい。
・繊維業界では簡単に使ってはいけない"夢の言葉"です。

（不可欠）
・これなくして会社の存続はないと考えます。しかし実行は難しい。
・企業の発展のためにはイノベーションは不可欠であり，どれだけ実行に移せるかが経営者としての使命である。
・常に続けなければならないことだと考えています。
・企業の生き残りに不可欠

（多様なあり方）
・大きなイノベーション（ホームラン）より小さなイノベーション（クリーンヒット）の継続が大切。
・事業領域，環境，人材等によりイノベーションの姿は千差万別
・消費者（顧客）満足度実現に向けてのイノベーション
・現在，中国における○○○のネット販売を現地にて模索中。
・中小企業はスピードが重要と考えます。

（過去との関係）
・弊社は周りからみればイノベーションありと思われるかもしれないが，基本的に創業時の精神で新たにヤング分野に取り組んだので，自然であったと思っている。
・イノベーションとはある部分過去の実績を捨てる覚悟が必要だと思います。

（経営，経営者）
・経営者の現状認識力，未来に対する予測力，そして判断，行動が最も重要であると思います。
・時代の流れ　人間中心の物作り

（考え方を変える）
・既存社員の考え方を変えることの難しさ。
・凝り固まった考えを打開するのがイノベーションにつながる。

・考え方とやる気次第ではないでしょうか。

(若い人材)

・若手人材が強くならなければこの国の未来はないでしょう。
・新しい人材として若い力を必要とするも基礎の構築が不十分で即戦力とならない点。結果として高齢の技術者に頼ってしまう点。

(産学連携)

・今後産学連携を考えたい。
・産学連携はしたことありませんが，必要とは思います。

(関西，大阪)

・繊維製品（衣料品）業界での大阪の位置は劣化しており，大胆な発想・行動が無い。これは船場の保守性から来ていると思う。残念です。
・関西方面の人材の方が圧倒的にイノベーターは多いが，ファッションに必要なマスコミ広告等は関東に集中しており，関西では無理がある。

(その他)

・特にありません。

注）○○○は伏せ字（秘匿）を意味する。
出所：著者作成。

付属表6−2　質問8.4「イノベーション遂行に最も必要な資源は何だとお考えですか（自由記述）」への回答記述（65社からの回答）

01	心くばり（がないと協力が得られない	46	人材と情報
02	人材	47	チャレンジし続けることが
05	頭　行動力　資金力		できる人材と理解力
07	ビジョンと人財	48	ネットワーク　情報収集力
08	情報力　唯一性	49	人的資源　社内社外を含めて
09	アセアンでのお客様情報	50	人材
10	アイデアを形にする力	51	人材
11	マーケティング，二番手ではなくマーケットを作る精神性	52	資金と情報
		53	人材　継続に耐えうるモチベーション
12	企画　商品　ヒト		
13	人材　TPP等法的背景	54	人材　資金
14	人材	55	人材
15	優秀な人材	56	人材
16	経営者の強烈な意識	57	人材

第6章　大阪の繊維ファッション業界の構造とイノベーション指向度　　**225**

21	人的資源	60	異業種交流
22	人材	61	情報
24	人材	62	意識改革
26	人材	63	人
27	人材	64	人材
28	人材	65	組織構造
29	人事教育	67	人材
31	経営判断　人材　文化	68	意志と決定　遂行する人材
32	新柄　新企画　新素材	69	生産仕入先　人材
33	資金	70	発想力　企画力
34	人材	71	人材
35	目的を明確に理解している人材	72	アイデア
36	人的資源と生産力の確保	73	人材
38	人材	75	人材
39	人	76	人材
40	情報分析　強固な意志　資金	77	資金
41	原料	78	人材
42	人材　失敗を非としない経営	80	企業の体力
43	市場の観察力　マーケティング能力	81	人材
45	文化を読む力　一点集中	82	人材

注）数字は便宜的な企業番号。欠番は無回答企業。
出所：著者作成。

終　章　アパレル産業からファッション産業へ

第1節　は じ め に

　大阪は「商いの都（商都）」と言われてきた。この商いは背後にもの作りを育てていた。従って大阪は単なる流通都市でも単なる生産都市でもなかった。こうした都市像を念頭に持ちながら，「問屋ともの作り」の視点から大阪の中小アパレル企業の過去・現在・未来を論じることが本書の課題であった。この課題は，今日各地に点在する多数の中小零細の専門的生産者層を有機的に結合する，新しい価値創造のネットワーク作りの必要性，専門的知識やノウハウを有しこのネットワーク運営にリスクをとるネットワーカーの必要性という現代的課題とも重なっており，地方創生・地域創生に手がかりを与えてくれるものとも考える。
　以下，第2節で一部重複になるがこれまで論じた内容を各章毎にまとめ，第3節で2つの課題を析出する。第4節ではこの2つの課題を解決するための創造性の源泉に関する作業を行い，これを踏まえて第5節ではアパレル産業という「もの」の産業から，ファッション産業という「ライフスタイル」ないし「こと」の産業への転換の必要性を論じる。

第2節　前章までの要約

　第1章では，大きな役割を担った製造卸や商社の役割に接近するためにも，出発点として，戦前の大阪における問屋[1]の地位について検討した。1920年代半ばの大阪経済を繊維関連問屋卸商の視点から検討して，繊維関連問屋卸商都市という当時の大阪イメージの根拠を示した。まず戦前大阪市の産業構成と税収を手がかりに物品販売業に注目することの意義を明らかにし，次に1925年度の営業税額を手がかりに1920年代半ばの大阪市における繊維関連問屋卸売業の存在の大きさを明らかにし，さらに当時の代表的な繊維関連問屋卸商，特にいわゆる「船場8社」について検討した。
　第2章では，「問屋ともの作り」という視点で具体的に理解するために，まず羅紗製品・紳士既製服に焦点を絞って検討した。合わせて紳士服生産に深く関

わった百貨店も取り上げた。百貨店は，三越や大丸のように自ら欧米から技術を導入することで生産と製品の高水準を獲得してきた。他方で，紳士既製服問屋は直接のもの作りは下請縫製業に依存しつつ，事業を拡大してきた。戦後の第1の転機として1960年代前半には自家工場を建設して量産要求に応え，メーカーに転換していった。自家工場はまず大阪府内に設置され，府外へと拡大した。その後自家工場は1990年代には合弁方式で中国に設置されるに至る。一連の立地移動は，「安価で豊富な労働力」をどこで調達するかに依存していた。中国縫製の活用に至って，最大の課題に直面することになった。課題である価格破壊に追随すれば従来のビジネスモデルを自己否定することになるし，追随できなければ競争敗者の運命が待っていた。高コスト・高価格路線を前提とする百貨店と紳士服メーカーへの打撃は大きかった。調整は，2000年代に入って企業の大再編——企業再生であれ経営統合であれ——という厳しい内容で行われることになった。

　第3章では，布帛製品を取り上げ，ワンダラーブラウス現象を生み出した米国側の条件，日本側の条件を明らかにした上で，その影響を3つのシフトという視点でまとめた。つまり，① ワンダラーブラウス問題直後の縫製拠点としての香港の登場を考えると，このビジネスモデルは，戦後の米国企業に主導された米国向けOEM輸出主導型工業化の原点であったと言ってよいであろう。紡績企業ないし商社による輸出中小企業の系列化，多様な産地の輸出中小企業がこれを支えた。② 縫製企業では輸出が不振になると内需シフトが，輸出が好調になると輸出シフトが見られたが，1970年代に入ると内需転換が明確になり，急拡大しつつあったが生産機能を持たない国内のアパレル企業を縫製面で支えた。③ 反面教師としての役割も担った。森英恵の反応（ショックと発奮）のように1人の日本人デザイナーの世界への飛躍に繋がり，ミキハウスブランドのように世界に向けて高付加価値を指向する経営者をも生み出した。

　第4章では，まずインタビュー調査の結果を基にして第2次大戦後の大阪の，婦人子供服・メリヤス（ニット）等の中小繊維アパレル企業の事業変遷史（事業環境変化への対応史）とそこに見られる共通点を論じた。これによって厳しい競争環境の中を生き抜いてきた中小企業に見る長寿の秘訣（原理原則を維持した中での，時の流れを踏まえた変化変遷）を明らかにした。次に戦後期のイノベーションの契機・種類・要因を整理し，さらに中小企業のイノベーションで大きな役割を果たす経営者の言説を取り上げ，これからのポジショニングに

ついて3視点から現状を評価し，最後に大阪の中小繊維アパレル企業の事業変遷史の特徴と課題をまとめた。

第5章では，第2～4章では脇役として位置付けられていた縫製業を検討し，1960年代の科学的管理法の導入，作業の分割と標準化，1990年代の縫製機能の中国移転について明らかにした。主に大阪府と大阪市の調査報告書を紹介・評価する手法で戦後における大阪を中心とする縫製業の変遷を辿った。

縫製業の変化は，技能の変化，機械設備や生産システムの変化，企業規模の変化，国内外における企業ないし工場立地の変化を内容としていた。時期区分としては，前近代性期，輸出増期（1950年代後半，60年代初め），若年労働力不足期（1960年代），後発国からの輸入増による競合期（1970, 80年代），海外進出由来の直輸入増期（1990年代），国内復活への期待期（2000, 10年代）に分けることができた。

前近代性期・輸出増期では，米国からの一定の技術移転はあったが，大きな変化は起きていない。大きな変化は若年労働力不足期に起きた。生産システムでは科学的管理・IEが導入され，製造卸企業の自家工場が設置された。立地は大都市からその周辺部，そして地方へシフトした。後発国製品の輸入増期では，高付加価値化，ファッション化，多品種少量生産短納期化に応じられる縫製体制が求められた。海外進出・生産委託由来の直輸入増期は，それまでの輸入増のほかに平成不況発の低単価化が中国移転への引き金となった。海外委託生産と海外自家生産の2つがあり，他方で国内の縫製業の縮小が続いた。国内復活への期待期では，産業集積の視点，都市の視点，地球環境の視点，産業資材の視点を取り入れつつ，また「メイド・イン・ジャパン」復活への試みを踏まえて支援の方向性の検討が行われた。

第6章では，大阪の中小アパレル企業のイノベーション指向についてアンケート調査結果を用いて検討した。アンケート調査の目的は，今日あらゆる領域でイノベーションが求められているが，イノベーション指向を中心に据えて大阪のファッション関連企業のイノベーション度を明らかにし，もって大阪賦活のための共通資産にしようとするものであった。イノベーションを切り口にさまざまな要素とのクロス分析を行った上で，それらをまとめた構造分析モデルを構築し，賦活に向けた提言を行った。

第3節　4事業分野[2]に共通する2つの特徴と課題

1　問屋の役割——問屋のメーカー化

　外国製品であった洋服は技術ノウハウの移転によって国内生産（国産化）された。生産と流通の過程では製造問屋や元請け，商社の役割が大きかった。製造問屋ないし製造卸は，問屋機能に企画機能，さらには生産機能を取り込んで，メーカー性を部分的にまとうようになったが，製造面での下請縫製活用がなくなることはなかった。こうした企画と販売に力点を置く製造卸のあり方は，ファブレス企業近似であり，現在ではよく見られるビジネスモデルである。

　問屋や製造卸の大きな役割は，その身軽さゆえ企業経営に反応の素早さを付与したが，他方で外国からの導入模倣という性格も抜きがたく付与することとなった。時間と資金・人員をかけて技術と製品を自前で企画開発するよりも手っ取り早い欧米崇拝，ブランドライセンス導入がその典型であった。優れた2番手にはなれてもいつまでも1番手にはなれず2番手止まりという立ち位置である。ここからの脱却のための課題としては，創造性の源泉の有無確認の必要性を挙げることができる。

2　域内ネットワークと2つの域外ネットワーク
——問屋のネットワーカー機能

　当初は大阪市内に多様なアパレル関連企業が集積し，その分業によって生産が行われていた。限られた服種を生産していた地方のアパレル産業集積とは明らかに異なっていた。しかも，生産のみならず，卸売企業も分厚く集積していた。こうした域内ネットワーク（第1リンケージ）は，若年労働力不足，後発国製品との国内外市場での競合を契機に，低コストの生産機能を求めてまず地方ネットワーク（第2リンケージ）へ，次に越境ネットワーク（第3リンケージ）へと拡張された。現在に近づけば近づくほど，域内ネットワークは希薄になり，越境ネットワークが拡大している。課題としては，これら3つのリンケージとは異なる第4のリンケージ構築，その担い手である新問屋の必要性が提起されていると言えよう。

第4節　2つの課題解決

本節では，上述の2課題を解決するために，創造性の源泉の確認とそれに基づく第4のリンケージ構築について論じよう。

1　都市文化由来のファッション産業のあり方

アパレルの生産に関連する産業は，繊維二次製品製造業あるいは縫製品製造業と呼ばれ，その後，衣服産業（例えば，中込，1975），アパレル産業（例えば，富沢このみ，1980），さらにはファッション産業（例えば，小山田，1984）と呼ばれた。短期間でのこうした呼称の変化は，偶然に起きたものではない。衣服あるいはアパレルは「もの」の種類であるが，ファッションは社会現象であり「こと（体験あるいは経験）」の種類（その担い手は経験型商品）であるから，衣服ないしアパレル産業とファッション産業との間には大きな違いがある。

ファッションは社会を映し出す鏡といわれ，都市で生まれ都市内外へ普及した。パリ，ミラノ，ニューヨーク，ロンドンは特徴あるファッションを産み出してきた。

大阪はどうであろうか。第6章で紹介した大阪のアパレルファッションビジネスに従事する中小企業へのアンケート調査によれば，大阪にいるメリットを感じていない企業が感じている企業よりも多い。それゆえ企画部門を東京へ移したり，本社を東京へ移したりすることが，当然なのである。これでは，都市由来のファッションに関わる企業ないし産業が育つ訳がない。ファッション企業を自称していてもアパレル企業に留まっているといった方がよかろう。

1970年代後半にも大阪のアパレル産業の新しいあり方が課題になっており，大阪婦人子供乳児服工業組合は，活路開拓調査事業委員会を設置して2つの大きな提言を行った[3]。方向は高収益を実現するファッション産業化であった。1つは，産業視点で，アパレル産業の新しいあり方への提言であり，ファッション消費地に相応しい街づくり，消費者ニーズをくみ上げる機能の確立，デザイナー養成機関の創設，ファッション総合展示場の設置であった。目指す産業像は，商品企画を充実し，中高級品分野を狙い，高付加価値狙いの製品差別化を進めるというものであった。もう1つは，個別企業視点であり，高収益実現のための経営力要因析出のために統計解析を行って，高収益型企業の経営戦略を策定

表終―1　大阪を理解するための諸相

ことば	こうと　　はんなり　　いちびる
文化類型	船場型文化　宝塚型文化　河内型文化
美意識	江戸・東京の粋（いき）に対する大坂・大阪の粋（すい）
経営理念	始末　才覚　算用　陰徳・世間よし

出所：筆者作成。

するという内容であった。しかもこれを応用して個別企業に対し経営戦略の提案を行った。ここまでの提言は数ある業界の報告書にあっては，まれに見る内容と言ってよいだろう。

　しかし，ここで注目したいのは，前者の提言の方である。街づくりまで含んでおり，目配りが行き届いているが，こうした提言が約40年前の1979年に行われていたにも拘わらず，なぜオリジナルベースのファッション産業化が行われなかったのであろうか。結局は，安直な欧米ブランドのリプロダクション（ライセンス導入）という，高付加価値化に走った結果であった。良く知られたクリスチャンディオール，アディダス，バーバリーによるライセンス契約の終結の影響がどれほど大きかったかは記憶に新しい。デザイナーをいくら養成しても，デザイナーに求める役割がリプロダクションや流行品の素速い模倣であるというのであれば，当然ながら創造力の発揮には結びつかない。つまりライセンス導入による高付加価値の実現ではなく，創造性の発揮による高付加価値の実現が求められている。今こそ当時暗黙の前提とされていた大阪における創造性について改めて議論すべき時である。

　それでは，大阪には創造的ファッションを産み出せる普遍性のある固有の生活文化と経営理念の岩盤はないのであろうか。著者は大阪の原風景の中にこそ「ある」と考える。

　ファッション産業と都市文化との意識的結合はファッションの性格からすれば，当然の作業ではあるが，これまで大阪では行われてこなかった。以下ではクリエーションに関わる大阪のライフスタイルを表現した「ことば」，文化類型，美意識，船場商人の経営理念に注目しよう（**表終―1**）。

表終—2　ライフスタイルを表すことば──「こうと」「はんなり」「いちびる」

こうと	地味，質素，上品で質素なこと。派手の反対。
はんなり	はなやか，はればれ，明朗。
いちびる	調子にのってはしゃぐ，ふざける，ほたえる。

出所：牧村編（2004）52, 245, 586頁。

表終—3　大阪文化の3類型──その特徴と対応する芸能

船場型文化	伝統的大阪らしさ 大阪の個性	船場，（ミナミ）	文楽，上方歌舞伎，地唄・地唄舞
宝塚型文化	華麗な都市の装い 都市の先端文化	キタ一帯	宝塚歌劇
河内型文化	土着的庶民性 都市の大衆文化	（ミナミ）	大衆芸能全般

注）表中のミナミにカッコがついているのは作成者が文意をとって追記したため。
出所：木津川（1981）を参考に著者作成。

2　「こうと」「はんなり」「いちびる」──船場商人のワークライフバランス

　ファッションは，都市生活の土壌のうえに開花するのであるから，大阪の都市生活，その背後にある生活文化に注目しよう。ここでは，大阪の生活文化を特徴づけてきた3つの言葉（大阪トリニティ・テースト）である「こうと」「はんなり」「いちびる」を取り上げる。

　表終—2によれば，「こうと」は，地味，質素，上品で質素なこと，浮華でないこと，派手の反対である[4]。「はんなり」は，はなやか，はればれ，明朗，陽気，くすんでいない（気質や色彩などについていう）[5]，「いちびる」は，調子に乗ってはしゃぐ，ふざける，ほたえる，つけあがるというほどの意を含んでいる[6]。これらの3つのことばに表現されるライフスタイルは，内容的には現代ファッションの3類型であり，キーワードである。そして3類型の相似形は，大阪の文化類型と船場の商家のワークライフバランスのなかに見られた。

　まず，大阪文化の3類型から見よう（**表終—3**）。

　木津川（1981）はミナミ一帯こそ大阪のこころであり，船場がその大阪人の

図終—1　船場商人の主な出自

```
┌─────────┐     ┌─────────┐
│ 伏見商人 │     │ 近江商人 │
└─────────┘     └─────────┘
  はんなり↓       ↓質素,倹約,三方よし,陰徳
┌─────────────────────────┐     ┌─────────────────┐
│    船場（船場商人）       │ ←   │ 平野商人（河内） │
│ 経営理念：始末・才覚・算用 │     └─────────────────┘
└─────────────────────────┘
       ↑進取・自治,倹約
    ┌─────────┐
    │ 堺商人  │
    └─────────┘
```

出所：佐藤（1997）101～102頁；麻生・冨士（1993）135頁
　　を参考に著者作成。

心のふるさとであるとした（89, 92頁）。そして，大阪文化の3類型——船場型文化，宝塚型文化，河内型文化——は上述の3つのことばに対応している。船場商人の初期の主3系統のうちの1つが河内の平野商人[7]であったことを忘れずに追記しておく（**図終—1**）。

次に，大阪人の心のふるさと評された船場の商家のライフスタイルを見よう。日常では①「始末」[8]由来の節約・質素・「こうと」[9]，②「才覚」由来の目立つ，自分を売り出す，活気，自由，③「算用」由来の堅実さ，④船場ことば[10]由来の「はんなり」であった。非日常では⑤「はんなり」を特徴とする上方歌舞伎，芝居見物，素浄瑠璃などの嗜みないし舞や琴などの習い事の世界と装い，⑥豪快で「いちびる」でもあるお茶屋遊びであった。

3　美意識——江戸・東京の粋（いき）に対する大坂・大阪の粋（すい）

井原西鶴（1642～1693年）が描いた元禄期町人の服飾様態は，倹約の精神からくる「分相応の服飾」「分相応な風」と遊興の世界からうまれる「粋の服飾」「遊興の風」であった[11]。後者は以下で紹介する，後の大阪の「粋（すい）」のテーストとは異なり，派手で目立つのであり[12]，当時の社会の規範の外側にあった[13]。ほぼ同時代の近松門左衛門（1653～1725年）は，対極にある「無粋」[14]の男女関係の中で上方歌舞伎・和事の「はんなり」の世界を描き，1705年の淀

終 章　アパレル産業からファッション産業へ　　235

資料　国枝金三の粋論

> 粋（スイ）。スイ，と発音するとまったくすーとした感じがする。
>
> 粋（イキ）と呼ぶと自ら異なった感じがどことなく脳裏をかすめる。粋（スイ）というも粋（イキ）と呼ぶも要は，リファインされた境地のものを活字で表らわすとこの「粋」になるのだろう。
>
> 粋（スイ）は，野暮と上品との間にあるえもいわれぬ味だ。極端にリファインされた，つまり複雑を経た単純性の奥深さだ。
>
> 粋を，かりに美人にもって来るとする。この際美人の標準は，
>
> 美しくて，さわがしからず。
>
> 清楚にして，さびしからず。の味である。誰をもひきつけるが，しかし，ざらにあってはならない美である。粋の味である。下世話によくいう粋――いき という呼び方が，どれだけの本質を含んだものかというと，上品が幾分かだけたも のを指している様である。上品をくだけさせたもの――たとえば，腰かけの際，まっすぐ深く腰を下ろす上品さでなしに一寸腰をにじらせて，体の線を艶に行儀悪くするおつな座り方をいうのだ。この時，このくだけ方が，またなかなか難しいものである。上品と下品の中間にガッチリしなければならないのだから，最も洗練されたくだけ方が必要なのである。卑下的な眼をむけさすのも，人を魅きつけるのも，つまりこのくだけ方の如何によるのであろう。クラシックにかたよらずして近づきやすいもの――むずかしい。
>
> 粋（スイ）がくつろぎ過ぎると粋（イキ）という分子が入りすぎて下品になる。
>
> ――なかなかむつかしいことだ。
>
> 粋の心理をかみわけると，各人各人の境遇とか職業とか，また，最も大切な教養の程度，といったものへのつながりから，なかなか分析は困難らしいのだ。服装に粋を示そうとすれば，持ちもの，その持ち方，歩き方――爪先きの向け方，手のおき方，等々に一分の隙のないリファイン振りが然も自然らしさと，その人の持ち味らしさをうしなわずに発揮された時，ハハーン，これが粋な味かな――と合点が出来るのだ。この点，絵をかく心得のある人は，自然その道に近よった，もしくはそれ以上のあかぬけした服装をして居ると思う。
>
> 粋には一定の形はないのだ。農家の娘の紺がすりの味がとても粋な味であっても，それは，そこでのみ輝く粋であって，都会の然も心斎橋あたりのドマン中で紺がすりは粋も無粋も越えた異風景でしかなくなるだろう，とにかく当を得るということ，らしくあるという事。……粋は流行のための流行から生まれたものではござんすまいと思う。
>
> 結局は，教養の問題だ。然しデパートの型から――他人のものから――入ろうとするから無理が出来るのだ。

出所：国枝（1936）より。

屋闕所（けっしょ：財産没収処分のこと）がその社会的受容を後押しした。

美意識に関わって，改めて粋（すい）を取り上げよう。

粋（すい，いき）に関しては，九鬼（1930）の復刻・全注釈版である九鬼・

藤田（2003），これを受け事実上反論している国枝（1936），宮本又次（1966）（1974），木津川（1981）（2006），「粋（すい）なる大阪」を特集した雑誌『大阪人』2005年3月号を取り上げよう。

九鬼・藤田（2003）は，「いき」の分析を，意識現象として内包的構造と外延的構造について，客観的表現として自然的表現と芸術的表現について順に考察を加えた。内包的構造の分析から「いき」を「垢抜して（諦）」「張りのある（意気地）」「色っぽさ（媚態）」と定義した（51頁）。また，「運命によって『諦め』を得た『媚態』が『意気地』の自由に生きるのが『いき』」であるともした（160頁）。両大戦間期に帝国主義各国がナショナリズムを打ち出す中で，九鬼・藤田（2003）は「いき」こそ大和民族の顕著な自己表明と位置づけ（21頁），「いき」と「粋（すい）」は読み方の違いであり，内容に違いはないとした[15]。

国枝（1936）は，「粋（いき）」と「粋（すい）」に違いをみない，九鬼・藤田（2003）に対しそこで用いられた用語（上品，野暮，下品）を用いて実質的に反論をしている。**資料**として掲載した国枝（1936）は，「"大大阪"誕生80年記念 モダニズム心斎橋 近代大阪／美術とシティライフ」展（大阪市立近代美術館（仮称）心斎橋展示室，2005年1月15日〜3月21日開催）に展示された現物を2005年2月21日に会場で筆写したものであり，一部現代仮名遣いに変え，強調点（傍点）は省略した。その内容は明解とは言いがたいが，スイは上品と野暮（大阪で言うところの「もっさり」「もっちゃり」）の間にあり，イキは上品と下品の間にあるとし，スイは洗練された単純性であり，イキは上品をくだけさせたもの，最も洗練されたくだけ方である，とした。九鬼・藤田（2003）が分析対象にした芸術的表現に携わる芸術家（洋画家）の立場からの異議申し立てとして重要と言えよう。「イキは上品と下品の間にある」というとらえ方は九鬼・藤田（2003）の「いきが上品と下品との中間者とみなされる」（65〜66頁）というとらえ方を踏まえていることは明らかであろう。一方の粋（すい）は上品と野暮との中間にあるという見立ては，次に見る宮本にも実質的に引き継がれているといえる。

宮本又次（1966）（1974）は，九鬼（1930）を踏まえつつ，「いき」と「粋（すい）」の違いを3点指摘した。①「いき」ではその第2の徴表である「意気地」がより強く，「粋（すい）」では第3の徴表である諦めがより強いとした（宮本又次，1974，34頁）。②「いき」は渋みににが味が加わっているのに対し，「こうと」[16]は渋みに甘さが伴っている状況とした（宮本又次，1966，217頁）。③

「いき」は「高らかに叫ぶもの」であるが,「粋(すい)」は「黙して多くを語らぬところ」に特徴があるとした(宮本又次,1966,218頁)。

木津川(1981)は「いき」と「粋(すい)」について大阪論ではなく,文化論に関わって言及した。「粋(すい)は,すなわち趣味の良さである。粋(いき)な振舞いであり,意気な生き方,それが実は文化なのだという考え方」(124頁)であるとした。ここでは粋(すい)と粋(いき)は区別されていないが,木津川(2006)では「粋(いき)」と「粋(すい)」との違いを前提としつつ,宮本(1966)による相違の説明を受け入れ[17],九鬼・藤田(2003)の「いき」について概説した。木津川(2006)では,九鬼・藤田(2003)の持つ問題点について言及している所(77～81頁)が宮本又次(1966)(1974)には見られなかった特徴である。

木津川(2006)が「いき」と「粋(すい)」に違いを認めつつ,後者が「息もたえだえ」(67頁)のため「いき」の説明に注力したのに対し[18],『大阪人』2005年3月号の「特集 粋(すい)なる大阪」はおっとどっこい粋(すい)はまだ生きているとの現場からのメッセージであった。しかし,そこで取り上げられている上方舞や地歌に見られるように「甘味を伴った渋さ」という「粋(すい)」の見立てを用いれば,この甘味の部分が大きくなっている,あるいはすでに説明した大阪トリニティ・テーストのうちの「はんなり」に近似した内容になっている[19]。宮本又次(1966)が粋(すい)を「こうと」と関わらせて位置づけたのとは大きく異なっている(216,217頁)。こうした状況は混乱ではなく,時代に応じて内容が変化してきている証左であり,時代に応じた「粋(すい)」のあり方といえよう。現場での「粋(すい)」の理解と表現が変化してきている[20]。また,井澤(2005)によれば,粋(すい)とは,装い・表現の美学,さ

表終—4 美意識に見る「粋(すい)」と「粋(いき)」

江戸の「粋(いき)」	威勢の良さ,派手,ええかっこしい,けれん味といった美意識である。
大坂・大阪の「粋(すい)」	さりげなくかっこよくて,洒落と同居している美意識である。
粋(いき)	スタイリッシュで外向き
粋(すい)	内面の美学

出所:井澤(2005)及び岡本(2005)を参考に著者作成。

らには生活の美学であり（25頁），**表終―4**のように「スタイリッシュで外向きな粋（いき）に対して，「内面の美学」ということになる。「ダンディズム」と共鳴しているといえよう[21]。

4　船場商人の経営理念

船場商人の経営理念については，どうであろうか。大阪賦活に学び活かせる点はないのであろうか。

まず，1688年に出版された『日本永代蔵』で井原西鶴の大坂論を見ておこう。堺と比較して，以下の様に述べている。「わずか三里離れた大坂は，堺とは大へん違っている。今日を満足に暮らせば，明日はどうなろうと構わない，その場その場の贅沢を求めるというような，享楽的な人心である。というのも大坂町人は豪勢な儲け方をするからである。女はいっそう気が大きくて，盆・正月の晴れ着のほかに，臨時に衣装をこしらえて，用捨なく着ふるし，それもまもなく継切れとなって針箱の中に廃ってしまうのである。堺は倹約で立ち，大坂はぱっと派手に世を送る，所によって人の気風に変わりがあるのはおもしろい」（麻生・冨士，1993，135頁の訳より）。こう指摘された大坂の分限者・長者にしてみれば，君らは没落必至と言われているようなものであるから，西鶴提案

表終―5　船場商人の経営理念

経営理念 (3S+S)	始末 (S) は，倹約。 才覚 (S) は，商才，知恵。 算用 (S) は，勘定を合わせる。 陰徳・世間よし (S) は，社会貢献。
5つの特徴	無駄の排除は，始末由来。 進取性は，才覚由来の新しさへの好奇心・挑戦。 合理性は，算用由来。 信義性は，信用・信義の重視。のれん・信用第一。 親和性は，相手への配慮・コミュニケーション能力の高さ。
三方よし	大阪の船場商人の経営指針（もともとは近江商人の経営理念）。 三方よしとは，売り手よし，買い手よし，世間よし。 特に重要な点が最後の世間よしである。その意味する内容は 時代により，国・地域により異なるが，視野は広いと言える。

出所：著者作成。

の「大福新長者教」(『日本永代蔵』の副題)への,大坂町人の信仰心はより厚かったに相違ない。

西鶴が『日本永代蔵』で多用した「始末」「才覚」「算用」すなわち西鶴の3Sについてはすでに触れた。これらにもう1つの理念(近江商人由来の「三方よし」[22])を加えると表終—5のようになる。宮本又次(2008)は,御公儀橋に対する町橋だけでなく,船場商人による公共性の強い寄付行為に幾度となく言及強調し(149,259,285,294,329,334,419,423,425,451,452頁),和田(1994)は陰徳に(78,93,152,168頁),香村(1976)は利益の社会還元に言及した(295,296頁)。西鶴は,「人間は,若い時には金をため,年寄ってからは人に施しをすることが大切である」(麻生・冨士,1993,78頁の訳より)とした。始末由来の無駄の排除,才覚由来のイノベーション指向,算用由来のリスクマネジメントと陰徳・世間よし由来の社会貢献のいずれも現代の企業経営の根本に関わっている。

5 現代に活かす

以上で論じたライフスタイル,美意識,経営理念が現代的条件の下,ファッション創造における「もの」「こと」「サプライチェーン」の3面でいかなる具体をもって現れるかは,現代人の受け止め方いかんにかかっている。条件面と課題,第4のリンケージについて触れておく。

まず,条件面では大阪が持つ素材の開発と長い時間を掛けて培われてきた専門的機能及び知識ノウハウの蓄積,ネットワークの力を挙げることができる。

次に,第4章の5節でも言及したように,現代は孤独や貧困,ストレスや心の問題,高齢化・健康・医療から,公正な貿易取引,地球環境の保全とあらゆる局面で課題が山積しており,これらの解決に主役としてあるいは脇役としてどのような役割を果たせるか,真剣に考えるべきであろう。従来型の発想では関係性はないあるいは薄いと思われがちの場面で,実は意外にも大きな役割を担う可能性があるゆえ,予断を持たずより良い社会構築に向けた構想と実行が求められている。

最後に第4のリンケージを構想しよう。

第1,第2,第3のリンケージは,結果的には低コスト指向型リンケージであった。第4リンケージは,高付加価値指向型リンケージを目指すべきであろう。管理論の用語で言えば科学的(生産)管理法から創造的(企画開発)管理法へ

図終―2　4つのリンケージ

```
                              P
   ┌─────────────────┬────┬────┐
   │ 第1リンケージ PD │ P  │ P  │ ←→ U
   ├─────────────────┼────┼────┤
   │ 第2リンケージ PD │ P  │ P  │ ←→ U
   ├─────────────────┼────┼────┤
   │ 第3リンケージ PD │ P  │ P  │ ←→ U
   └─────────────────┴────┴────┘
                             PD
                              U
                         第4リンケージ
```

注）PDは企画デザイン，Pは生産者，Uはユーザー。
出所：著者作成。

の重心の移動と言えよう。しかも，上述の課題の解決を指向するリンケージであろう。それは，高感度な企画力・才能豊かなデザイン力や，国内外の各地に分散する高度な専門工程の生産技術・スキルを有する各種中小の生産関連プレーヤーとユーザー，そしてこれら個性豊かなメンバーを組織し，イニシアチブとリスクをとるオーガナーザーから構成される（**図終―2**）。それは，ユーザー参加型，特殊能力保有者参集型，社会的課題解決型，社会的価値実現型，受注個別対応型といった特徴をもつリンケージとなろう。

第5節　むすび
――アパレル産業からファッション産業へ――

これまで検討してきたように，大阪にはアパレル産業をファッション産業に昇華させる文化的経営的要素がある[23]。問屋ないし製造問屋に出自をもつ大阪のアパレル産業は，もう一度寄って立つ深層岩盤を掘り返すべきであろう。どんなに東京やニューヨーク，そしてパリの模倣をしても所詮それは模倣であり，創造ではない。また，どんなにグローバルなビジネスモデル（例えば，ファストファッション・モデルやグローバルSPAモデル）を模倣してもそれは模倣で

あり，創造ではない。大阪の地が地味貧相であれば仕方ないが，地味豊富であれば，活かさぬ手はない。それを直感的に一番よく察知していたのは，大阪ミナミの魅力をかぎとったインバウンドのツーリストであった。

　アパレル産業は「衣服」という「もの」の産業であるが，ファッション産業は「ライフスタイル」という「こと」の産業である。その点で，課題山積の現代にあって，守備範囲はファッション産業の方が遥かに広い。大阪のライフスタイルと経営理念がどこまで世界に通用し貢献できるか，どこまで貢献しようとしているのか，見極めの時期にあるといえよう。模倣に留まるのか，模倣を越えた創造へ踏み出すのか，その分岐点にあるということである。創造には価値ある大きな可能性が秘められている。乗り出さない手はない。都市の生活と文化に根ざした「もの」「こと」の創造とこれを「作り」で支える集積内外との新ネットワーク（第4のリンケージ）の構築に踏み出す時である。その際，高度な専門性を有する中小のメンバー企業をまとめ上げる新ネットワーカーとしての「新問屋」に期待するところ大である。

注

1）「大阪は商業資本の本場であった。……問屋資本は近代——明治大正より昭和初期にかけての大阪の中核になっていた」（宮本又次，2008，448頁）。
2）紳士既製服，婦人子供服，布帛製品，メリヤス（ニット）製品のこと。
3）大阪婦人子供乳児服活路開拓調査事業委員会（1979）である。
4）「地味の事を船場では『こうと』といった。ただ質素なというだけでなく，浮ついた華やかさのない，品位のある質実さをいったものである。／商いの上にも，生活の上にも，交際の上にも，外見は質素であっても，うちにこもる心は豊かに温く，品位と格調があった」（香村，1976，23～24頁）。楠本憲吉（1976，148～154頁）は「『こうと』と『はんなり』」の見出しをつけて論じているが，内容は宮本又次（1966）を踏襲している。
5）北川編（2017）の第三章のタイトルは「大阪モダニズム『はんなり』への到達——昭和の画境，清澄にして艶やか」であり，画家・北野恒富は「昭和十年代に入ると，船場の旧家の風情を描き始める。昭和11年……《いとさんこいさん》はその代表的な作品であり，続く同13年の《五月雨》，同14年の《星（夕空）》もはんなりとした風情漂う名品である」（北川編，2017，77頁）。
6）「『いちびる』は上方らしい表現で，巫山戯の意である。名詞形で人を指すのが『いりびり』となるが，いかにも上方人気質を呈していると言える」（角岡，2017，

107頁)。
7) 平野の豪商については,「気位の高い豪商たち——平野」(脇田,1986,36～40頁)がある。
8) 始末とは「モノを生かして使うこと」(和田,1976,101～102頁;和田,1994,95頁)。
9) これにはかくされた上品さがあって飽きがこず長持ちする品物を指向する「値ぶち」「タメ」観が伴っていた(宮本又次,1966,218,336,338頁)。
10) 宮本又次(2008)によれば,船場言葉は「上品で鄭重という点に特徴があって,格式と気品をそなえていた」(446頁)。
11) 横川(1992)161～170頁。
12) 牧村編(2004)では,「スイ(粋)」の意味として第1に「意気なこと」を挙げていた(346頁)。九鬼・藤田(2003)は,西鶴や元禄時代の雑多な色取りは「いき」ではないとした(122頁)。
13)「遊里や劇場は,当時,現実の規矩を離れることができる特殊な場であった。そこに出入りするための服装も又,日常の規範とは異なる様態をとるのが普通であった」(横川,1989,12頁)。「遊びの場としての遊里や芝居見物での服装は,日常の規範を離れたものとして,現実生活とは正反対ともいうべき贅沢で物好きな趣向をこらしたのである」(横川,1990,17頁)。規範の外側という点では,西鶴が担った談林俳諧も同様であり,その精神は「いちびる」も含む自由奔放であり,権威や約束事からの自由であった(大谷,1997,46,47頁)。
14)「同じ上方でも,西鶴は徹底して『スイ』の世界を描いていますけど,近松は確信犯的に『無粋』な男女を描いている」(佐伯,2005,20頁)。
15) 九鬼・藤田(2003)53頁,原注2。ここで具体例として紹介されている文章の限りでは,このように言えようが,例文からいえることは,これ以上でもこれ以下でもない。この文章は後出の宮本又次(1974)でも紹介されている(29頁)。その上で宮本又次(1966)(1974)は「いき」と「粋(すい)」との違いについて論じたのであった。
16) 木津川(2006)はこの「こうと」を「粋(すい)」と読み替えて紹介した(36頁)。「こうと」と「粋(すい)」との関係は以下の通りである。「……大阪では『すい』なものへの志向となった。島の内の『すいな好み』に対して,船場ではこれに『こうと』な色調が加わったものが基調になっていた」(宮本又次,1966,216頁)。楠木(1976,148頁)もこの箇所を参照しているが,「いき」と「すい」の相違に言及することはなかった。
17) 宮本又次が「粋(いき)はその渋味に苦味が加わり,粋(すい)は渋味に甘味が加わる」とした点について,木津川(2006)は「まことに卓見」と評した(36頁)。前半の部分を宮本又次(1966)から正確に引用しておけば,以下の通りになる。「江戸的な『いき』の好みとは渋味ににが味が加わっていねばならぬが,大阪的な『こうと』

は渋味にいいしれぬ甘さが伴わねばならぬ」(217頁)。
18) 木津川（2006）によれば，「すっかり衰弱，いまは伝統芸能の世界にしかうかがえなくなった『いき』の美意識ですが，その美的世界観が振り返られる時が来ると私は思っているのです」(81～82頁)。この点，粋（すい）にしても同様であろう。棚橋（2007）は，「『いき』は江戸時代固有の一過性のセンスとしてとらえるのではなく，より普遍的なものとして考える方が自然ではないか」(20頁) として，九鬼周造の「いき」の内包的構造を応用して，ジーンズを取り上げ検討した。
19) 「地歌に感じる粋　大阪の『地歌』は，はんなり柔らかなものです」(『大阪人』2005年3月号, 10頁)。
20) 宮本又次（1966）は，「『こうと』の味は『はんなり』に一脈通じる」(336頁) としたり，「『はんなり』は『こうと』に通じる」(337頁) としているので，こうした変化は不可思議なことではないとなろう。
21) 九鬼・藤田（2003）も「いき」とダンディズムとの類似性について言及した (157頁)。
22) 宇佐美英機滋賀大学教授によれば，「近江商人の研究で，実は最もわからないのが『三方よし』という言葉だった。少なくとも歴史的にあった用語ではなく，………近年になって作られた言葉だ。……もちろん理念は間違っていない」とのこと（「朝日・大学パートナーズシンポジウム　近江商人に学ぶ　危機に克つ『三方よし』」(2009年5月30日，大津市びわ湖ホール) より）。
23) 約40年前の指摘を紹介しよう。「ファッション産業が発展するためには，消費者志向に即応できる体制の確立，生産と流通機構の垂直的連携の強化，デザイナー等の人材の養成，技術水準の向上などが必要であり，加えて重要なことはその地域が文化，芸術，政治，経済など人間生活の幅広い情報集散の中核地であることであろう。／もちろん，大阪には歴史的，社会的，文化的伝統からいって，ファッション産業が発展するに必要な基盤が備わっていることは確かであるが，これらの基盤が十分に活用されるには官民一体の一層レベルの高い環境づくりが必要なのである」(大阪婦人子供乳児服活路開拓調査事業委員会, 1979, 11頁)。

参考文献等一覧

(邦語文献)

あ行

アイシン精機株式会社社史編集委員会編(1985)『アイシン精機20年史』アイシン精機株式会社発行。

麻生磯次・冨士昭雄(1993)『日本永代蔵 決定版 対訳西鶴全集12』明治書院。

阿部武司(1989)『日本における産地織物業の展開』東京大学出版会。

─── (1990)「綿工業」西川俊作・阿部武司編『日本経済史 4 産業化の時代 上』岩波書店, 163～212頁。

─── (1995)「綿業」武田晴人編『日本産業発展とダイナミズム』東京大学出版会, 35～77頁。

─── (2006)『近代大阪経済史』大阪大学出版会。

井澤壽治(2005)「新町の粋の風景」『大阪人』2005年3月号, 22～25頁。

石井寛治(2003)『日本流通史』有斐閣。

───・原朗・武田晴人編(2000)『日本経済史1 幕末維新期』東京大学出版会。

───編(2005)『近代日本流通史』東京堂出版。

石原武政・矢作敏行編(2004)『日本の流通100年』有斐閣。

イトキン(株)編『イトキン20年のあゆみ』イトキン(株)発行(発行年の記載なし)。

今村秀夫(1977)「繊維商社の総合商社化の過程」福島大学『商学論集』45巻4号, 187～226頁。

岩本真一(2013)「研究ノート 衣服産業史研究の動向」大阪経済大学『経済史研究』第17号, 103～121頁。

─── (2014)『ミシンと衣服の経済史──地球規模経済と家内生産』思文閣出版。

上田達三(1992)『産業構造の転換と中小企業──大阪における先駆的展開』関西大学出版部。

─── (1992a)「対米輸出の急増と日米貿易摩擦問題の先駆──ワンダラー・ブラウス」同『産業構造の転換と中小企業』関西大学出版部, 173～178頁。

内田勝敏(1971)「戦後の日本貿易と貿易商社(3)──朝鮮動乱ブームの反動と貿易商社の再編」『同志社商学』第22巻第4号, 1～17頁。

梅渓昇(1967)「近代大阪における繊維商社の発展」宮本又次編『大阪の研究 第1巻 近代大阪の歴史的研究』清文堂出版, 209～296頁。

梅津和郎（1976）『日本商社史』実教出版。
愛媛県史編さん委員会（1985）『愛媛県史 地誌Ⅱ（南予）』愛媛県発行。
大蔵省編纂（1938）『明治大正財政史 第7巻』財政経済学会発行。
大阪市教育部共同研究会編（1926）『大正大阪風土記』大阪風土記刊行会。
大阪市経済局（1957）「紳士既製服業界の実態調査報告書」。
─────（1959）「大阪布帛製品業界実態調査報告書」。
─────（1979）「大阪市アパレル産業の機能高度化に関する調査報告書」。
大阪市役所産業部調査課（1931）『大阪の莫大小工業』。
大阪市役所産業部編纂（1926）『大阪市商工名鑑 大正15年度用 第4版』工業之日本社。
大阪市役所商工課編纂（1922）『大阪市商工名鑑 大正12年度用 第2版』工業之日本社。
大阪市役所編纂（1926）『第24回（大正14年）大阪市統計書』。
大阪商工会議所・大阪経済調査会編『大阪経済年鑑』（大阪商工会議所発行）。各版年と出版年月は一致しておらず，例えば昭和32年版は昭和31年12月に発行された。
大阪ニット卸商業組合（1992）『組合設立30周年記念誌　創流』大阪ニット卸商業組合発行。
大阪府商工労働部大阪産業経済リサーチセンター編（2015）「関西・大阪の繊維産業の活性化に向けて：産業実態と支援方策について」『資料』No. 140。
大阪婦人子供乳児服活路開拓調査事業委員会（大阪婦人子供乳児服工業組合）（1979）『婦人子供乳児服業活路開拓調査研究事業報告書』。
『大阪ブランド資源報告書』（大阪ブランドコミッティ，2006年）。
大阪府立産業開発研究所（1997）「衣料品産業の生産・流通ネットワーク：1990年代における日本とアジア地域との連携の特徴」。
─────（1997a）「大阪の中小企業の基本構造：最近10年の歩みと当面する問題：その11 婦人子供服製造業」『産開研資料』No. 47
─────（1997b）「大阪の中小企業の基本構造：最近10年の歩みと当面する問題：その12 ニット製品製造業」『産開研資料』No. 48
─────（2010）「大阪繊維産業の活性化に向けて──繊維産業集積実態調査報告書」『産開研資料』No. 116。
大阪府立商工経済研究所（1956）「布帛縫製品：ブラウス・シャツ」『経研資料』No. 124（同号は『輸出向中小工業叢書第23輯』と同じ）。
─────編（1957）「輸出中小工業の生産構造」『輸出中小工業の実態調査』（『経研資料』No. 145），1～58頁。
─────編（1957a）「布帛縫製品（ブラウス，シャツ）──大阪地区を中心として」『輸出中小工業の実態調査』（『経研資料』No. 145），249～265頁。
─────編（1957b）「貝ボタン」『輸出中小工業の実態調査』（『経研資料』No. 145），877～898頁。

―――（1964）「毛織物製品（既製服）卸売業の実態」『経研資料』No. 345。
―――（1964a）「小零細工業の実態――その４．布帛縫製品製造業」『経研資料』No. 346。
―――（1965）「中小工業の近代化と階層分化――その２．縫製品」『経研資料』No. 371.
―――（1969）「最近10年間における大阪中小企業の基本動向――その６．布帛縫製品製造業」『経研資料』No.483。
―――（1970）「最近10年間における大阪中小工業の基本動向――その18　紳士既製服製造業（上）――」『経研資料』No. 511。
――― 編（1970a）『大阪の中小企業』新評論。
―――（1972）「最近10年間における大阪中小工業の基本動向――その23　紳士既製服製造業（下）――」『経済資料』No. 562。
―――（1976）「国際分業の進展と繊維産業の構造変化――その１　縫製品製造業」『経研資料』No. 607。
―――（1976a）「卸商業をとりまく環境の変化と卸商業機能の実態――繊維二次製品卸」『経研資料』No. 612。
―――（1977）「大阪府下縫製下請企業の実態」『経研資料』No. 619。
――― 編（1980）『大阪の経済構造とその変貌』法律文化社。
―――（1986）「繊維産業の活性化とその課題」『経研資料』No. 658。
大阪洋服商同業組合編（1930）『日本洋服沿革史』大阪洋服商同業組合発行。
大隅　浩（2007）『釦馬鹿一代』大隅浩発行。
太田進一（1977）「紳士既製服」『大阪府下における主要中小企業の基本構造と問題点（その２）』中小企業金融公庫調査部，13～26頁。
―――（1981）「紳士既製服産業の下請制の変貌」大阪経済大学『中小企業季報』No. 3, 1～10頁。
大谷晃一（1997）『大阪学』新潮社（新潮文庫）。
大田康博（2007）『繊維産業の盛衰と産地中小企業』日本経済評論社。
岡本弥八（2005）「新内に感じる粋」『大阪人』2005年３月号，14～16頁。
奥出直人（2013）『デザイン思考の道具箱――イノベーションを生む会社のつくり方』早川書房。
尾上久雄（1954）「米国南部地方工業化の若干問題」関西学院大学『経済学論究』第８巻第３号，195～233頁。
小山田道弥（1984）『日本のファッション産業』ダイヤモンド社。

か行

樫山純三（1998）『樫山純三「走れオンワード　事業と競馬に賭けた50年」』日本図書セン

ター。

鍛島康子（2006）『アパレル産業の成立』東京図書出版会。

角岡賢一（2017）「上方落語に見られる軽蔑語の実例」『龍谷大学グローバル教育推進センター研究年報』第26号，95〜114頁。

鐘紡株式会社社史編纂室（1988）『鐘紡百年史』鐘紡株式会社発行。

株式会社そごう社長室弘報室編（1969）『株式会社 そごう社史』株式会社そごう発行。

株式会社三越（1990）『株式会社三越 85年の記録』株式会社三越発行。

香村菊雄（1976）『大阪慕情 船場ものがたり』神戸新聞出版センター。

河内保二（1997）「縫製の50年」『繊維機械学会誌』第50巻第6号，41〜46頁。

―――・辻本博・矢島洋助編（1993）『アパレル生産管理Ⅱ アパレル生産工場』繊維工業構造改善事業協会・アパレル産業振興センター発行。

菅野和太郎（1930）『大阪の商業と近江商人』大阪市役所。

―――（1972）『近江商人の研究』有斐閣。

機械振興協会・新機械システムセンター（1976）「わが国卸売業の構造変化とその要因について」『システム技術開発調査研究報告書50―5』（財）機械振興協会・新機械システムセンター発行。

北川博子編（2017）『没後70年 北野恒富展』産経新聞社・あべのハルカス美術館発行。

北吉久夫（1985）「縫製部門でトヨタ生産方式により2倍の生産性を達成した丸恵化学」『工場管理』Vol. 31 No. 5, 114〜117頁。

木津川計（1981）「大阪の文化的特質――宝塚型，河内型，船場型」同『文化の街へ 大阪・2つのアプローチ』大月書店所収，67〜100頁。

―――（2006）『上方芸能と文化』日本放送出版協会。

木下明浩（2004）「衣料品流通」石原武政・矢作敏行編『日本の流通100年』有斐閣所収，133〜172頁。

―――（2009）「日本におけるアパレル産業の成立」『立命館経営学』第48巻第4号，191〜215頁。

―――（2011）『アパレル産業のマーケティング史』同文舘出版。

京都小泉（株）編（2011）『不況対策と小泉商店』（1930年9月20日小泉重助翁述の復刻）。

『清原株式会社「清風」創業75周年記念誌』清原株式会社，2009年。

九鬼周造（1930）『「いき」の構造』岩波書店。

九鬼周造／藤田正勝全注釈（2003）『「いき」の構造』講談社学術文庫。

楠本憲吉（1976）『船場育ち』PHP研究所。

国枝金三（1936）「粋（スイ）の味」流行の粋社発行『粋』第1号。

熊井戸立雄編（1975）『婦人画報創刊70周年記念 ファッションと風俗の70年』婦人画報社。

組合史制作委員会編（2007）『「商」を引き継ぐもの　大阪ニット卸商業組合史』大阪ニット卸商業組合発行。
呉羽紡績株式会社調査室編（1957）『日本ニオケル既製服業ノ発生ト発展――大阪，岡山ヲ中心トシテ』（商品調査）第3輯。
『小泉株式会社グループ社史――未来に向かって』小泉株式会社グループ，2008年。
黄　孝春（2000）「戦前期日本の綿業関係者による取引所利用の実態分析」『先物取引研究』第5巻第1号，187～198頁。
小島麗逸編（1989）『香港の工業化』アジア経済研究所。
ゴードン，アンドルー／大島かおり訳（2013）『ミシンと日本の近代』みすず書房：Gorden, Andrew（2012）*Fabricating Consumers: The Sewing Machine in Modern Japan*, Berkeley, Calif.: University of California Press.
小林進編（1970）『香港の工業化』アジア経済研究所。
雇用・能力開発機構　職業能力開発総合大学校　能力開発研究センター編（1986）『被服概論』職業調練教材研究会。

さ行

佐伯順子（2005）「『スイ』『イキ』『無粋』の色模様」）『大阪人』第59巻3月号，17～25頁。
作道洋太郎（1976）「専門商社から総合商社への道」宮本又次ほか編『総合商社の経営史』東洋経済新報社。
佐々木聡（1998）『科学的管理法の日本的展開』有斐閣。
佐藤悌二郎（1997）『松下幸之助　成功への軌跡』PHP研究所。
『SANEI INTERNATIONAL, 1949～2003』株式会社サンエーインターナショナル，2003年。
ジェイコブズ，J.／中村達也ほか訳（1986）『都市の経済学』TBSブリタニカ：Jacobs, Jane（1984）*Cities and the Wealth of Nations*, New York: Random Houese, Inc.
柴田和子（1992）『銀座の米田屋洋服店――時代と共に歩んだ百年』MBC21。
清水幸夫（1954）「町工場の労働者　現地ルポ16」『経済評論』1954年7月号，115～124頁。
JUKI株式会社50年史編纂委員会編（1989）『JUKIグローバル50』JUKI株式会社発行。
白石　孝（1983）『戦後日本通商政策史』税務経理協会。
―――（1997）「明治期の洋反物輸入と東京織物問屋」『慶応経営論集』第14巻第1号，77～92頁。
―――（2003）「織物問屋群生の史的背景と特徴」『三田商学研究』第46巻第2号，89～110頁。
新修大阪市史編纂委員会編（1992）『新修大阪市史　第8巻』大阪市発行。
人材育成専門調査委員会アパレル産業部会編（1996）『アパレル産業概論』繊維産業構造

改善事業協会・繊維ファッション情報センター発行。
末永国紀（1997）『近代近江商人経営史論』有斐閣。
菅原正博・槻木正次（1973）『ファッション・インダストリーへの挑戦：メルボ紳士服（株）のシステム化物語』ビジネス・リサーチ。
鈴木武雄（1962）『日本現代史大系 財政史』東洋経済新報社。
鈴木洋介（2015）「人の動き コピーする服，生地が信号送受信 伸縮自在」『日本経済新聞』2015 年 2 月 22 日付。

た行
大東英祐（1997）「香港における紡績業の発展」森川英正・由井常彦編『国際比較・国際関係の経営史』名古屋大学出版会，216 〜 247 頁。
大丸 250 年史編集委員会編（1967）『大丸 250 年史』株式会社大丸発行。
髙島屋 150 年史編纂委員会編（1982）『髙島屋 150 年史』株式会社髙島屋発行。本文中では高島屋と表記した。
高瀬弘文（2006）「戦後の世界における日本の位置（2・完）：戦後直後の日本の対米輸出を素材に」『一橋法学』第 5 巻第 3 号，789 〜 837 頁。
高橋久一（1970）「羅紗・洋服百年の歩み——大阪紳士服業沿革史」メルボ紳士服株式会社（1970）の巻末に所収。
高村直助（1965）「紡績業をめぐる流通過程の展開——棉花・綿糸商との関係を中心に」『土地制度史学』第 7 巻第 3 号，1 〜 19 頁。
———（1971 上下）『日本紡績業史序説 上下』塙書房。
武知京三（1979）「国連大学 人間と社会の開発プログラム研究報告 わが国ボタン産業史の一齣」国際連合大学。
武部善人（1982）『大阪産業史』有斐閣。
田附商店（編）（1935）『田附政次郎伝』田附商店。
棚橋 豪（2007）「現代ファッションにおける『いき』試論」『奈良産業大学紀要』第 23 集，19 〜 27 頁。
谷口嘉一郎（1960）『糸ひとすじ 回顧録』飯沼春。
谷本雅之（1998）『日本における在来的経済発展と織物業』名古屋大学出版会。
田和安夫編（1962）『戦後紡績史』日本紡績協会発行。
中小企業総合事業団繊維ファッション情報センター（2003）『繊維産業の情報化実態調査・繊維業界の SCM 構築実施事例（2002 年度）』中小企業総合事業団繊維ファッション情報センター発行。
中小企業庁（1958）『輸出縫製品業総合診断勧告書（現状分析編）』。
蝶矢シャツ八十八年史刊行委員会編（1974）『蝶矢シャツ八十八年史』（株）蝶矢シャツ発

行。

槻木正次（1985）『アパレル・ハイテク戦略――メルボ紳士服の FA・OA 化の道』チャネラー。

─── （1992）「アパレル産業における SIS――戦略的情報システム」『繊維機械学会誌』第 45 巻第 10 号，23 ～ 28 頁。

─── （1993）「アパレル産業における戦略的統合生産システムに至る道――メルボ紳士服」関西経営システム協会 SIGMA 研究会編『戦略的統合生産システム "SIGMA"』日刊工業新聞社，191 ～ 206 頁。

筒井正夫（2013）「士魂商才の精神と士魂商才館 第 1 部 近代日本資本主義の精神としての士魂商才」『彦根論叢』第 398 号，12 ～ 29 頁。

帝国データバンク史料館・産業調査部編（2009）『百年続く企業の条件：老舗は変化を恐れない』朝日新聞出版。

傳田 功（1993）「近江銀行成立前後」『滋賀大学経済学部附属史料館研究紀要』26 号，1 ～ 43 頁。

東棉四十年史編纂委員会編（1960）『東棉四十年史』東洋棉花株式会社発行。

東洋紡株式会社社史編集室編（2015）『東洋紡百三十年史』東洋紡株式会社発行。

東レ（株）社史編纂委員会（1977）『東レ 50 年史』東レ株式会社発行。

富澤修身（1998）『構造調整の産業分析』創風社。

─── （2013）『模倣と創造のファッション産業史』ミネルヴァ書房。

─── （2013a）「第 4 章 綿系列素材生産都市・大阪のファッション産業史」『模倣と創造のファッション産業史』ミネルヴァ書房，119 ～ 156 頁。

─── （2014）「戦前期大阪の繊維関連問屋卸商について」大阪市立大学『経営研究』第 65 巻第 3 号，27 ～ 53 頁。

───編（2015）「平成 26 年度大阪市立大学 COC 地域志向教育研究課題報告書 大阪の再生をファッションの視点から考える――大阪の繊維・ファッション業界 構造と変遷」大阪市立大学プロジェクトマネジメントオフィス発行，平成 27 年 3 月 31 日。

─── （2016）「戦後大阪の中小繊維アパレル企業変遷史」大阪市立大学『経営研究』第 67 巻第 1 号，1 ～ 36 頁。

───（2017）「ワンダーブラウス」大阪市立大学『経営研究』第 67 巻第 4 号，43 ～ 67 頁。

─── （2017a）「大阪の中小羅紗製品・紳士既製服企業史」大阪市立大学『経営研究』第 68 巻第 3 号，1 ～ 34 頁。

富沢このみ（1980）『アパレル産業』東洋経済新報社。

富沢木実（1995）「アパレル産業」産業学会編『戦後日本産業史』東洋経済新報社，569 ～ 595 頁。

豊島株式会社史編纂委員会編（1975）『豊島 その歩み』豊島株式会社。

な行

中込省三（1975）『日本の衣服産業——衣料品の生産と流通』東洋経済新報社。
——— （1982）「技術の移転・変容・開発——日本の経験プロジェクト 繊維産業研究部会 衣服産業のはじめ」国際連合大学。
中沢米太郎（1956）『泉州産業界の人々 第一巻』同盟出版社。
難波知子（2008）「女教員の服装問題：女性の服装における近代化の一断面」意匠学会『デザイン理論』第 53 号，31 ～ 44 頁。
日綿実業株式会社社史編纂委員会編（1962）『日綿 70 年史』日綿実業株式会社。
日本経営史研究所編（1997）『東レ 70 年史 本編』東レ株式会社発行。
日本経済新聞社編（1981）『私の履歴書 経済人 16』日本経済新聞社。
日本繊維協議会編（1969）『繊維年鑑 昭和 45 年版』繊維年鑑刊行会。
日本輸出縫製品工業組合編（1965）『輸縫連 10 年史』日本輸出縫製品工業組合発行。
日本輸出縫製品工業協同組合連合会・日本輸出縫製品工業組合（1976）『輸縫連二十年史』日本輸出縫製品工業協同組合連合会・日本輸出縫製品工業組合発行。

は行

萩原準一郎編（1996）『トップ 68 人の証言でつづる 20 世紀日本のファッション』源流社。
秦 卓弥（2014）「価格を読む 紳士スーツ じわり進む単価上昇 セール合戦と決別できるか」『週刊東洋経済』2014 年 1 月 18 日号，30 頁。
早川和宏（2011）『和ッショイ』株式会社サンウェル発行。
原田 泰（1995）『日米関係の経済史』ちくま新書。
原 輝史編（1990）『科学的管理法の導入と展開』昭和堂。
ピオリ，M. J. & C. F. セーブル／山之内靖ほか訳（1993）『第二の産業分水嶺』筑摩書房：Piore, Michael J. and Charles F. Sable (1984) *The Second Industrial Divide*, New York: Basic Books.
『縫製ハンドブック』繊維研究会出版局，1977 年。

ま行

牧村史陽編（2004）『新版大阪ことば事典』講談社。
間島良二（1960）「嘉門長蔵翁」関西経済連合会『経済人』14 巻 7 号，68 ～ 70 頁。
松下義弘（2014）「綿紡織業の盛衰（2）」『繊維学会誌』第 70 巻第 12 号，800 ～ 809 頁。
三浦一郎・肥塚 浩（1997）『日清食品のマネジメント』立命館大学経営戦略研究センター発行。
「三越のあゆみ」編集委員会編（1954）『三越のあゆみ』三越本部総務部発行。

峰山望太郎（1955）「日米世論の動向と問題点」『輸出綿糸布月報』第 5 巻第 9 号, 14 〜 21 頁。
宮本又次（1961）『船場』ミネルヴァ書房。
―――（1966）『関西と関東』青蛙房。
―――（1973）「問題提起――総合商社」『経営史学』第 8 巻第 1 号, 1 〜 7 頁。
―――（1974）『京阪と江戸』青蛙房。
―――（1982）「山口玄洞のことどもと公共奉仕」『大阪大学史紀要』第 2 号, 5 〜 12 頁。
―――（2008）『船場』ミネルヴァ書房。
―――ほか編（1976）『総合商社の経営史』東洋経済新報社。
宮本又郎（2013）「大阪経済の歴史的眺望――伝統と革新の系譜」大阪経済大学『経済史研究』17 号, 23 〜 48 頁。
―――・阿部武司（1995）『日本経営史 2 経営革新と工業化』岩波書店。
メルボ紳士服株式会社（1970）『メルボ 50 年の歩み』メルボ紳士服株式会社発行。
モヒウディン，I・H（1996a, b）「日本アパレル産業における輸出マーケティング 1945―1965（1）（2）」京都大学『経済論叢』第 157 巻第 4 号, 30 〜 54 頁及び第 158 巻第 3 号, 22 〜 49 頁。
森 英恵（1993）『ファッション』岩波新書。
―――（1994）「私の履歴書 ⑰」『日本経済新聞』4 月 18 日付。
―――（2015）「日本製 "1 ＄ブラウス" に奮起した」『中央公論』第 129 巻第 9 号, 96 〜 99 頁。

や行

八木商店（1972）『創業 80 年史』株式会社八木商店発行。
ヤギ 100 年史編纂委員会編（1994）『ヤギ 100 年史』株式会社ヤギ発行。
安岡重明（1999）「別家制度から重役制度へ」『同志社商学』第 50 巻第 3・4 号, 1 〜 23 頁。
『山口玄八十年史』（山口玄洞発行，1965 年）。
山崎広明（1987）「日本商社史の論理」東京大学社会科学研究所『社会科学研究』第 39 巻第 4 号, 149 〜 197 頁。
山崎 充（1981）「1 ドル・ブラウス」中村秀一郎ほか『現代中小企業史』日本経済新聞社, 65 〜 71 頁。
山田啓吾（1981）「ワンダラーブラウス物語」『繊研新聞』3 月 3 日付。
横川公子（1989）「西鶴町人物における服飾」『金蘭短期大学研究誌』第 20 号, 1 〜 25 頁。
―――（1990）「西鶴町人物における服飾（二）」『風俗：日本風俗史学会会誌』第 20 巻第 4 号, 1 〜 24 頁。
―――（1992）「服飾の社会性」横川公子・河原由紀子・堀修編『服飾表現の位相』昭和堂, 第 8 章, 151 〜 172 頁。

ら行
60年史編集委員会（1971）『松坂屋60年史』株式会社松坂屋発行。

わ行
和歌山県史編さん委員会編（1989）『和歌山県史 人物編』和歌山県発行。
脇田修（1986）『近世大坂の町と人』人文書院。
渡辺純子（2010）『産業発展・衰退の経済史』有斐閣。
和田亮介（1976）『扇子商法』日本寝装新聞社。
─── （1994）『船場往来──語り継ぐなにわ商法』創元社。

（英語文献）

Destler, I. M. *et al.*（1979）*The Textile Wrangle*, New York : Cornell University Press（デスラー，I. M. ほか／福井治弘訳（1980）『日米繊維紛争』日本経済新聞社）．
Haberland, Michelle, *Striking Beauties: Women Apparel Workers in the U.S. South, 1930-2000*, Athens and London: The University of Georgia Press.
Milbank, Caroline（1989）*New York Fashion*, New York: Harry N. Abrams.

（その他）

「現代職業婦人の標準洋装」『アサヒグラフ』第13巻第12号，1929年9月18日号，4〜5頁。
「紳士既製服業界の流通構造と問題点──特に製造問屋を中心として」『中小企業金融公庫月報』第22巻第2号，1975年2月，29〜50頁。
「『船場八社』の名消える，八木商店が社名を変更」『日本経済新聞』（地方経済面近畿C）1989年1月25日付。
「大丸松坂屋の紳士服プライベートブランド TROJAN『トロージャン』を大きくリモデルします」J. フロントリテイリンググループ株式会社大丸松坂屋百貨店『News Release』2015年3月10日付。
「中小卸売業の生き残り戦略『3S＋P』──繊維・衣服等卸売業と機械器具卸売業の事例研究」日本政策金融公庫総合研究所『日本公庫総研レポート』No. 2014〜5，2014年10月31日。
「通商産業省告示第215号 既製服製造業の改善事項要旨」『官報』第10937号，1963年6月4日。
「特集：縫製研究所50周年（1）縫製研究所の歩み アパレル生産産業界とともに歩んで半世

紀」『jm（JUKI Magazine）』Vol. 237, 2009 年．
「トヨタ生産方式の広がり：縫製部門でトヨタ生産方式により 2 倍の生産性を達成した丸恵化学」『工場管理』Vol. 31 No. 5, 1985 年, 114〜117 頁．
「ひと列伝 木村皓一氏〔三木商行（ミキハウス）社長〕」『日経ビジネス』2003 年 4 月 14 日号, 90〜92 頁．
「松尾産業グループ会長 松尾善久さん 上・中・下」『繊研新聞』2013 年 8 月 30 日付, 9 月 6 日付, 9 月 13 日付．
三宅克彦（株式会社 TSI ホールディングス名誉顧問）（2015）「協同組合関西ファッション連合主催 大阪繊維業界のレジェンドの体験を共有し繊維産業の未来を考えるフォーラムプログラム 2」(2015 年 11 月 25 日，シティプラザ大阪にて)．
「ワンダラー・ブラウス物語」鐘紡株式会社社史編纂室（1988）611〜617 頁．

（各章別インタビュー記録）

【第 2 章 関連インタビュー】
上海高雅服装有限公司（2000 年 9 月 26 日，同社にて）．
上海同豊毛紡織時装有限公司（2000 年 9 月 26 日，同社にて）．
上海明而達服装有限公司総支配人（1996 年 12 月 19 日，同社にて）．
寧波雅戈爾英成制服有限公司（2005 年 12 月 28 日，同社にて）．
メルボ紳士服（株）企画開発部次長（1995 年 9 月 27 日，本社にて）．
メルボ紳士服（株）顧問（1995 年 11 月 29 日，大阪市立大学にて）．
メルボ紳士服工業（株）滋賀工場長（1995 年 10 月 13 日，滋賀工場にて）．
メルボ紳士服工業（株）滋賀工場長（1997 年 11 月 26 日，滋賀工場にて）．

【第 3 章 関連インタビュー】
（株）エムファースト代表取締役（2014 年 9 月 17 日，大阪市内の本社にて）．
（財）北播磨地場産業開発機構の村上政禧専務理事（1994 年 5 月 18 日，大阪市内の国際見本市会館にて）．
三起商行（株）社長（2015 年 1 月 14 日，大阪府八尾市内の本社にて）．

【第 4 章 関連のインタビュー】
A 社会長（2014 年 9 月 12 日，同社にて）．
B 社代表取締役社長（2014 年 9 月 17 日，同社にて）．
C 社代表取締役社長（2014 年 12 月 9 日，同社にて）．
D 社会長（2014 年 11 月 25 日，同社にて）．

E社専務執行役員及び社長室長（2014年10月29日，同社にて）。
F社元社長（2014年10月15日，同社にて）。
G社代表取締役（2014年11月13日，同社にて）。
G1社会長（2013年10月9日，同社にて）。
H社代表取締役社長（2014年9月12日，同社にて）。
I社代表取締役社長（2014年9月12日，同社にて）。
J社代表取締役社長（2014年9月11日，同社にて）。
K社取締役（2014年11月6日，同社にて）。
L社代表取締役社長（2014年9月11日，同社にて）。
M社代表取締役（2014年9月30日，同社にて）。
N社代表取締役及び会長（2014年10月28日，同社にて）。
O社代表取締役（2014年10月27日，同社にて）。
P社代表取締役会長（2014年10月22日，同社にて）。
R社社長（2015年1月14日，同社にて）。
S社会長（2014年9月30日，同社にて）。

【第5章 関連インタビュー】
上海世界連合服装有限公司総経理（1996年12月12日，同社にて）。
上海八木高級時装有限公司総経理（1994年10月26日，同社にて）。
ポプリン株式会社代表取締役（1996年8月5日，同社にて）。

（各章関連のウェブサイト閲覧記録）

【第1章関連のウェブサイト閲覧】
「関東関西の財閥鳥瞰1〜157」『大阪毎日新聞』1923年2月27日〜同年9月2日（神戸大学附属図書館ウェブサイト，2013年12月21日閲覧）。
北野病院のウェブサイト（2014年8月7日閲覧）。
国税庁のウェブサイト（2013年10月16日閲覧）。
（株）スミテックス・インターナショナルのウェブサイト（2014年7月1日閲覧）。
瀧定大阪（株）のウェブサイト（2014年5月27日閲覧）。
田村駒（株）のウェブサイト（2014年8月17日閲覧）。
帝人フロンティア（株）のウェブサイト（2014年4月3日閲覧）。

【第2章関連のウェブサイト閲覧】
http://dmdepart.jp/trojan/value.html（2017年5月29日閲覧）。

メルボグループのウェブサイト（2016年12月11日閲覧）。

【第3章 関連のウェブサイト閲覧】
http://shinsou.minpaku.ac.jp/note/contents.html?id=523，（2016年6月5日閲覧）。
http://www.bingojibasan.jp/14/50/（2016年8月4日閲覧）。
http://www.fbsociety.com/nenpyo/1952.html#fashion（2016年6月14日閲覧）。
http://www.hanae～mori.com/about/history.html（2016年6月5日閲覧）。
http://www.i～manabi.jp/system/regionals/regionals/ecode:1/2/view/354（2016年9月9日閲覧）。
http://www.itcmpal.co.jp/（2016年4月27日閲覧）。
http://www.kci.or.jp/archives/digital_archives/detail_94.html（2016年8月13日閲覧）。
http:www.torica～inc.co.jp/story～post/（2016年8月20日閲覧）。

【第4章関連のウェブサイト閲覧】
A社のウェブサイト（2014年10月5日閲覧）。
B社のウェブサイト（2014年9月13日閲覧）。
C社のウェブサイト（2014年12月8日閲覧）。
D社のウェブサイト（2014年11月24日閲覧）。
E社のウェブサイト（2014年10月23日閲覧）。
G社のウェブサイト（2014年11月9日閲覧）。
H社のウェブサイト（2014年9月12日閲覧）。
I社のウェブサイト（2014年9月6日閲覧）。
J社のウェブサイト（2014年9月6日閲覧）。
K社のウェブサイト（2014年11月5日閲覧）。
L社のウェブサイト（2014年9月6日閲覧）。
M社のウェブサイト（2014年9月28日閲覧）。
N社のウェブサイト（2014年10月23日閲覧）。
O社のウェブサイト（2014年10月23日閲覧）。
P社のウェブサイト（2014年10月19日閲覧）。
Q社のウェブサイト（2014年10月23日閲覧）。
R社のウェブサイト（2015年1月12日閲覧）。
S社のウェブサイト（2014年9月28日閲覧）。

【第5章関連のウェブサイト閲覧】
（株）ドゥ・ワン・ソーイングのウェブサイト（2017年7月8日閲覧）。

【終章関連のウェブサイト閲覧】

「朝日・大学パートナーズシンポジウム　近江商人に学ぶ　危機に克つ『三方よし』」（2009年5月30日，大津市びわ湖ホール）を http://www.asahi.com/shimbun/sympo/090530/speach02.html にて 2018 年 2 月 8 日閲覧。

索 引

【略表記：アルファベット順】

CAD　67, 180, 198
CAM　67
FIT　63
IBM　64, 66
IE　65, 156, 166, 167, 194, 196
IoB　147
MAPS　66
MMIS　65
ODM　119, 189
OEM　72, 86, 96, 104, 111, 125, 129, 189, 228
QR　179, 180
QRS　68
RMOS　66, 74, 77, 80
SPA　121, 138, 140, 148, 179
TSS　178, 185

【あ】

アイロン　53, 159
アパレル企業　231
アパレル産業　32, 44, 231, 240
安心安全　147
いき　236
粋（いき）　234, 236, 237
イージーオーダー　51, 62, 65, 121
委託生産　180

イタリアのニット　123
一次問屋　43
いちびる　233, 241
いとう呉服店　52
伊藤忠商事　29, 58, 62
伊藤萬商店　29
イトキン　87, 97
糸商　24, 27, 37
イノベーション　201, 223
イノベーション指向　206, 229
イノベーション推進要因　216
イノベーションと伝統　216
イノベーションに向けた提言　220
イノベーションの契機　135
イノベーションの種類　139
イノベーションの諸要因　141
イノベーションの事例　205
イノベーションのための資源　224
井原西鶴　234, 238
岩田商事　25
岩田惣三郎　24
インターネット　138
インド　127
インバウンド需要　102, 241
運動服装　35, 59
営業税　16, 18, 20, 22, 23
営業税 1 万円以上納付企業　22
愛媛県　94, 174
欧米視察　59, 98, 120, 121, 137, 138, 142

大阪　13, 37, 93, 95, 104
大阪既製服団地　60, 61, 65
大阪産業経済リサーチセンター　44, 189
大阪三品取引所　27
大阪市の産業構成　14
大阪豊島　26, 27
大阪トリニティテースト　233, 237
大阪の既製服　56
大阪の子供服　56
大阪の紳士既製服業界　63
大阪の紳士服　56
大阪の中小企業の特徴　219
大阪の特徴（強み）　181
大阪の婦人服　56
大阪の洋服起源　78
大阪のライフスタイル　232
大阪賦活　201, 222
大阪府立産業開発研究所　44, 179
大阪府立商工経済研究所　44, 153
大阪洋服商工同業組合　50
大阪立地のメリット　214
織物及織物製品　18
オンワード樫山　59, 69, 75, 121, 142

【か】

海外生産　204
開業　164, 171
外部資源要因　142
外部の活用　135
価格　204
価格破壊　69
科学的管理法　156, 166, 194, 229
学習と模倣　104
学習要因　142

樫山純三　41, 59
勝根又（後の大賀）　60
鐘淵紡績　85
カネボウブラウス　88, 98
河内型文化　233, 234
関西ファッション連合　114, 202
関東大震災　52
企画問屋　43
基幹熟練　170
企業の強み　204
既製服技術導入　61, 65
既製服問屋　57
木津川計　233, 237, 242
機能展開のイノベーション　140
技能者　193
規模別分布　203
木村皓一　100
業種変遷展開型企業　118
ギンガム　84, 86, 90
空間展開のイノベーション　139
九鬼周造　236
国枝金三の粋論　235, 236
グループ方式　159, 196
グレーディング　66, 165
グレーディングの短縮　80
グローバル化　146
軍需　37
経営管理の近代化　162
経営者の言説　143
経営者力　141
経営のイノベーション　140
計数管理　121, 130, 134
系列化　62
毛織物　32, 33, 34, 45
毛織物の流通機構　49

索　引

健康　147, 239
工業支援と商業支援の連携　192
江商　30
構造分析モデル　221
こうと　233, 234, 241
後発国の追上げ　174
交流　122, 123, 145
国際婦人服労働組合　84
国際分業　174
小僧　157
「こと」の産業　227, 241
子供服　48, 49, 56, 122, 129
混流生産　65, 66

【さ】

才覚　234, 239
西鶴の3S　239
サステナビリティ　146
サックスフィフスアベニュー　99
産学連携　209
三幸衣料（後のトレンザ）　75, 79
三方よし　238, 239, 243
3綿　30, 32
算用　234, 239
支援策　194
自家工場　60, 64, 76
事業展開の2類型　117
資源　218
自社工場　140, 180
自社生産　118, 120
下請企業　168
下請工場　159, 165
下請システム　94, 104
下請縫製　180

下請縫製企業　153
下請縫製業者の地域分布　168
自動搬送　66
自動縫製システム　177
支那依存性　37
始末　234, 239, 242
清水貞吉　35, 44, 51, 53, 55
社会貢献事業　27, 29, 37, 239
若年労働力不足　165, 192, 229
社内資源の有無　213
上海高雅服装　72
上海世界時装　183
上海世界連合服装　183
上海同豊毛紡織時装　70
上海明而達服装　73
上海八木高級時装　187
集積のメリット　135, 145, 181
ジューキ・シンクロシステム　164
熟練　162, 170, 181, 186, 190, 193
熟練技能工　168
商社　62, 86, 104, 120, 122, 126, 127, 135, 142
情報通信技術　138, 139, 143
職業細分類人数　38
職人　157
職人養成　171
植民地市場　36
シンガー社　165
シンガーミシン　35, 50, 127
シンクロシステム　162, 164, 165, 166, 170, 171
人材　145, 219
紳士既製服　44, 159, 168, 176
新問屋　230, 241
信念　143

粋（すい）　234, 236, 237
スワトーブラウス　98
生産機能　134
生産技術のイノベーション　140
製品ないし事業のイノベーション　139
世間よし　238, 239
セパレーツ　84
セレンディピティ　100, 125, 131
繊維ビジョン　153
船場型文化　233, 234
船場商人のワークライフバランス　233
船場適塾　221
船場の商家　234
船場8社　24, 32
創業時期　54, 203
総合商社　62
創造的管理法　239
相場　27, 37
十合呉服店　51
組織文化　129

【た】

ダイドーリミテッド　69, 71, 75
対日輸入制限運動　90
大福新長者教　239
対米コンタクト　59, 96
対米ブラウス輸出　85, 101
対米綿製品輸出自主規制　90, 92
大丸　60, 72, 228
大丸呉服店　30, 51
第4リンケージ　239, 240, 241
大陸進出　36
高島屋呉服店　30, 51
宝塚型文化　233, 234

瀧定　29
竹中源助　24
竹中商店　27, 36, 37
竹村商店　25
辰野　72
田附商店　27, 37
谷町　34, 45, 47, 49, 57
多能工化　66, 68, 193
田村駒商店　29
ダンディズム　238
地域賦活　43
近松門左衛門　234
地租　16
地方移転　153, 168, 171, 192
中国　148
中国移転　153, 179, 188
中国生産　69, 118, 120, 122, 124, 125, 126, 127, 128, 134
中国縫製　61, 69, 188
長寿の秘訣　148, 228
蝶矢シャツ　97, 98
蝶矢シャツ製造所　34
チョップ（商標）　86
強み　204
デザイナー　97, 99, 118, 119, 121, 128, 189, 232
デザイン　86
デザイン思考　141, 148
デザイン見本　86
伝統　216
同一業種内変遷企業　124
投機性　37
東京の洋服起源　78
東京ブラウス　87
唐物屋　28

索引　　263

東洋のマンチェスター　13, 38
東洋紡績　22, 30, 31, 98
東洋棉花　30, 86, 98
特殊ミシン　161, 162, 170, 171, 192
トータルコーディネート提案　101
特化係数　21
徒弟制度　157, 158, 165
トミヤ　34, 98
トーメン　86
豊島商店　27
トヨタシステム　178
トレンザ　75
トロージャン　60
問屋　13, 14, 24, 32, 37, 43, 113, 140, 230
問屋卸商　227
問屋制生産　52, 57
問屋のメーカー化　60, 76, 230

【な】

内需シフト　95
内需転換　103, 170, 175
南予布帛工業所　94
ニット　120, 123, 137
ニットメーカー　181
二番手戦略　144, 211, 230
日本永代蔵　238
日本繊維製品輸出組合　92
日本綿花　30
ニューヨーク　59, 63, 84, 85, 88, 99, 176
寧波雅戈爾英成制服　72
ネット販売　123, 139
ネットワーカー　227, 241

ネットワーク　43, 227, 230
年期徒弟　158

【は】

バイヤー　85
爆買　101, 129
パーマネントプレス　98
播州先染織物産地　93
はんなり　233, 234
百貨店　22, 32, 77, 120, 122, 135, 142, 147
標準作業　166, 167, 168, 193
標準時間　166, 167
平野屋　55, 60
平野屋羅紗店　35, 44, 51, 52, 53, 63
美意識　234
美的イノベーション　140, 147, 222
ファストファッション　139
ファッション　201, 231
ファッション化　101, 174, 176, 192
ファッション企業　231
ファッション産業　101, 231, 232, 240
ファブレスメーカーモデル　148
フォードシステム　178
婦人子供服・ニット　228
婦人服　115, 137, 177
2つの大転換　153
布帛製品　160, 161, 170
布帛製品の縫製工場　160
ブラウス　84, 87, 160, 161, 187, 182
ブランドライセンス　66, 121, 181, 192, 230, 232
米国南部　84
米国の縫製業者　86

ベトナム　126
変遷史の共通点　131
返品在庫　65, 177
法人税　16
縫製機能　93
縫製機能の中国移転　179, 188
縫製業　54, 153, 229
縫製業の変遷　192
縫製業の零細性　54, 159, 168
縫製品企業　172, 173
紡織企業　30, 32
紡織工業　14
紡織染色機械　36
紡績会社　24, 27, 31
紡績企業　88, 126, 127, 135
ボタン　88, 127
ホフマンプレス　59, 60, 79, 80, 159
ポプリン　182
ポール・グラフ　65, 80, 166
香港　73, 93, 101, 128, 228
香港製品の脅威　95

三越　57, 65, 228
三越呉服店　30, 50, 53
3つのシフト　228
美津濃運動用品　35
宮本又次　236, 237
民事再生法適用申請　75
メイド・イン・ジャパン　68, 83, 99, 103, 191
莫大小（メリヤス）　32, 33, 36, 127, 130
莫大小機械　36
メルボアポロ計画　66
メルボ紳士服　35, 44, 60, 62, 63, 69, 75
メルボ紳士服工業　60, 66, 74, 166
綿麻糸及同製品　18, 21
モダンボーイ　53
「もの」の産業　227, 241
模倣　104, 128, 131, 140, 194, 230, 232
模倣と創造　144
森英恵　99, 100

【ま】

又一　27
丸永商店　25
丸仕上げ　159, 166
丸紅　58
丸紅飯田　62
丸紅商店　29, 35
満州見本市　55
三起商行　100
ミキハウス　100, 101, 102
ミシン　35, 53, 72, 161
三井物産大阪支店　28

【や】

八木商店　27, 36
八木與三郎　24
安かろう悪かろう　83, 84, 92, 103, 107
山口商店　28, 37
輸出型工業化　93, 103
輸出縫製業　94, 160
ユニフォーム　126
洋反物商　28, 32, 36
洋服　32, 34, 35, 49, 51
米田屋洋服店　157, 195

索　引　**265**

【ら】

ライセンス　120, 121, 135, 147
ライセンス導入　120, 121, 142, 232
ライセンスブランド　121, 180
羅紗　45
羅紗切売　52, 55
羅紗製品　34, 35, 45, 47
羅紗製品・紳士既製服　43, 228
ランナウエイショップ（逃避工場）　84
リアルクローズ　138
リプロダクション　120, 138, 232
流通経路のイノベーション　139
流通経路の変化　131, 134, 138
量販店　119, 121, 127, 131, 137, 148
リンケージ　230, 239, 240
レディーメイド・オーダー・システム
　64, 66, 74, 77
労働力不足　166, 168, 170, 180
ロードサイド店　69, 72, 138

【わ】

ワーキングウエア　124, 126
ワールド　183, 184
ワンダラーブラウス　83, 93, 94, 97, 99,
　100, 103, 104, 118, 228
ワンダラーブラウスのコスト構成　88
ワンダラーブラウスモデル　104

著者略歴

富澤　修身（とみざわ　おさみ）

1954 年　群馬県前橋市生まれ
1979 年　京都大学経済学部卒業
　　　　東北大学大学院経済学研究科博士前期及び後期課程，東北大学経済学部助手，大阪市立大学商学部講師・助教授・教授を経て，

現　在：大阪市立大学大学院経営学研究科教授（経済学博士）。
主　著：『アメリカ南部の工業化』（単著）創風社，1991 年。
　　　　『構造調整の産業分析』（単著）創風社，1998 年。
　　　　『ファッション産業論』（単著）創風社，2003 年。
　　　　『産業の再生と大都市』（共編著）ミネルヴァ書房，2003 年。
　　　　『21 世紀的服装産業（中国語）』（共著）東華大学出版社，2006 年。
　　　　『大阪新生へのビジネス・イノベーション』（編著）ミネルヴァ書房，2009 年。
　　　　『模倣と創造のファッション産業史』（単著）ミネルヴァ書房，2013 年。

都市型中小アパレル企業の過去・現在・未来
——商都大阪の問屋ともの作り——

| 2018 年 7 月 25 日　第 1 版第 1 刷印刷 | 著　者　富　澤　修　身 |
| 2018 年 8 月 3 日　第 1 版第 1 刷発行 | 発行者　千　田　顯　史 |

〒113—0033　東京都文京区本郷 4 丁目 17—2

発行所　　（株）創風社　電話（03）3818—4161　FAX（03）3818—4173
　　　　　　　　　　　　振替 00120—1—129648
　　　　　　　http://www.soufusha.co.jp

落丁本・乱丁本はおとりかえいたします　　　　印刷・製本　光陽メディア

ISBN978—4—88352—247—7